U0315649

高职高专"十二五"规划教材

地下采矿设计项目化教程

陈国山　等编著

北　京

冶金工业出版社

2015

内 容 提 要

本书在介绍地下采矿基础知识之后，分10个项目详细讲解了地下采矿设计内容，包括采矿图的绘制标准、采矿方法的选择及计算、地下采矿生产能力验证、矿井开拓设计、竖井井底车场设计、井下采矿排水变电设计、井下炸药库（爆破器材库）设计、竖井提升设计、斜井甩车场及斜井提升设计和矿井通风设计，书中还附有项目参考任务书，供学生练习使用。

本书可作为高职院校采矿专业的教材，也可供采矿企业的生产、管理和设计部门相关工程技术人员参考。

图书在版编目（CIP）数据

地下采矿设计项目化教程／陈国山等编著．—北京：
冶金工业出版社，2015.1
高职高专"十二五"规划教材
ISBN 978-7-5024-6802-6

Ⅰ.①地… Ⅱ.①陈… Ⅲ.①地下采矿法—高等职业
教育—教材 Ⅳ.①TD803

中国版本图书馆 CIP 数据核字（2015）第 003444 号

出 版 人 谭学余
地 址 北京市东城区嵩祝院北巷 39 号 邮编 100009 电话 (010)64027926
网 址 www.cnmip.com.cn 电子信箱 yjcbs@cnmip.com.cn
责任编辑 俞跃春 陈慰萍 美术编辑 杨 帆 版式设计 葛新霞
责任校对 李 娜 责任印制 牛晓波
ISBN 978-7-5024-6802-6
冶金工业出版社出版发行；各地新华书店经销；北京印刷一厂印刷
2015 年 1 月第 1 版，2015 年 1 月第 1 次印刷
787mm×1092mm 1/16；17.75 印张；428 千字；271 页
45.00 元

冶金工业出版社 投稿电话 (010)64027932 投稿信箱 tougao@cnmip.com.cn
冶金工业出版社营销中心 电话 (010)64044283 传真 (010)64027893
冶金书店 地址 北京市东四西大街 46 号(100010) 电话 (010)65289081(兼传真)
冶金工业出版社天猫旗舰店 yjgy.tmall.com
（本书如有印装质量问题，本社营销中心负责退换）

前　言

高职教育的目的是培养高级技能型人才。金属矿开采技术专业的学生毕业后大部分是到矿山从事技术工作。作为矿山技术人员，其工作主要包括技术服务、生产设计和日常管理等三大任务。但是刚毕业的学生由于缺少经验、对设计工作缺少整体概念，因此对于完成生产设计感到无从下手、无以适从。编写此书的目的就是要解决这个问题，使教学与工作准确对接，缩短毕业生适应工作环境的时间，满足工作岗位对学生适应快、上手快、进入角色快的要求。

本书是以项目化的方式编写，试图指导学生完成设计工程学习项目。各项目内容包括项目任务书的下达、完成项目的支撑知识、开阔眼界的知识扩展、项目的教学实例、完成项目推荐的程序、项目考核方式及指标。需说明的是，项目的教学实例仅是要帮助学生达到入门、初步锻炼、建立完成项目的整体概念的目的，它远没有达到实际矿山生产施工的程度及要求。

本书是在作者所在学校使用多年的教学讲义的基础上，邀请拥有丰富矿山生产设计、生产管理经验的矿山技术人员及管理人员共同完成编写的。同时编写工作是基于作者对项目化教学、项目化教材的理解程度进行的，因此在教学项目的选择、实施程序、实施方法以及实例完成的程度方面，准确性上可能存在不足，恳请广大读者提出宝贵意见，欢迎参与再版的修改编写工作，使本书更加符合编写目的和要求。

使用本书教学时，教师在教学前需要根据学生将来的就业特点对教学内容进行取舍，还需要准备项目化教学需要的矿山设计的实际资料。

参加本书编写的有吉林电子信息职业技术学院陈国山、毕俊召、白洁、刘洪学、陈西林，吉林昊融集团杨和玉、刘海军、秦一专，通钢集团大栗子矿业公司苏生兵、宋霁洪，红透山铜矿赵兴柱，东北大学赵兴东，吉林宝华安全评价有限公司何志军、刘金鹏、李清龙，长春黄金设计院闵元波，承德宝通矿业有限公司张亮。具体分工情况如下：地下采矿设计基础由陈国山、毕俊召编写，项目1由陈国山、白洁编写，项目2由陈国山编写，项目3由陈国山、赵兴柱编写，项目4由杨和玉、刘海军、秦一专编写，项目5由赵兴东、陈国山编写，项目6由何志军、刘金鹏、陈西林编写，项目7由陈国山编写，项目8由陈国山、张亮编写，项目9由秦一专、苏生兵、宋霁洪编写，项目10由闵元波、李清龙、刘洪学编写。

编　者

2014年10月

目　录

地下采矿设计基础

地下采矿设计项目

地下采矿设计基础

 1 地下采矿设计的基本内容

1.1 矿山企业的特点

1.1.1 矿山企业的特殊性

矿山企业和其他企业相比有下列特点：

（1）矿山开采的资源是一次性的、不可再生的，要求矿山企业在生产过程中要按照国家对矿山企业的要求，选择适当的开采方法，降低损失贫化，使国家的资源得到最大化的运用。

（2）矿产资源深埋在地下，是地球固有的，是不以人的意志为转移的。矿体在形状、几何尺寸、矿岩性质、矿石质量、地质条件等方面都有较大的差异，这使矿山企业生产和管理较复杂。

（3）在产品生产过程中，矿山企业生产的产品没有原材料费，生产过程中的修理费、动力费、管理费的比重较大。

（4）矿山企业的劳动对象是固定的矿体，工作的环境随工作面的移动而移动，生产环境总是变化的、不重复的，生产过程具有一定的间断性。

（5）矿山企业的生产由开拓、采切、回采等步骤完成。部分基建工程不需要初期一次性完成，可以随生产的同时进行，这有别于其他企业。

（6）对于露天开采而言，开采的生产工艺过程包括穿孔、爆破、采装、运输、排土，生产环节多，生产范围广，生产环境处于露天状态，受气候、自然条件的影响大，给矿山企业的管理带来一定的困难。

（7）对于地下开采而言，开采工作环境位于井下，生产场所狭窄，工作条件恶劣。工作环境受湿热、粉尘、噪声影响大，也给矿山企业管理带来较大的困难。

1.1.2 矿山企业产品的特殊性

矿山企业的主要产品，对采矿来说主要为矿石，对选矿而言主要为精矿。同其他加工、制造行业的产品相比，矿山企业的这些产品有显著的特点：

（1）产品为不要求外形的原料产品。

（2）产品对外观等指标没有要求，只对其化学成分有要求。

（3）产品的化学成分要求稳定，含量均匀，有害杂质控制在一定的范围内。

（4）产品虽不要求外形，但对于其块度、颗粒有一定的要求。

（5）产品不需要进行包装，不怕挤压、振荡、运输安全方便。

（6）产品不合格无法进行第二次加工处理。

（7）采矿原材料为一次性，不能再生。

1.2　地下采矿设计的基本组成

地下采矿设计是矿山设计部门完成的，一般应该包括以下部分：

（1）总论部分。总论部分应包括矿区自然地理及经济条件、设计依据和基本原则、地质资源、矿山建设方案、投资概算及综合经济评价。

1）矿区自然地理及经济条件：矿区位置与交通条件、矿区自然地理情况、矿区周围区域经济状况与发展水平、矿区外部建设条件、供水条件、供电条件、征用土地难易程度、征用土地费用情况、原材料及燃料供应来源条件、生产资料供应条件。

2）设计依据和基本原则：设计依据的地质资料的完备、可靠程度，设计需要遵循的基本准则，初步设计的目标。

3）地质资源：矿区地质资源概况、地质储量、边界品位、矿体最小开采厚度、夹石剔出厚度等设计所需地质资料。

4）矿山建设方案：企业的组成形式、采用的工作制度、建设规模、产品方案、服务年限、矿区工业场地的选择、生产服务设施的建立。

5）投资概算及综合经济评价：总投资金额、资金来源、投资效果评价。

此外，总论部分还应该简述地下开采开拓方法、采矿方法、坑内运输系统、坑内通风系统、井下供排水、选矿厂厂址及选矿生产工艺、矿山供电、地面运输、机械维修等内容以及设计存在的问题和对生产施工的建议。

（2）市场预测。市场预测主要是进行矿山开采的可行性研究，计算工程量、工程投资，进行产品市场分析、市场前景预测。

（3）技术经济指标。技术经济指标主要是进行地质储量、开采工业指标计算，完成开拓方式、采矿方法、选矿生产设计，完成人员定额、流动资金计算，完成回采作业、掘进作业、选矿作业、生产管理、设备维护的成本费用计算，完成生产及生产管理组织机构设置及定员编制，进行经济效果计算及分析。

（4）地质资源。地质资源部分主要介绍矿区地质、地层、矿床地质特征，矿区水文地质，矿区工程地质条件及矿石加工技术性能，矿区矿石储量、工业指标、可利用储量，基建、生产探勘工程量，地质工作存在的问题及建议。

（5）采矿。采矿部分应进行开采范围确定，开采方式的选择设计，采矿方法的采准、切割、回采设计及计算，矿山生产能力的验证，矿床开拓方案的技术经济比较与选择，开拓方案总工程量与投资的计算，井巷工程设计，矿井通风方式与通风系统的确定，矿井总风量与总阻力计算，局部通风方式设计，通风设施选择，井下供排水系统设计，基建进度计划的编制，采掘进度计划的编制。

（6）矿山机械。矿山机械部分应完成矿山坑内运输系统、主要提升系统的选择设计，坑内压气、通风、排水与供水等设施的选择。

（7）选矿。选矿部分主要研究原矿技术指标、设计工艺流程及主要指标、选择选矿设备、布置厂房和配置设备、选择选矿生产辅助设施、选择尾矿、库址、设计尾矿库、设计选择尾矿输送系统及设施、设计尾矿库回水系统。

（8）供水排水。供水排水部分主要完成供水量的计算，供水系统、供水设施的确定，排水危害的研究，排水的处理。

（9）供配电及通讯。供配电及通讯部分主要完成矿区高压、低压电力系统设置，全矿电力负荷计算，矿区供配电系统设计，低压配电系统选厂变电所、水源变电所、采区变电所、主扇变电所、坑口变电所、尾矿回水变电所设计，矿区通讯系统设计及布局。

（10）地面辅助生产工程。地面辅助生产工程部分主要完成地面采暖、热力系统设置及系统设计，地面土建工程，确定主要建（构）筑物建筑结构，土建建筑面积及三大建筑材料估量，机修设施、仓库设施的确定及设计。

（11）地面总图运输。地面总图运输部分主要完成工业场地、地面各种设施位置选择，地面总体布局，选矿厂总平面布置及竖向布置，地面内部、外部运输系统设计，运输、装卸、计量设备的确定及工程设计。

（12）环境保护与安全生产。环境保护与安全生产部分主要完成企业污染源治理、环境管理与监测、环境保护工程投资概算、建设项目环境影响分析、主要危险与有害因素识别、企业安全管理原则和措施、各安全隐患采用的安全技术措施、安全卫生设施投资概算、节能降耗方式及设计。

（13）投资概算。投资概算是进行全矿总投资的概算，分析投资效果。

1.3　地下采矿设计的原则

（1）必须严格遵循矿山建设的基本程序。一个矿山的建设，从矿产资源的地质勘探到建成投产，必须严格遵循"可行性研究—初步设计—施工设计"的正常程序。

（2）必须深入进行调查研究，取得必要的基础资料。矿山设计在具体设计之前，应对实际情况进行全面的调查研究，深入到与设计有关的现场，了解各种客观条件，掌握必要的基础资料并进行充分地分析研究与核实，并在必要时向有关方面提出补充基础资料的要求。

（3）必须认真贯彻国家的有关方针和政策。针对矿山建设的实际，设计工作中要特别认真贯彻执行下列方针和政策。

1）珍惜矿产资源，充分重视其回收与综合利用。矿产资源是国家的不可再生的宝贵财富，必须珍惜；同时，重视其回收与综合利用也是提高企业效益极为有效的途径。因此，需要合理确定开采顺序，竭力采取有效措施，提高资源的回收率及有用成分的回收率，降低贫化率。对于具有工业价值的、共生矿产和伴生有用组分以及设计开采范围内的表外矿石，要通过必要的研究试验，综合开采，充分利用。对于目前技术经济条件下暂时不能综合开采利用的，也要采取适当措施加以保护或分别堆置，为以后的利用创造条件。

2）讲求经济效益。应确定最佳的设计方案，以满足投资省、工期短、达产快、成本低、产品质量好、便于生产管理、投资收益率高的目标。

3）促进技术进步。要根据建设项目的实际情况，积极采用先进技术、先进工艺、先进设备。处理好技术先进与经济合理两者之间的关系。

4）保证生产安全。设计中要按实际需要，采取切实措施，认真执行国家的《矿山安全法》，改善劳动条件，搞好工业卫生，加强劳动保护，预防自然灾害及人身、设备事故的发生。

5）重视环境保护。采取行之有效的技术措施，保护生态环境，防止由开采所带来的水、空气、植被的污染和破坏。

6）节约能源。要把能耗指标作为选择设计方案的一项重要依据，在经济合理的前提下，尽量选用能耗低的生产工艺和设备。

7）节约土地。珍惜和合理利用土地，不占或少占农田，并认真考虑复垦与植被恢复。

（4）必须正确作出重大技术经济问题的决策。矿山建设项目中的重大技术经济问题，将决定性地影响整个矿山的总貌、寿命、经济效益、环境保护。设计者必须十分审慎、正确地加以抉择。

（5）设计的内容与深度必须满足客观需要。各个设计阶段的设计文件，其内容（广度）和深度都必须符合有关规定及相应的设计规范，这是保证矿山建设的质量及保证工程顺利进行的客观需要，同时也是衡量设计质量高低以及能否获得批准的一个重要依据。

（6）及时补充或修改设计。任何事物都不可能是尽善尽美的，工程设计也是如此，矿山的客观情况复杂多变，建设过程中发现不足应及时补充或修改设计。

1.4 地下采矿设计的要求

在已经完成勘探成果核实的基础上，对矿床开采进行技术上、经济上的可行性研究。得出肯定的结论后，再进行全矿的初步设计。批准后，进行施工设计。初步设计包括地质、矿山机械、选矿、尾矿存放、给水、排水、电气、开拓工程、采矿工程、采暖、机修、土木建筑、总图运输、安全设施、环境保护、生活设施等。每项均由设计图表、设计说明书、必要的文件（批件）附件组成。整个设计过程以采矿专业的设计人员为主，由选矿、土建、电力地质、测量等专业的设计人员配合共同完成。

矿床的地下开采是一个庞大的系统工程，它由坑内生产系统、地面生产系统、地面生活系统组成，包括矿石的开采，人员的提运，设备材料的上下，水、电、空气、压气的供应及排放等多个子系统。这些工程按照一定的时间、空间、数量存在。矿床地下开采设计的目标就是使这些系统工程达到在时、空、量上的有机配合，使各个系统既有相对独立性，完成特定的生产任务，又相应配合形成统一的开采系统。例如，开拓系统就是使人接触矿体，建立矿体与地表的联系。完成矿石、人员、材料、设备的运输与提升任务。通风系统是为井下人员提供新鲜空气。两者相互独立，又相互制约，在设计时要共同考虑。总而言之，其总目标是在安全可靠的条件下，达到矿床开采的目的，实现最佳的经济效益、社会效益、环境效益。

1.5 地下采矿设计的任务

以上介绍的是矿山设计部门根据矿床勘探地质报告、矿区开采技术经济条件、产品市场前景对矿山进行可行性研究及整体设计。一般此项任务由矿山设计院完成。根据金属矿开采技术专业高职高专人才培养目标的要求，高职高专院校主要是为矿山培养技术人员、矿山管理人员，技术人员日常工作的设计任务如下：

（1）采矿方法的选择与设计。采矿作业的特点是工作地点是移动的，矿石的回采是一次性的，每次回采的矿块条件是变化的。这就要求对每个回采矿矿块均进行采矿方法的选择、采矿工程的设计、回采方法的选择及设计。

（2）中段运输开拓系统设计。随着回采的进行，采矿中段也要发生变化，需要开拓新的中段。开拓新中段涉及的中段运输系统、中段通风系统、中段行人、材料设备的转运系统、井底车场及硐室均需进行设计。

（3）排水变电系统。随着开采深度的增加和新开采中段的开辟，矿井涌水量也会发生变化，排水扬程会越来越高，排水系统需要重新调整。内容包括确立新的排水方式，设计新的水仓水泵房系统，选择排水管路及水泵，根据动力需要设计变电设备及硐室。

（4）溜井及破碎系统的设计。采用箕斗提升的矿井，井下需要建立破碎系统。随着矿山开采阶段的下降，需要建立新的井下矿石溜放及破碎系统，破碎系统需要重新设计。

（5）压气系统设计。随着矿山开采深度的增加、生产能力的改变、压风路线的变化以及容压设备的发展，容压技术如果进行改造及革新，需要进行设计。

（6）深部盲矿体开拓的选择设计。开采过程中，如在深部发现盲矿体，需要进行开拓方案的选择设计。

（7）矿山局部技术改造设计。矿山的开采年限较长，设备的老化或更新先进设备均需进行更新改造设计。

2 地下采矿设计的基本资料

设计基础资料是客观事物的反映，必要的基础资料是保证设计质量的重要条件。为了使设计建立在切实可靠的基础上，在动手设计之前，必须取得必要的基础资料。

2.1 矿床勘探地质报告

在报告中应说明矿区地质概况、地质结构、矿床特征、地质构造、矿体产状、矿石矿物成分和品位、矿石及围岩的物理力学性质、矿石工艺加工的技术特征等等，并需附有矿区地质地形及勘探工程综合图、区域地质图、矿床地质剖面图、储量计算图，缓倾斜矿床还需有底板等高线图等。

矿床地质勘探报告，必须经过审查批准。对于水文地质条件比较简单的矿床，其水文地质勘探资料一般可以包括在地质勘探报告中；水文地质条件复杂的矿床，应有水文地质勘探报告。矿区地质最终勘探报告及附图是进行设计的主要依据，经过储委审查批准后，设计工作者也仍应对其进行严格审查并充分掌握矿床的勘探程度，以满足设计工作的要求。对地质勘探报告及附图的要求有：

(1) 矿区地层及其划分的依据必须正确。

(2) 岩相的变化规律、控制程度、与成矿有关的围岩蚀变种类必须研究清楚。

(3) 控制矿体形态的地质构造（断层、褶曲、节理）应经过充分揭露和研究，结论正确。

(4) 矿体的产状、形态及空间位置应正确控制。

(5) 对矿体上、下盘存在的其他伴生矿体的赋存情况，空间分布应已基本控制，并进行了综合勘探和综合评价，所依据的资料要充分和正确。

(6) 矿石的矿物成分、含量及分布规律，应经过详细的矿物鉴定和化学分析，而且应具有充分的依据；矿石自然类型划分必须正确可靠。

(7) 对以前采过的矿体，其老窿分布情况、开采边界应予以圈定。

(8) 矿床勘探类型归属的确定必须正确；勘探网密度、勘探深度应符合矿床的勘探类型的要求；勘探工程的布置在垂深方向上应保持同一平面。

(9) 岩芯采取率、钻孔弯曲率及方位角的测量应符合有关规定。

2.2 对矿床勘探储量级别的要求

矿石的工业储量和品位是矿山建设的资源基础，新建或改建矿山都必须保有符合质量要求的相当数量的工业储量。

依据经勘查所获得的不同地质可靠程度（预测的、推断的、控制的、探明的）、相应的可行性评价（概略研究、预可行性研究、可行性研究）和所获不同的经济意义（经济的、边际经济的、次边际经济的、内蕴经济的），矿产资源/储量分为储量、基础储量、资源量三大类、十六种类型（见表2-1）。

表 2-1 固体矿产资源/储量分类表

经济意义	地质可靠程度			
	查明矿产资源			潜在矿产资源
	探明的	控制的	推断的	预测的
经济的	可采储量（111）			
	基础储量（111b）			
	预可采储量（121）	预可采储量（122）		
	基础储量（121b）	基础储量（122b）		
边际经济的	基础储量（2M11）			
	基础储量（2M21）	基础储量（2M22）		
次边际经济的	资源量（2S11）			
	资源量（2S21）	资源量（2S22）		
内蕴经济的	资源量（331）	资源量（332）	资源量（333）	资源量（334）?

注：表中所用编码（111~334），第1位数表示经济意义，1=经济的，2M=边际经济的，2S=次边际经济的，3=内蕴经济的，?=经济意义未定的；第2位数表示可行性评价阶段，1=可行性研究，2=预可行性研究，3=概略研究；第3位数表示地质可靠程度，1=探明的，2=控制的，3=推断的，4=预测的，b=未扣除设计、采矿损失的可采储量。

（1）储量。储量是经过详查或勘探，地质可靠程度达到了控制的或探明的，进行了预可行性或可行性研究，扣除了设计和采矿损失后，能实际采出的储量并在计算当时开采是经济的。储量是基础储量中的经济可采部分。根据矿产勘查阶段和可行性研究阶段的不同，储量又可分为探明的可采储量（111）、探明的预可采储量（121）及控制的预可采储量（122）三个类型。

1）探明的可采储量（111）：探明的经济基础储量的可采部分。是指在已按勘探阶段要求加密工程的地段，在三维空间上详细圈定了矿体，肯定了矿体的连续性，详细查明了矿床地质特征、矿石质量和开采技术条件，并有相应的矿石加工选（冶）试验成果，已进行了可行性研究，包括对开采、选（冶）、经济、市场、法律、环境、社会和政府因素的研究及相应的修改，证实其在计算的当时开采是经济的。计算的可采储量及可行性评价结果的可信度高。

2）探明的预可采储量（121）：探明的经济基础储量的可采部分。是指在已达到勘探阶段加密工程的地段，在三维空间上详细圈定了矿体，肯定了矿体连续性，详细查明了矿床地质特征、矿石质量和开采技术条件，并有相应的矿石加工选（冶）试验成果，但只进行了预可行性研究，表明当时开采是经济的。计算的可采储量可信度高，可行性评价结果的可信度一般。

3）控制的预可采储量（122）：控制的经济基础储量的可采部分。是指在已达到详查阶段工作程度要求的地段，基本上圈定了矿体三维形态，能够较有把握地确定矿体连续性的地段，基本查明了矿床地质特征、矿石质量、开采技术条件，提供了矿石加工选（冶）性能条件试验的成果。对于工艺流程成熟的易选矿石，也可利用同类型矿产的试验成果。预可行性研究结果表明开采是经济的，计算的可采储量可信度较高，可行性评价结果的可信度一般。

（2）基础储量。基础储量是经过详查或勘探，地质可靠程度达到了控制的或探明的，并进行过预可行性或可行性研究。基础储量分为两种情况，一是经预可行性研究属经济的，但未扣除设计、采矿损失（111b、121b、122b）；二是既未扣除设计、采矿损失，又经预可行性或可行性研究属边际经济的（2M11、2M21、2M22）。

1）探明的（可研）经济的基础储量（111b）：它所达到的勘查阶段、地质可靠程度、可行性评价阶段及经济意义的分类同 111 所述，与其唯一的差别在于本类型是用未扣除设计、采矿损失的数量表述。

2）探明的（预可研）经济的基础储量（121b）：它所达到的勘查阶段、地质可靠程度、可行性评价阶段及经济意义的分类同 121 所述，与其唯一的差别在于本类型是用未扣除设计、采矿损失的数量表述。

3）控制的（预可研）经济基础储量（122b）：它所达到的勘查阶段、地质可靠程度、可行性评价阶段及经济意义的分类同 122 所述，与其唯一的差别在于本类型是用未扣除设计、采矿损失的数量表述。

4）探明的（可研）边际经济基础储量（2M11）：是指在达到勘探阶段工作程度要求的地段，详细查明了矿床地质特征、矿石质量、开采技术条件，圈定了矿体的三维形态，肯定了矿体连续性，有相应的加工选（冶）试验成果；可行性研究结果表明，在确定当时，开采是不经济的，但接近盈亏边界，只有当技术、经济等条件改善后才可变成经济的。这部分基础储量可以是覆盖全勘探区的，也可以是勘探区中的一部分，在可采储量周围或在其间分布。计算的基础储量和可行性评价结果的可信度高。

5）探明的（预可研）边际经济基础储量（2M21）：是指在达到勘探阶段工作程度要求的地段，详细查明了矿床地质特征、矿石质量、开采技术条件，圈定了矿体的三维形态，肯定了矿体连续性，有相应的矿石加工选（冶）性能试验成果；预可行性研究结果表明，在确定当时，开采是不经济的，但接近盈亏边界，待将来技术经济条件改善后可变成经济的。其分布特征同 2M11，计算的基础储量的可信度高，可行性评价结果的可信度一般。

6）控制的预可研边际经济基础储量（2M22）：是指在达到详查阶段工作程度的地段，基本查明了矿床地质特征、矿石质量、开采技术条件，基本圈定了矿体的三维形态；预可行性研究结果表明，在确定当时，开采是不经济的，但接近盈亏边界，待将来技术经济条件改善后可变成经济的。其分布特征类似于 2M11，计算的基础储量可信度较高，可行性评价结果的可信度一般。

（3）资源量。资源量可分为三种情况：一是凡仅作了概略研究的，无论其工作程度多高，统归为资源量（331、332、333）；二是工作程度达到详查或勘探，但预可行性或可行性研究证实为次边际经济的（2S11、2S21、2S22）；三是经预查工作发现的潜在矿产资源（334）？。

1）探明的（可研）次边际经济资源量（2S11）：是指在勘查工作程度已达到勘探阶段要求的地段，地质可靠程度为探明的；可行性研究结果表明，在确定当时，开采是不经济的，必须大幅度提高矿产品价格或大幅度降低成本后，才能变成经济的，计算的资源量和可行性评价结果的可信度高。

2）探明的（预可研）次边际经济资源量（2S21）：是指在勘查工作程度已达到勘探阶段要求的地段，地质可靠程度为探明的；预可行性研究结果表明，在确定当时，开采是不经济的，需要大幅度提高矿产品价格或大幅度降低成本后，才能变成经济的。计算的资源量可信度高，可行性评价结果的可信度一般。

3）控制的次边际经济资源量（2S22）：是指在勘查工作程度已达到详查阶段要求的地段，地质可靠程度为控制的；预可行性研究结果表明，在确定当时，开采是不经济的，需大幅度提高矿产品价格或大幅度降低成本后，才能变成经济的。计算的资源量可信度较高，可行性评价结果的可信度一般。

4）探明的内蕴经济资源量（331）：是指在勘查工作程度已达到勘探阶段要求地段，地质可靠程度为探明的，但未做可行性研究或预可行性研究，仅做了概略研究，经济意义介于经济的与次边际经济的范围内，计算的资源量可信度高，可行性评价可信度低。

5）控制的内蕴经济资源量（332）：是指在勘查工作程度已达到详查阶段要求的地段，地质可靠程度为控制的，可行性评价仅做了概略研究，经济意义介于经济的与次边际经济的范围内，计算的资源量可信度较高，可行性评价可信度低。

6）推断的内蕴经济资源量（333）：是指在勘查工作程度只达到普查阶段要求的地段，地质可靠程度为推断的，资源量只根据有限的数据计算的，其可信度低。可行性评价仅做了概略研究，经济意义介于经济的与次边际经济的范围内，可行性评价可信度低。

7）预测的资源量（334）?：依据区域地质研究成果、航空遥感、地球物理、地球化学等异常或极少量工程资料，确定具有矿化潜力的地区，并和已知矿床类比而估计的资源量，属于潜在矿产资源，有无经济意义尚不确定。

2.3 矿床周围自然环境及经济资料

（1）地形测绘资料：一般矿山的地表地形图的比例为 1:1000 ~ 1:2000。

（2）水源资料：需提供矿山工业用水和生活用水的水源资料，如水质、水量。

（3）气象资料：包括四季气温变化、最低与最高温度、年平均温度、各月份的降雨量和降雪量、最高洪水位、山洪暴发资料、主导风向、风速、土壤冻结厚度以及地震等级等。

（4）建筑材料：包括建筑材料的来源以及地区出产的建筑材料种类、数量、质量、价格，应查明建材材料的交通运输条件及运输距离。

（5）设备资料：包括矿山主要设备种类、来源、价格，配件供应价格及质量等。

（6）矿区技术经济资料：地区经济状况和工业发展远景，地区的动力、燃料、材料、交通等条件，编制设计概算所需的当地各类物资、劳务的价格资料。

（7）建设矿山环境评估资料。

（8）相关协议：建设一个矿山企业必定要与有关单位、部门发生联系。为了把这种联系和协作关系明确地固定下来，需签订协议，如征用土地协议、水源协议、污水处理协议、铁路接轨协议、货运协议、供电协议、电讯协议、原材料供应协议、环保协议、火药库厂址协议等。

（9）矿山现状资料。对改建或扩建矿山，必须提供矿山现状的资料，包括地面总平面、各个建筑物及构筑物资料、井巷工程现状、开拓系统、采矿方法、矿山设备现状、生产指标、材料消耗定额和劳动生产率等。

2.4　工程地质资料

初步设计时，主要工业场地应有工程地质的初步勘探资料。对有地震影响的地区，应有地震烈度等级资料。施工设计时，一般需要各个主要建筑物和构筑物所在地的工程地质详细勘探资料及主要井筒和硐室的工程地质资料。

3 地下采矿设计的程序

一般的生产性工程项目的建成投产都要经过三个阶段，即研究决策阶段、建设前期准备阶段、组织实施阶段。这三个阶段亦可分别称为规划期、准备期和建设期。矿山企业的建设也不例外。但是，由于矿山企业的生产对象是矿产资源，因此，其第一阶段在内容上必须含有矿床的勘探与经济评价。地质勘探部门完成矿区地质及水文地质勘探工作之后，必须提交地质报告和图纸，并为矿床的开采价值作出切实的经济评价，以便为随后的决策研究及进一步的开采设计提供最根本的依据。其提交的储量报告和图纸属于大、中型矿山者应经国家储委审核、批准，小型矿山者则应经地方储委审核、批准，然后方能作为设计的基础资料。

矿山企业设计工作一般属于规划期以及准备期的前一部分，其程序为：根据编制的可行性研究报告，依据经过批准的可行性研究报告及设计委托书，编制初步设计；依据经过批准的初步设计，编制施工图设计。

3.1 可行性研究

3.1.1 可行性研究的任务和要求

可行性研究的任务是根据国民经济的发展规划及市场需求，对建设项目在技术上、工程上和经济上是否合理可行，进行全面分析、论证，通过多方案比较，提出评价，从而为建设项目投资决策提供依据。

可行性研究是矿山建设立项之前具有决定性意义的工作，它是建设项目设计性工作的起点，又是以后一系列设计工作的基础，因此可行性研究应满足以下要求：

（1）确保该建设项目产品的生产规模和质量获得社会效益和经济效益。

（2）节约投资，缩短建设周期，矿山企业投产后其产品进入市场具有竞争能力，能取得较好的经济效益。

（3）所拟定的开采方案，其生产过程具有良好的安全条件和较高的劳动生产率。

（4）所采用的工艺和主要设备先进、可靠，符合设计规范。

3.1.2 可行性研究的作用

（1）作为项目建设论证、审查、投资决策的依据。

（2）作为编制设计任务书（协议书）的依据。

（3）作为建设项目与其他部门协作的依据。

3.1.3 可行性研究的内容

可行性研究的内容比较广泛，而且随建设项目的条件不同而异，对于矿床开采来说，应该着重研究矿山投资的经济效益。一般情况下，矿山企业建设可行性研究的基本内容可概括为：

（1）根据国家发展规划、市场调查，研究和拟定建设工程项目的最佳产品方案和合理规模。

（2）根据建设地址、矿产资源、交通运输、动力供应、水文地质、公共设施等情况，研究与选择最佳的建设条件。

（3）研究和选择工艺技术方案，确定企业技术装备水平。通过技术经济比较，选定技术上先进、经济上合理的工艺技术方案。

（4）按照企业组织、劳动配备、经营管理水平等条件组织企业的经济活动，以求取得较高的劳动生产率。

（5）根据材料设备供应、施工技术、组织水平、场所环境等条件，研究建设进度，以达到最短的建设周期。

（6）对建设项目的投资进行估算，细分投资构成，预测产品成本，进行现金流量财务分析，计算投资收益率，预测投资回收期，检验项目敏感性，对经济效果进行综合评价。

3.2　设计委托书

设计委托书是在可行性研究的基础上编制的。它是初步设计的依据；是确定建设规模、建设布局、产品种类、主要协作关系和建设进度的重要依据。

设计委托书应包括下列主要内容：

（1）企业的组成形式和地点。指明建设项目所在的地理位置及企业各组成部分的协作关系。

（2）建设规模。规定主要产品的生产能力及对产品品种和质量的要求。

（3）建设期限。拟定企业的基本建设时间、投产时间、稳产时间和服务年限。

（4）建设根据。指明资源条件、原料、燃料、动力的供应和运输条件。

（5）关于远景扩建或远景储量的协议内容。

（6）对于扩建或改建项目，应指明资源的利用状况、原有固定资产情况及可能利用的程度。

3.3　初步设计

初步设计是项目决策后的具体实施方案，也是设计工作的第一阶段，还是施工准备的重要依据。

3.3.1　对初步设计内容和深度的要求

初步设计必须根据设计委托书及可行性研究报告中已确定的规模、服务年限、矿区选择、开采方式、开拓方案、厂址、建设程序、资源的综合利用、技术装备、机修、工业和生活用水、供电、燃料及内外部运输等进行具体设计，详细论证设计中各项技术决策的技术经济合理性。初步设计内容和深度应满足如下要求：

（1）能够指导施工图的设计。

（2）能够指导矿山筹建和土地征购。

（3）能够指导基建施工和企业生产的准备工作。

（4）能够指导编制详细的基建进度计划。

（5）能够指导设备材料的采购和供应。

（6）能够指导企业的建立、人员的引进培训。

3.3.2 初步设计的主要内容

初步设计主要包括设计说明书和设计图纸两部分。设计说明书是工程设计的文字表达形式，它必须做到说理清楚、论据有力、文字通顺、语言精练、标点符号齐全。设计图纸是工程设计中各种工程技术决策的形象表达方式，它必须按照绘制工程图件的有关规定，结构准确、数据齐全、线条粗细分明，图面整洁清晰。

设计说明书由以下内容组成：

（1）总论。简述设计的依据、原则；简述所设计的矿山企业的地理位置、交通情况、企业组织形式以及区域经济地理概况；简述产品方案、开采和加工工艺等主要方案的比较，新技术的采用、环境保护、综合利用及土地采购等情况；简述企业投资方式、企业定员、总电容量、"三材"用量、主要工程量、占地面积及产品成本等重要技术经济指标；简述设计尚存在的问题及解决意见。

（2）技术经济。对主要方案进行综合比较和论证，确定技术上先进、经济上合理的设计方案；同时要对企业进行投资效果的分析与评价、生产成本的计算与分析、劳动生产率分析，确定矿山企业职工定员，编制主要技术经济指标汇总表。

（3）矿区地质。简述矿床区域地质、地层系统及分布情况与矿床赋存的关系；阐明矿床地质、构造特征、矿床开采技术条件、矿岩的物理力学性质、矿石类型、矿石的质量及其变化规律、伴生组分综合利用的可能性、可采范围内的矿石储量计算及远景；评述矿区地质勘探报告，指出存在的问题，提出解决的意见；确定生产勘探与开采取样的方法。

（4）采矿。论述矿区开采方式的选择；确定开采范围及开采顺序；验证矿山生产能力、计算矿山服务年限，确定矿山工作制度；选择开拓方法；圈定岩石移动界限；根据矿岩的物理力学性质、稳定条件、井巷用途和所采用的设备等，确定井巷的断面形状、大小、支护形式及装备；选择采矿方法，进行采准、回采计算；选择充填料及充填系统；确定通风系统，进行矿井总风量和总阻力的计算；编制开采进度计划（基建及采掘进度计划）。

（5）矿山机械。结合开拓系统和提升任务，确定提升方案、提升矿岩的装卸方式和车场设施；计算、选择提升设备和辅助设备，验算提升能力，计算、选择压气设施、通风设施；结合开拓方案，布置运输系统，选择、计算主要和辅助运输设备和装矿卸矿设施。

（6）选矿。确定选厂生产能力及生产流程，选择、计算选矿设备等。

（7）其他内容。其他内容包括总图运输、电气部分、建筑部分、概算部分等。

3.4 生产设计

生产设计也称施工设计，它是根据初步设计，按照各项工程和部件绘制施工图的一项十分具体细致的设计工作，如绘制竖井施工图、构筑物的结构样图、开拓巷道的支护和装备图，按照设备图件和建筑图件绘制安装施工图等。施工图是组织与指导工程具体施工的最终依据。

绘制施工图时，应尽可能利用类似工程的施工图纸或标准图。此外，在施工图中不允许有任何降低矿山生产能力、降低劳动生产率或增加建设费用的重大变更、施工图应按工程项目分期分批地交付给施工单位，以保证企业建设按计划进度顺利进行。

3.4.1　采矿设计分类

按工程性质、技术复杂程度和管理范围，采矿设计分为两类。

（1）一类型设计。

1）采矿总体设计；

2）新采矿方法设计；

3）开发新坑口（含井巷工程）设计；

4）重大的采矿技措、安措工程设计；

5）系统性的矿井通风、排水、运输、提升、充填等设计；

6）省级和省级以上采矿科研项目设计。

（2）二类型设计。

1）局部性采矿开拓设计（中段开拓、硐室工程、井筒延深、井底车场等）；

2）矿块开采设计及采空区处理设计；

3）矿柱回采设计；

4）局部性修改和补充设计；

5）一般的采矿技措、安措等工程设计。

3.4.2　设计基础资料

提供给采矿设计的基础资料，均应按规定经过有关部门审查签字，方可作为设计依据。

3.4.2.1　一类型设计所需地质资料

（1）地质部门提供的地质勘探报告书及附图、附件。

（2）地质部门提供的详查评价报告书或储量计算说明书及其附图、附件。

（3）矿山地测部门提供的有关文字资料及图件，包括：

1）矿床地质说明书，储量计算说明书，分矿体列出矿体规模、产状、矿石类型、矿石与围岩的物理机械性质、主要断裂构造，探采对比说明书，远景储量预计说明书，开采现状说明书或闭坑报告书等；

2）矿体纵投影图或水平投影图（1∶1000～1∶200）；

3）储量计算剖面图（1∶1000～1∶200）；

4）重点勘探线剖面图（1∶1000～1∶200）；

5）现有生产或关闭坑口的开拓系统图、开采现状图（平剖面图）、坑内外对照图（1∶1000～1∶200）；

6）设计中段及上下部中段地质平面图；

7）设计所需其他测量成果资料。

3.4.2.2　二类型设计所需地质资料

（1）中段开拓设计，所需资料包括：

1）设计开拓中段地质说明书，说明矿体的赋存情况（矿体规模、形态、产状、矿石与围岩的物理机械性质），水文地质情况，本中段勘探程度，地质储量，分矿体列出矿量、品位、金属量、平均厚度等主要地质参数；

2）本中段及上中段地质平面图（1:1000~1:200）；

3）重点勘探线剖面图（1:1000）；

4）测量成果资料（井筒中心坐标等）。

（2）矿块或矿柱开采设计，所需资料包括：

1）本矿块（或矿柱）地质说明书，说明矿块（矿柱）的空间位置及相邻采掘工程情况、地质矿量与品位（勘探程度一般要求达到 B 级）、矿体产状与矿石类型及夹石厚度、矿石围岩的物理机械性质、主要断裂构造；

2）矿块（矿柱）纵投影图（1:200）；

3）上下中段地质平面图（1:200）；

4）勘探线或天井断面图（1:200）；

5）天井中川平面图及切割层和凿岩巷道平面图（1:200）。

设计基础资料必须准确可靠，图纸上坐标、标高、井巷位置应相互吻合，比例尺能相互适应，数字准确无误。

3.4.3　采矿设计的基本内容

3.4.3.1　一类型设计的基本内容

（1）设计说明书，主要说明：

1）设计依据及原则（改扩建时要简述生产现状及存在的主要问题）；

2）设计方案的比较和论证，主要设计参数的选取、计算，主要设备选型；

3）开采范围及生产能力的确定（验证）；

4）主要工程量，主要设备选型、台数，施工方法及作业循环图表，进度计划，主要材料消耗定额指标；

5）安全环保及其措施；

6）投资概算及技术经济指标，项目建成后的技术经济效果预计分析评价；

7）需要说明的问题及建议。

（2）估、概算书。

（3）主要设备材料表、劳动定员表。

（4）附图：根据设计的性质、内容，在满足工程施工的前提下，分别按上级及矿山的现行规定要求，绘制相应的设计图纸。

3.4.3.2　二类型设计的基本内容

（1）中段开拓设计，主要包括：

1）设计说明书。

①本中段的可采矿量、金属量、品位、服务年限；

②开拓方案的比较确定；

③主要工程量，主要设备型号、台数，施工方法，作业循环图表，进度计划，通风，排水，运输措施工程，工程质量要求等。

2）附图。

①中段开拓、采准、探矿巷道平面布置图（1:1000），井巷工程量，坐标标高列入统一的表格内附在图上；

②开拓巷道、硐室、井底车场、井筒延深等施工图。

（2）矿块（矿柱）开采设计，主要包括：

1）矿块（矿柱）地质情况概述，包括位置、矿量、金属量、品位；

2）采矿方法的选择及工程布置，矿块构成要素，底部结构形式，采准、回采（充填）工艺；

3）施工顺序，注意事项，安全、通风措施；

4）顶底柱和间柱的回采方法；

5）采切工程量、技术经济指标、采切千吨比、矿房矿量、矿柱矿量、采矿效率、矿房采出矿能力、设计贫化率、损失率及主要材料消耗指标。

3.4.4　常用采矿方法设计说明的具体要求举例

3.4.4.1　中深孔阶段充填法总体设计内容及要求

（1）地质概况：矿块位置、矿体的走向、倾向与倾角、幅宽（厚度）矿石性质、矿体稳固性及裂隙发育状况、围岩情况、勘探程度及存在的问题、与周边采场的相对关系及影响、矿块地质矿量（含间柱、顶底柱矿量）、矿块地质品位。

（2）采矿方法论述：采矿方法选择（常用的采矿方法简述即可，新的采矿方法要进行对比与论证）；矿块构成要素（长、宽、高、顶板最大暴露面积等）；工程布置，包括底部结构的形式位置、有切割层的注明切割层位置和其他工程布置情况。

（3）施工顺序及注意事项：结合回采工艺，确定工程施工顺序，如具有探矿性质的工程优先施工，地质条件变化不会带来影响的工程可同时施工，底部结构应在上分层矿块地质条件确定无变化后施工。另外要特别说明施工中其他注意事项，如工程规格、方位要求等。

（4）主要技术经济指标，包括损失率、贫化率、矿石品位、采矿效率、采场出矿能力、千吨采切比。

（5）安全注意事项：

1）通风，包括通风线路、人风口和出风口位置、风流走向、是否要辅以局扇通风；

2）空区处理方法，主要注明充填井位置及充填管路铺设球线（若处理方法所需工程需在采矿时进行，则必须与采矿同时设计与施工）；

3）行人安全通道布置情况；

4）其他需特别说明的安全注意事项。

3.4.4.2　中深孔阶段充填法回采设计内容及要求

（1）回采工艺简述：包括采场名称、采场位置、采场结构参数、矿房矿量、采矿品位、工程施工现状等。

（2）中深孔爆破采取的方式、拉槽方法（切井拉槽的要注明切井位置、拉槽布置形式、宽度等）、正常排凿巷布置形式等。

（3）中深孔施工注意事项：

1）注意深孔施工顺序；

2）用经纬仪给点，按设计凿岩中心及排线方位摆放钻机，规格不够的凿巷要及时刷帮处理；

3）严格控制中深孔的深度与角度，按设计要求施工，现场条件有变化时，及时与设计人员联系解决；

4）其他施工中应注意事项。

（4）回采爆破说明：详细说明各分层、各排、各孔之间的爆破顺序（一次性大爆破的要在中深孔施工结束，验收完后，依据实际炮孔参数做采场爆破设计），技术要求。

（5）安全注意事项：

1）施工中应注意凿巷顶板的浮石，靠近空区施工，要设防护栏，并严格按中深孔设备操作规程施工等；

2）中深孔落矿时，炮烟的通风线路、通风所需时间，以及爆破中其他需注意的事项。

3.4.5 设计充填采矿内容及要求

（1）充填采场概况：包括采场名称、具体位置、采场结构参数、空区体积、采场与周边采场的相对关系及连通情况等。

（2）充填工作要求：

1）各分层充填隔墙数目及隔墙施工规格质量要求；

2）各分层充填量充填浓度要求及灰砂比要求；

3）采场隔墙施工顺序及要求；

4）充填管路布置路线，充填先后顺序，充填管路选择、规格要求等（结合表格加以说明）。

（3）充填准备工作中应注意的事项以及充填过程中应注意的事项，以及可能发生的各种情况。

（4）安全注意事项：隔墙制作过程中的安全事项，充填过程中的巡视，连通采场的观察，一次最大充填量等。

采矿设计的内容对某一具体采矿设计和矿山正常生产中已使用的采矿方法设计的内容可以适当增减，但应做到满足各阶段设计深度的需要。采矿方法设计应附有矿房和矿柱采矿方法总体布置图（三面或二面图，比例尺为1:200）、采准及切割布置图、矿块充填工程图、支护结构图、炮孔布置图、采切工程量表、采矿作业循环图表等。

4 技术经济问题的解决方法

4.1 设计中技术问题的解决方法

在矿山设计中经常遇到方案性的技术决定，如采矿方法的选择、开拓方案选择、设备类型的确定、某些参数的确定等。确定这类问题的方法主要有类比法和技术经济计算方法。最常见的类比法有：利用类似矿山的经验；使用类似条件的统计综合资料等，如最小抵抗线的选取、确定阶段布置形式、采矿方法选择等。技术经济计算方法分为方案法和最优化方法。

（1）类比法。类比法是设计中经常用的一种方法，是选用类似条件的矿山行之有效的方案或技术措施。只要设计方案的主要条件与生产矿山类似，且生产矿山是行之有效的，即可直接选取。重大的技术方案经常是先用类比法选取几个可行的方案，再用技术经济计算方法最终选优。

（2）方案法。方案法是得到最广泛应用的技术经济计算方法。经常是在用类比法确定几个方案后，用方案法进行技术经济计算，求出方案间的相对的经济效果，在这一基础上，再结合其他指标综合分析选优。

最优方案应该符合国家当前技术经济政策的要求，在技术上可靠和先进的基础上，能达到最大的经济效益，亦即正确使用投资，最大限度降低成本、提高利润和尽可能地提高劳动生产率。

用方案法在拟定方案后，按需要进行较为全面的比较，无需考虑复杂的条件，可以考虑多方面的因素综合比较，可以考虑诸如国家的方针政策、劳动条件、安全程度等方面的因素。设计中的重大技术参数、方案，如开采方案选择、场地选择、开拓方案选择等问题，往往用方案法确定。

方案法比较的一个特点是两个方案的相同项目可以不计算，即不是算出两方案的绝对经济效益，而是计算其相对效益来确定方案的优劣。

但方案法找不出主要影响因素的变化规律，找不出参数的合理范围，而是凭设计者的经验初选方案，在确定初选的几个方案中，比较出最佳方案。所以有可能最终选取的方案不是真正的最佳方案，而仅是初选方案中的最好方案。

（3）最优化方法。最优化方法的实质是用数学形式表达采矿技术参数与经济效益指标间的数量关系，并求出该参数的经济合理数值。最优化方法的核心问题是建立起数学模型——目标函数，并根据目标函数尽快求出最优解。其步骤为：

1）建立目标函数；

2）确定约束条件；

3）确定寻求方法；

4）上机计算。

4.2 方案技术经济比较的基本方法

设计者在设计过程中，凡是重大方案性的技术决策，都必须经过多方案的技术经济比较和评价，才能最后选出最优方案。进行多方案的技术经济比较，就可选出技术上可靠先进、经济上合理的方案。

设计方案经济比较的方法可分为静态分析法和动态分析法两种。静态分析法所使用的经济指标如投资、经营费等不考虑时间因素，即不考虑资金的时间价值，而认为是静止的、不变的。动态分析法所使用的经济指标如投资、经营费等，考虑了时间因素。

4.2.1 静态分析法

常用的静态分析法有最小成本法、最小投资法及投资差额返本期法。

（1）使用投资或成本指标进行比较。在方案设计时，如果两方案的成本（或利润）指标相差甚微，而投资指标相差较大时，可以用投资指标确定优劣：投资小的方案为最佳方案；如两方案的投资基本近似，而成本（或利润）相差较大，则可用成本（或利润）指标决定优劣：当年产量相同，产品质量亦相同，单位产品成本最低为最佳方案；如年产量不同或产品质量不同时，年利润最高的方案为最佳方案。

最小投资法或最小成本法仅适用于相互比较的两个方案的投资（成本）基本相同，或两个指标在一个方案中均优，而在另一个方案均差时的情况。

（2）投资差额返本期法。方案比较时，经常遇到的问题是投资与经营费各有优劣。这是因为投资的大小与技术装备水平有密切关系：即基建投资大、企业技术装备水平高、机械化程度高、工艺先进，则经营费低；反之，经营费高。此时在静态分析法中往往是应用投资差额返本期法确定方案的优劣。

投资差额返本期法的实质是：两方案比较时，用节约下来的经营费在额定年限内是否可以把多花的投资返还回来。如果可以返还回来，则投资高、成本低的方案为最佳方案；反之，如果在规定年限内返不回来，则成本高、投资小的方案在经济上优越。

4.2.2 动态分析法

常用的动态分析法有贴现法和净现值法。

（1）贴现法。现金流量是指投资项目（企业）从基建起经投产、生产直到关闭为止的整个周期内各年资金流入与流出活动情况。每年资金流入与流出的差值，称为净现金流量，它可以为正，亦可能为负。

贴现法的实质是：如果在计算年限内各年现金流入的现值总和恰好与现金流出的现值总和相等（即净现金流量的现值总计为零），此时求得的贴现率就是贴现法的动态投资收益率。

贴现法投资收益率计算步骤如下：

1）计算出各年的现金流入、现金流出和净现金流量。

2）确定试算的贴现率。可根据报酬率因素表查得各年的贴现系数。实际工作中，一般需取两个贴现率进行试算。

3）用两个贴现率分别计算各年净现金流量的现值。对两个贴现率的要求是，根据它们计算得出的净现值最好一为正净现值，另一为负净现值。

4）计算贴现法的投资收益率。在手工计算中，一般用插入法求得贴现法的投资收益率。

（2）净现值法（NPV）。投资收益率分为静态收益率与动态收益率两种。静态收益率是指单位投资额所获得的年利润。动态收益率需考虑时间因素。基准收益率就是最低要求的收益率。在我国，基准收益率是按各企业部门的实际情况来确定的，是根据国民经济的现状、技术水平、部门的实际收益等因素综合确定的。

确定基准收益率时，应考虑下列几点原则。

1）必须大于部门历年来的平均实际收益率，但实际收益率为静态的，须换算成动态收益率。如根据设备存在年限，概括地确定企业存在年限为15a，实际收益率为15%时，折算成动态收益率为12%~13%。

2）若矿山企业的投资均为贷款，则基准收益率必须大于年利率，否则企业无收益。基准收益率与年利率之间的差额，就是企业可望获得的收益。如果投资的风险大，则这个差额制定的应高些；风险愈大，基准收益率应愈高。

3）如果投资中部分是国外贷款，部分是国内资金，则需分别找出国外与国内的基准收益率，之后按资金的比例加权平均求出基准收益率。

净现值法的实质是按基准收益率将净现金流量贴现到计算的基准年，用净现值的大小来评价方案的优劣。

用净现值法评定单方案时，若贴现后的现金流入大于或等于现金流出，即净现值大于或等于零，则表明投资可取，否则方案不可取。但小于零为负时，并不一定是无利，而可能是达不到要求的收益。在两方案对比时，如用销售收入计算，则计算出两方案的净现值后，净现值大者为最优方案；如不计销售收入，只按投资与年经营费计算，则净现值小者为最佳方案，因投资与经营费均系支出，很明显，支出的愈少，方案的经济效果愈好。

5 地下采矿设计的评价方法

5.1 财务评价

5.1.1 财务评价中所使用的基本计算表格

在设计工作中财务评价所使用的基本计算表格，包括财务现金流量表、利润表及财务平衡表。

（1）财务现金流量表。它是反映项目计算期内各年的现金收支（现金流入和现金流出），用以计算各项动态和静态评价指标，进行项目财务盈利性分析。按投资计算基础的不同，财务现金流量表分为：

1）全部投资的财务现金流量表。该表设定全部投资（包括固定资产投资和流动资金）均为自有资金，用以计算全部投资财务内部收益率、财务净现值及投资回收期等评价指标。

2）国内投资的财务现金流量表。该表适用于涉及外资的项目，以国内资金（包括国家预算内投资、国内贷款和自筹资金等）作为计算的基础，用以计算国内投资财务内部收益率、财务净现值。

（2）利润表。它是用以计算项目在计算期内各年的利润额。

（3）财务平衡表。它是根据项目的具体财务条件测算计算期内各年的资金盈余或短缺情况，供作选择资金筹措方案，制定适宜的借款及偿还计划，并用以测算固定资产投资借款偿还期，进行清偿能力分析。

除以上表格外，涉及产品出口创汇及替代进口节汇的项目，一般还应编制财务外汇流量表，以测算计算期内各年的净外汇流量、财务外汇净现值、财务换汇成本及财务节汇成本等指标，进行外汇效果分析。

5.1.2 评价指标

财务评价以财务内部收益率、投资回收期和固定资产投资借款偿还期等作为主要评价指标。根据项目的特点及实际需要，也可计算财务净现值、财务净现值率、投资利润率、投资利税率等辅助指标。产品出口创汇及代替进口节汇的项目，要计算财务外汇净现值、财务换汇和节汇成本等指标。

5.1.2.1 主要评价指标

（1）财务内部收益率：是指项目在计算期内各年净现金流量现值累计等于零时的贴现率。

（2）投资回收期（投资返本年限）：是指以项目的净收益抵偿全部投资（包括固定资产投资和流动资金）所需要的时间，是反映项目财务上投资回收能力的重要指标。投资回收期自建设开始年算起，同时还应写明自投产开始年算起的投资回收期。

（3）固定资产投资借款偿还期：是指在国家财政规定及项目具体财务条件下，项目投产以后可用作还款的利润、折旧及其他收益额偿还固定资产投资借款本金和利息所需要的时间。

5.1.2.2　辅助评价指标

（1）财务净现值和净现值率：是反映项目在计算期内获利能力的动态评价指标。前者指项目按部门或行业的基准收益率或设定的贴现率（未制定基准收益率时），将各年的净现金流量贴现到建设起点（建设初期）的现值之和；后者是项目净现值与全部投资现值之比，亦即单位投资现值的净现值。

财务净现值大于零或等于零的项目是可以考虑接受的。在选择方案时，应选择净现值大的方案；各方案投资额不同时，需用净现值率来衡量。

（2）投资利润率：是指项目达到设计生产能力后的一个正常生产年份的年利润总额与项目总投资的比率。对生产期内各年的利润总额变化幅度较大的项目，应计算生产期年平均利润总额与总投资的比率。

（3）投资利税率：是指项目达到设计生产能力后的一个正常生产年份的年利、税额或项目生产期内的年平均利税总额与总投资的比率。

5.1.2.3　外汇效果指标

（1）财务外汇净现值：是分析、评价项目实施后对国家外汇状况影响的重要指标，用以衡量项目对国家外汇的净贡献（创汇）或净消耗（用汇）。外汇净现值可通过外汇流量表直接求得。

（2）财务换汇成本及财务节汇成本：前者指换取 1 美元外汇所需要的人民币金额。其计算原则是项目计算期内生产出口产品所投入的国内资源的现值（即自出口产品总投入中扣除外汇花费后的现值）与生产出口产品的外汇净现值之比。

5.2　国民经济评价

国民经济评价是项目经济评价的核心部分，它是从国家整体角度考察项目的效益和费用，用影子价格、影子工资、影子汇率和社会折现率，计算分析项目给国民经济带来的净效益，评价项目在经济上的合理性。

5.2.1　效益和费用的划分与分析

（1）直接效益和费用。国民经济评价中确定效益和费用范围的原则是：凡项目为国民经济所作的贡献均计为项目的效益。直接效益主要是用影子价格计算的项目产出物的经济价值。项目的费用是指国民经济为项目所付出的代价，其直接费用为用影子价格计算的投入物的经济价值。

（2）间接效益和费用。项目的效益除了由其产出物所体现的直接效益外，还应包括对社会产生的其他效益，即间接效益。项目的费用除了由其投入物体现的直接费用外，还应包括社会为项目所付出的其他代价，即间接费用。

（3）税金及补贴等问题的处理。在确定效益和费用范围的过程中，会遇到税金、国内借款利息和补贴的处理问题。这些在财务评价中作为现金收支的项目，从国民经济的角度看并未造成资源的耗费或增加，属于国民经济内部的转移支付，故不应计为项目的效益或费用。

5.2.2 经济评价参数

（1）社会贴现率。社会贴现率表征社会对资金时间价值的估量值，在国民经济评价中用作计算经济净现值时的贴现率，并作为经济内部收益率的基准值，是建设项目经济可行性的主要判据。

（2）影子汇率。影子汇率代表外汇的影子价格，它反映外汇对国家的真实价值。在国民经济评价中用以进行外汇与人民币之间的换算。影子汇率以美元与人民币的比价表示。对于美元以外的其他国家货币，应参照中国银行公布的该种外币对美元的比价，先折算为美元，再用影子汇率换为人民币。

（3）影子工资。影子工资是指国家和社会为建设项目使用劳动力而付出的代价，它由两部分组成：一是由于项目使用劳动力而导致别处被迫放弃的原有净效益；二是因劳动力的就业或转移所增加的社会资源消耗，如交通运输费用、城市管理费等。

（4）贸易费用率。贸易费用是指物资局、各级批发站、外贸公司等商业部门花费在生产资料流通过程中的除长途运输费用以外的费用，在项目的国民经济评价中用以计量货物在商贸部门的流通费用。贸易费率是用以计算贸易费用的一个系数，货物的出厂价格或到岸价格乘以贸易费率即等于贸易费用。

（5）影子价格。影子价格是国民经济评价中项目的投入物和产出物所使用的价格，它是对这些货物真实价值的度量。影子价格以直接值和换算系数两种形式出现。

5.2.3 价格的调整

5.2.3.1 以实际将要发生的口岸价格为基础确定外贸货物的影子价格的方法

产出物（项目产出物的出厂价格）分为以下几种情况：

（1）直接出口的（外销产品）：离岸价格减国内运输费用和贸易费用。

（2）间接出口的（内销产品，替代其他货物，使其他货物增加出口）：离岸价格减去原供应厂到港口的运输费用及贸易费用，加上原供应厂到用户的运输费用及贸易费用，再减去拟建项目到用户的运输费用及贸易费用。缺少资料难以计算的，也可按直接出口考虑。

（3）替代进口的（内销产品，以产顶进，减少进口）：到岸价格加港口到用户的运输费用及贸易费用，再减去拟建项目到用户的运输费用及贸易费用。缺少资料难以计算的，也可按直接出口考虑。

投入物（项目投入物的到厂价格）分为以下几种情况：

（1）直接进口的（国外产品）：到岸价格加国内运输费用和贸易费用。

（2）间接进口的（国内产品，如木材、钢材、铁矿、铬矿等以前进口过，现在也大量进口）：到岸价格加港口到原用户的运输费用及贸易费用，减去供应厂到原用的运输费用和贸易费用，再加上供应厂到拟建项目的运输费用及贸易费用。为简化计算，也可按直接出口考虑。

（3）减少出口的（国内产品，如石油、可出口的煤炭和有色金属等，以前出口过，现在也能出口）：离岸价格减去供应厂到港口的运输费用及贸易费用，再加上供应厂到拟建项目的运输费用和贸易费用。

5.2.3.2　非外贸货物影子价格确定的原则和方法

产出物，分以下几种情况：

（1）增加供应数量满足国内消费的产出物：供求均衡的，按国家统一价格；价格不合理的，按国内类似企业产品的平均成本分解定价；供不应求的，取国内市场价格；无法判断供求情况的，取上述价格中的较低者。

（2）替代其他相同或类似企业的产出物，致使所被代替的企业停产或减产的：质量相同的，原则上应按被代替企业相应的产品可变成本分解定价；提高产品质量的，按国内市场价格或参照国际市场价格确定。

投入物，分以下几种情况：

（1）能通过原有企业挖潜（不增加投资）增加供应的：按成本分解法（通常仅分解可变成本）定价。

（2）在拟建项目计算期内需通过增加投资扩大生产规模来满足拟建项目需要的：按分解成本（包括可变成本和固定成本）定价。

（3）项目计算期无法通过扩大生产规模增加供应的（减少原用户的供应量）：取国内市场价格加补贴中价高者。

5.2.4　评价指标

（1）经济内部收益率。它是反映项目对国民经济贡献的相对指标，是使项目计算期内的经济净现值累计等于零时的贴现率。

（2）经济净现值和经济净现值率。经济净现值是反映项目对国民经济所作贡献的绝对指标。它是用社会贴现率将项目计算期内各年的净效益折算到建设起点（建设期初）的现值之和。经济净现值率是反映项目单位投资为国民经济所作净贡献的相对指标，是经济净现值与投资现值之比。

（3）外汇效果分析。设计产品出口创汇及替代进口节汇的项目，应进行外汇效果分析，计算经济外汇净现值、经济换汇成本、经济节汇成本等指标。

地下采矿设计项目

项目1 采矿图的绘制标准

1.1 任务书

本项目的任务信息见表1-1。

表1-1 采矿图的绘制标准任务书

学习领域	地下采矿设计						
项目1	采矿图的绘制标准	学时	6	完成时间	月	日至 月	日
布 置 任 务							
学习目标	(1) 能够根据设计图选择图纸样式、制图比例、标题栏内容; (2) 能够根据设计完成采矿图的绘制; (3) 能够完成采矿设计图尺寸、文字的标注及书写; (4) 能够完成采矿设计图方位的标注; (5) 能够阅读采矿设计图,熟知各种标注的含义						
任务条件	授课教师根据教学情况要求完成各种采矿图的绘制:或者给出平巷、竖井、斜井断面图完成图纸、比例、标题栏选择,完成尺寸标注;给出井底车场平面图、中段开拓运输平面图、采矿方法三视图(立体图)尺寸标注,给出竖井、斜井、平巷图完成方位的标注						
任务描述	(1) 选择图纸样式,设计图纸格式; (2) 选择绘制标题栏,填写标题栏内容; (3) 完成要求的采矿图的绘制任务; (4) 根据图形尺寸及图纸规格选择比例尺; (5) 根据给定尺寸完成尺寸标注; (6) 给出图中各种标注的含义; (7) 根据给定方位完成方位标注						
参考资料	(1)《金属矿地下开采》(第2版),陈国山主编,冶金工业出版社; (2)《采矿设计手册》(地下开采卷、井巷工程卷、矿山机械卷),建筑工业出版社; (3)《采矿设计手册》(五、六册),冶金工业出版社; (4)《采矿学》(第2版),王青主编,冶金工业出版社; (5)《采矿技术》,陈国山主编,冶金工业出版社; (6)《井巷设计与施工》,李长权主编,冶金工业出版社; (7)《金属非金属矿山采矿制图标准》(GB/T 50564—2010)						

学习领域	地下采矿设计							
项目1	采矿图的绘制标准	学时	6	完成时间	月	日至	月	日
布　置　任　务								
任务要求	(1) 发挥团队协作精神，以小组形式完成任务； (2) 以对成果的贡献程度核定个人成绩； (3) 展示成果要做成电子版； (4) 按时按要求完成设计任务书； (5) 学生应该遵守课堂纪律不迟到、不早退							

1.2　支撑知识

1.2.1　图纸规格

图纸应根据不同咨询、设计阶段及不同设计专业要求，采用适当的规格和比例；图面布局要合理，图面表达设计内容要求应完整、简明，图形投影正确；图中数字、文字、符号表示准确，各种线条粗细应符合 GB/T 50564—2010 的规定。

（1）各阶段设计图纸的幅面及图框尺寸，应符合图 1 – 1 ~ 图 1 – 3 及表 1 – 2 的规定。特殊情况时可将表 1 – 2 中的 A0 ~ A3 图纸的长度或宽度加长。A0 图纸只能加长长边，A1 ~ A3图纸的长、宽边都可加长。加长部分应为原边长的 1/8 长度的整数倍数，图幅规格按表 1 – 3 选取。

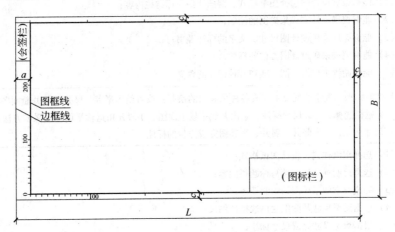

图 1 – 1　A0 ~ A3 图纸横式幅面

表 1 – 2　图纸幅面及图框尺寸　　　　　　　　　　　　　　　mm

幅画代号	A0	A1	A2	A3	A4
$B \times L$	841 × 1189	594 × 841	420 × 594	297 × 420	210 × 297
a	25				
c	10			5	
规格系数	2	1	0.5	0.25	0.125

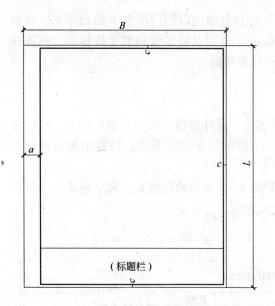

图 1-2 A4 图纸立式幅面

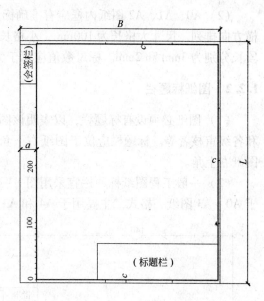

图 1-3 A1~A3 图纸立式幅面

表 1-3 图幅规格表   mm

基本幅面 代号|规格系数 $B \times L$	长边延长		短边延长		两边放大	
	$B \times L$	规格系数	$B \times L$	规格系数	$B \times L$	规格系数
A0 | 2 841×1189	841×1337	2.25				
	841×1486	2.5				
	841×1635	2.75				
	841×1783	3.0				
A1 | 1 594×841	594×946	1.125	668×841	1.125	668×946	1.27
	594×1051	1.25	743×841	1.25	743×1051	1.56
	594×1156	1.375	817×841	1.375	817×1156	1.89
	594×1261	1.5	892×841	1.5		
	594×1336	1.625				
	594×1472	1.75				
A2 | 0.5 420×594	420×743	0.625	525×594	0.625		
	420×892	0.75	631×594	0.75		
	420×1040	0.875	736×594	0.875		
	420×1189	1.0				
	420×1337	1.125				
	420×1486	1.25				
A3 | 0.25 297×420	297×525	0.3125	371×420	0.3125		
	297×631	0.375				
	297×736	0.4375				
	297×841	0.5				
	297×946	0.5625				
	297×1051	0.625				
A4 | 0.125 210×297	210×297					

（2）A0、A1、A2 图纸内框应有准确标尺，标尺分格应以图内框左下角为零点，按纵横方向排列。尺寸大格长为 100mm，小格长 10mm，分别以粗实线和细实线标界，标界线段长分别为 3mm 和 2mm。标尺数值应标于大格标界线附近。

1.2.2　图纸标题栏

（1）图纸必须设有标题栏，以表明该图纸名称、设计阶段、设计日期、版本、设计者和各级审核者等。标题栏应位于图纸右下角，A4 图纸位于图纸下边。特殊情况时可位于图纸右上角。

（2）一般工程图纸标题栏宜采用图 1-4 和图 1-5 所示两种格式。其中格式一主要用于 A0~A3 图纸，格式二主要用于 A4 和 A3 立式图纸。

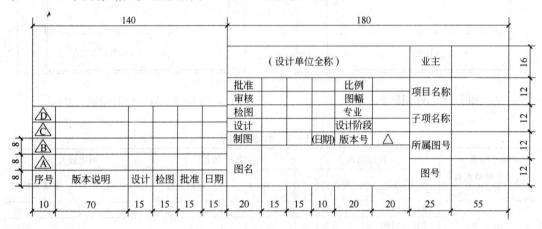

图 1-4　图纸标题栏格式一（320×64）

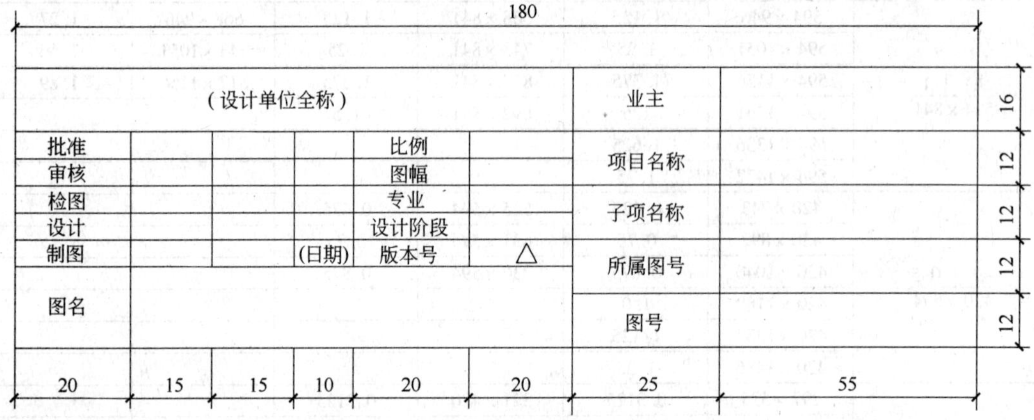

图 1-5　图纸标题栏格式二（180×64）

1.2.3　制图比例

制图比例的表示方法和注写位置应符合下列规定：

（1）表示方法。比例必须采用阿拉伯数字表示，如 1:2、1:50 等。

（2）注写位置。

1）全图只有一种比例时，应将比例注写在标题栏内。

2）不同视图比例注写在相应视图名的下方，应符合图 1-6 的规定。

平面图	I—I
1:50	1:50

图 1-6　视图比例标注法

3）工程图常用比例宜按表 1-4 选取。

表 1-4　采矿制图常用比例表

图　纸　类　别	常　用　比　例
露天开采终了平面图、地下开拓系统图、阶段平面图	1:2000，1:1000，1:500
竖井全貌图、采矿方法图、井底车场图	1:200，1:100
硐室图、巷道断面图	1:50，1:30，1:20
部件及大样图	1:20，1:10，1:5，1:2，1:1，2:1

1.2.4　图线绘制

图线绘制时，必须遵守下列规定：

（1）虚线、点划线及双点划线的线段长短和间隔应大致相等。虚线每段线长 3～5mm，间隔 1mm；点划线每段线长 10～20mm，间隔 3mm，双点划线每段线长 10～20mm，间隔 5mm。

（2）绘制圆的中心线时，圆心应为线段的交点。

（3）点划线和双点划线的首末两段，应是线段而不是点。

（4）点划线与点划线或尺寸线相交时，应交于线段处。

（5）当图形比较小，用最细点划线绘制有困难时，可用细实线代替。

（6）采用直线折断的折断线，必须全部通过被折断的图面。当图形要素相同、有规律分布时，可采用中断的画法，中断处以两条平行的最细双点划线表示。

（7）对需要标注名称的设备、部件、设施和井巷工程以及局部放大图和轨道曲线要素等，应采用细实线作为引出线引出标注（号），需要时应进行有规律的编号。同一张图上标号和指引线宜保持一致，并符合图 1-7 要求。

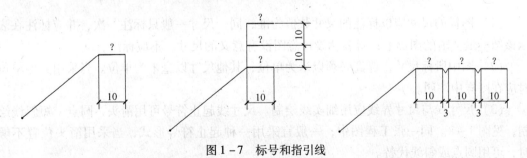

图 1-7　标号和指引线

1.2.5　文字

（1）图纸中的汉字应采用国家正式公布推广的简化字，不得用错别字、繁体字。

（2）图纸中表示数量的数字，应采用阿拉伯数字表示。

（3）常用技术术语字母符号宜参照表 1 - 5 的规定执行。

表 1-5　常用技术术语字母符号

名　称		符号	名　称		符号	名　称		符号
度量	长度	$L,\ l$	质量	质量	m	支护与掘进	时间	$T,\ t$
	宽度	$B,\ b$		重量	$G,\ g$		巷道壁厚	T
	高度或深度	$H,\ h$		比重	γ		巷道拱厚	d_0
	厚度	$\delta,\ d$	力	力矩	M		充填厚	δ
	半径	$R,\ r$		集中动荷载	T		掘进速度	v
	直径	$D,\ d$		加速度	a		转数	n
	切线长	T		重力加速度	g		线速度	v
	眼间距	a		均布动荷载	F		风压	$H,\ h$
	排距	b		集中静荷载	P		风量	Q
	最小抵抗线	W		均布静荷载	Q		风速度	V
	坡度	i		垂直力	N		涌水量	$Q,\ q$
	角度	$\alpha,\ \beta,\ \theta$		水平力	H	其他	岩（矿）石硬度系数	f
面积	面积	S		支座反力	R		摩擦角、安息角	φ
	净面积	S_J		剪力	Q		松散系数	k
	掘进面积	S_M		切向应力	τ		巷道通风摩擦系数	α
	通风面积	S_t		制动力	T		渗透系数、安全系数	K
坐标	经距	Y		摩擦力	F		动力系数	K
	纬距	X		摩擦系数	$\mu,\ f$		弹性模量	E
	标高	Z		温度	t		惯性矩	I
	比例	M	体积	体积	$V,\ v$		截面系数	W
	方位角	α					压强	P

1.2.6　尺寸的标注

（1）图样的尺寸应以标注的尺寸数值为准，同一尺寸一般只标注一次，并应标注在表示该结构最清晰的图形上；对表达设计意图没有意义的尺寸，不应标注。

（2）图中所标尺寸，标高必须以米为单位，其他尺寸以毫米为单位。当采用其他单位时应在图样中注明。

（3）尺寸线与尺寸界线应用细实线绘制。尺寸线起止符号可用箭头、圆点、短斜线绘制，见图 1-8。同一张工程图中，一般宜采用一种起止符号形式，当采用箭头位置不够时，可用圆点或斜线代替。

半径、直径、角度和弧度的尺寸起止符宜用箭头表示。

（4）水平尺寸线数字应标注在尺寸线的上方中部，垂直方向尺寸线数字应标在尺寸线的左侧中部，当尺寸线较密时，最外边的尺寸数字可标于尺寸线外侧，中部尺寸数字可将相邻的数字标注于尺寸线的上下或左右两边，如图 1-8、图 1-9 所示。

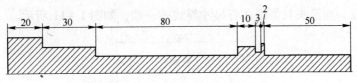

图1-8 尺寸标注画法（一）

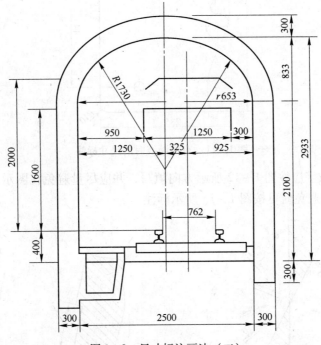

图1-9 尺寸标注画法（二）

（5）尺寸界线应超出尺寸线，并保持一致。

（6）在标注线性尺寸时，尺寸线必须与所需标注的线段平行。尺寸界线应与尺寸线垂直，当尺寸界线过于贴近轮廓线时，允许倾斜画出，如图1-10所示。

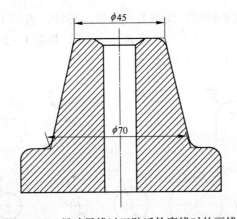

图1-10 尺寸界线过于贴近轮廓线时的画线

（7）当用折断方法表示视图、剖视、剖面时，尺寸也应完全画出，尺寸数字应按未折断前的尺寸标注。如果视图、剖视或剖面只画到对称轴线或断裂部分处，则尺寸线应画过对称线或断裂线，而箭头只需画在有尺寸界线的一端，如图 1 - 11 所示。

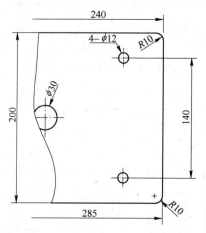

图 1 - 11　有折断线时的尺寸标注

（8）斜尺寸数字应按图 1 - 12 所示方向填写，并应尽量避免在图示 30°的阴影范围内标注尺寸。当无法避免时可按图 1 - 13 所示标注。

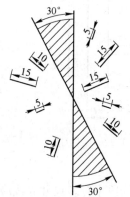

图 1 - 12　斜尺寸数字标注方向

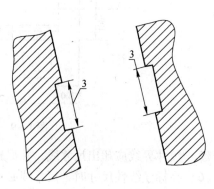

图 1 - 13　斜尺寸标注

（9）标注圆的直径或半径时，按图 1 - 14 所示标注。表示半径、直径、球面、弧时，应在数字前加 "R（r）"、"ϕ（D）"、"球 R"、"⌒"，如图 1 - 14（a）所示。小圆及小圆弧（$R \leqslant 6\text{mm}$）可按图 1 - 14（b）所示标注。

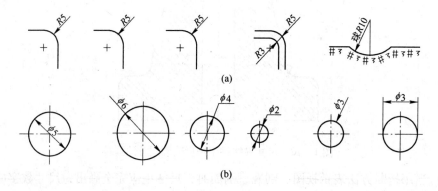

图 1 - 14　圆的标注

（10）标注角度的数字，应水平填写在尺寸线的中断处，必要时可填写在尺寸线的上方或外面，位置不够时也可用引线引出标注，如图1-15所示。

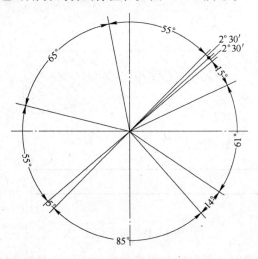

图1-15 角度标注

（11）凡要素相同、距离相等时，尺寸标注可按图1-16、图1-17表示。

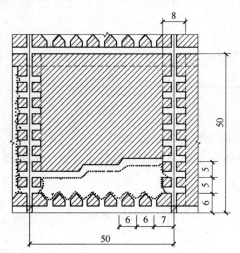

图1-16 相同要素的标注（一）

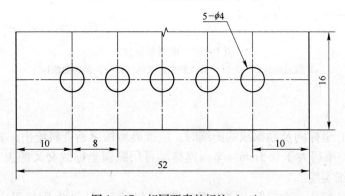

图1-17 相同要素的标注（二）

（12）采矿图上表示巷道、路堑、水沟坡度时，应将标注坡度的箭头指向下坡方向，箭头上方标注坡度的数值，变坡处应标出变坡的界限，如图 1 - 18 所示。

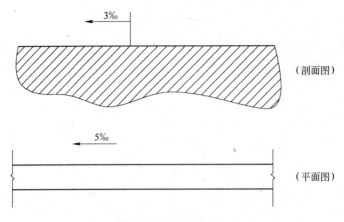

图 1 - 18　坡度标注

（13）表示斜度或锥度时，其斜度与锥度的数字应标注在斜度线上，如图 1 - 19 所示。

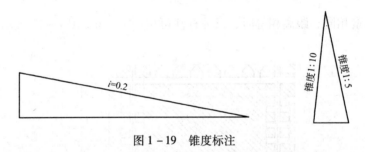

图 1 - 19　锥度标注

（14）巷道轨道曲线段的标注方法一般如图 1 - 20（a）所示，露天铁路曲线段的标注方法一般如图 1 - 20（b）所示，公路曲线段的标注方法一般如图 1 - 20（c）所示。

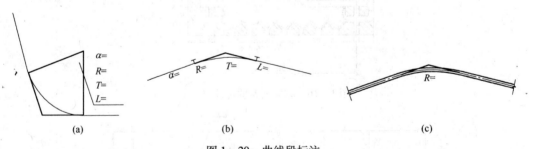

图 1 - 20　曲线段标注
（a）轨道曲线标注；（b）露天铁路曲线标注；（c）公路曲线标注

1.2.7　方位标注

（1）绘制带有坐标网及勘探线的图纸时，应准确地按原始资料绘出，相邻勘探线或坐标网格之间的误差不得大于 0.5mm。坐标网格亦可用纵横坐标线交叉的大"十"字代替，大"十"字线为细实线。

（2）坐标值、标高、方向等，应根据计算结果填写。计算坐标过程中，角度精确到秒，角度函数值一般精确到小数点后 6 ~ 8 位。计算结果的坐标值以米为单位，精确到小数点后 3 位。

（3）除井（硐）口及简单图纸外，坐标值一般不直接标注在图线上，应填入图旁的坐标表中，如坐标点多，占用图幅面积大时，可另用图纸附坐标表。

（4）提升竖井应给定两个坐标点（见图 1 - 21）：一是以井筒中心为坐标点，标高为锁口盘顶面标高；另一点以提升中心为坐标点，标高为井口轨面标高。风井、溜井、人行天井、充填井等以井筒中心为坐标点，标高为井口底板标高。

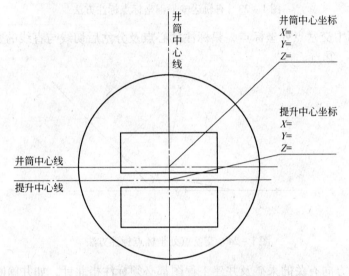

图 1 - 21　提升竖井坐标点标注方法

（5）提升斜井井口应给出两个坐标点：提升中心坐标点和井筒中心坐标点。提升中心为井筒提升中心线轨面竖曲线两条切线的交点，其标高为水平切线标高。井筒中心为斜井底板中心线与底板水平线交点，标高为井口底板标高，如图 1 - 22 所示。

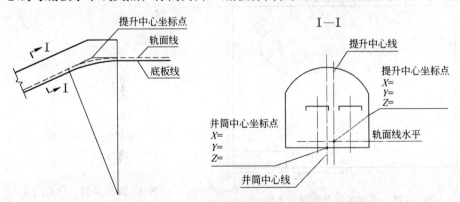

图 1 - 22　提升斜井坐标点标注方法

（6）不铺轨斜井，如风井、人行井等，以斜井井筒底板中心线与井口地面水平线交点为井口坐标点。

（7）有轨运输平硐在硐口轨面中心线上设坐标点，标高为轨面标高，如图 1 - 23 所示。无轨平硐在硐口中心线上设坐标点，标高为底板或路面标高。

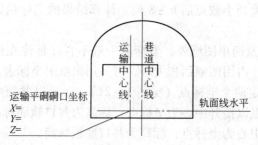

图 1 - 23　有轨运输平硐坐标点标注方法

（8）施工图中交岔点处坐标点，只标注岔心点及分岔后切线与直线的交点的坐标，如图 1 - 24 中的①、②点。

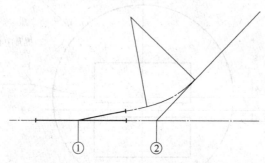

图 1 - 24　交岔点处坐标点标注方法

（9）凡是与方向有关的采矿及井建工程图都必须标注指北针，如井筒断面图、马头门平面图、井底车场图、阶段平面图、坑内外复合平面图、露天开采设计平面图等。地下和露天开采平面图指北针标注在图纸中右上角，如图 1 - 25 所示。表示井筒、马头门及车场方位的指北针用箭头表示，如图 1 - 26 所示。

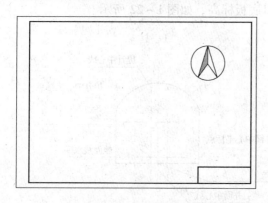

图 1 - 25　平面图指北针标注方法

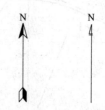

图 1 - 26　井筒、马头门及车场方位指北针标注方法

（10）线段方位角是指自子午线北端沿顺时针方向与该线段夹角，数值为 0°~360°。线段方向角是指由子午线较近的一端（北端或南端）起至该线段的夹角，数值为 0°~90°，标注方法如：北偏东 60° 写为 N60°E，南偏西 30° 写为 S30°W。线段的方位角及方向角如图 1 - 27 所示。

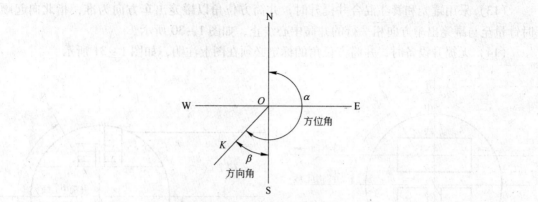

图 1-27 线段方位角、方向角标注方法

（11）采用罐笼提升时，井筒出车的方位角是指北向起顺时针量至与矿车的出车方向相平行的井筒中心线止（标注为×°），如图 1-28 所示。

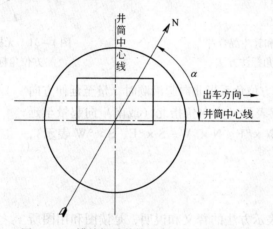

图 1-28 罐笼提升井筒出车方位角标注方法

（12）采用箕斗提升时，井筒的卸载方位角是指北向起顺时针量至与箕斗在井口卸载方向相平行的井筒中心线止（标注为×°），如图 1-29 所示。

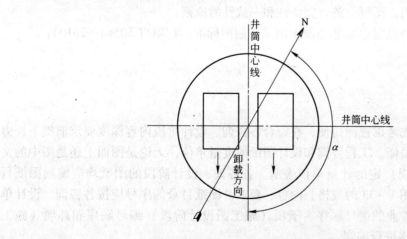

图 1-29 箕斗提升井筒卸载方位角标注方法

（13）采用罐笼和箕斗混合井提升时，井筒方位角以罐笼出车方向为准，指北向起顺时针量至与罐笼出车方向相平行的井筒中心线止，如图 1 - 30 所示。

（14）无提升设备时，井筒方位角的标定必须在图上注明，如图 1 - 31 所示。

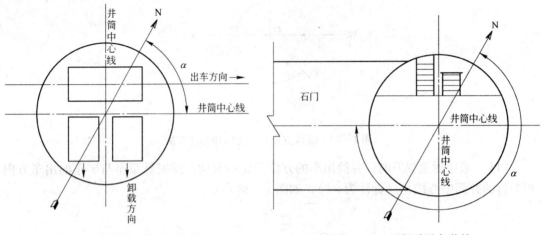

图 1 - 30　罐笼和箕斗混合井　　　　　图 1 - 31　无提升设备井筒
提升井筒方位角标注方法　　　　　　　　　方位角标注方法

（15）斜井及平硐方位角系指北向起沿顺时针量至延伸方向中心线止，以 0°~360°表示（方向角指北（或南）向起量至延伸方向中心线止，以 N×°E、N×°W、S×°E、S×°W 表示），如图 1 - 32 所示。

1.2.8　图例

图内所用符号和表示方法的释义和说明，是读图和用图所借助的工具。图例是集中于图的一角或一侧的各种符号和颜色所代表内容与指标的说明，有助于更好的认识图的内容。它具有双重任务：在编制绘图时作为图解表示图的内容，用图时作为必不可少的阅读指南。图例应符合完备性和一致性的原则。

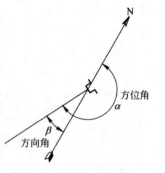

图 1 - 32　斜井及平硐
方位角标注方法

采矿制图常用图例见《金属非金属矿山采矿制图标准》（GB/T 50564—2010）。

1.3　扩展知识

1.3.1　图纸规格

图纸的选择应首先考虑视图简便，在符合各咨询、设计阶段内容深度要求前提下，力求制图简明、清晰、易懂。工程咨询和设计图纸的度量单位，无论是图面上还是图中的文字说明，均应以法（规）定的计量单位表示。各咨询、设计阶段的图纸均应编制图纸目录，图纸目录应符合图 1 - 33 的规格、内容、要求。图纸目录的序号应按各咨询、设计单位自行规定的各设计专业的编号顺序、子项（施工图设计阶段）编号顺序和孙项（施工图设计阶段）编号顺序进行编制。

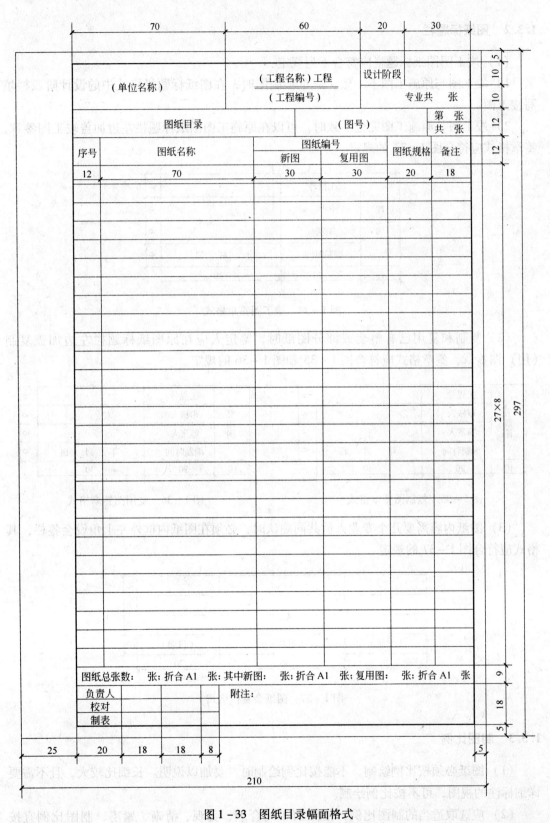

图1-33　图纸目录幅面格式

1.3.2　图纸标题栏

（1）竣工图图纸标题栏应符合下列规定：

1）竣工图与原施工图不一致，需重新制图时，在图纸标题栏格式中的设计阶段栏填写竣工图。

2）竣工图与原施工图完全一致时，可以在原施工图图纸标题栏左边加盖竣工图签章，签章格式应符合图 1 - 34 的规定。

图 1 - 34　竣工图签章格式

（2）复制和复用已有整套或部分图纸时，鉴定人应在原图纸标题栏左边加盖复制（用）图签章，签章格式应符合图 1 - 35 和图 1 - 36 的规定。

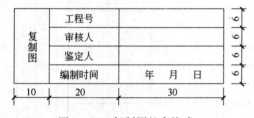

图 1 - 35　复制图签章格式

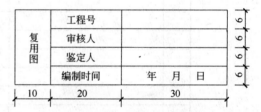

图 1 - 36　复用图签章格式

（3）图纸内容需要几个专业人员共同确认时，必须在图纸内框外左上角设会签栏，其格式应符合图 1 - 37 的规定。

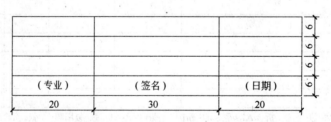

图 1 - 37　图纸会签栏格式

1.3.3　制图比例

（1）图纸必须按比例绘制，不能按比例绘制时，要加以说明。长细比较大，且不需要详细标注的视图，可不按比例绘制。

（2）应选取适当的制图比例，使图面布局合理、美观、清晰、紧凑，制图比例宜按

$1:(1,2,5) \times 10^n$ 系列选用,特殊情况时可取其间比例。

(3)同一视图,采用纵向和横向两种不同比例绘制时,应加以注明。

1.3.4 图线绘制

(1)图线宽度系列应为 0.18、0.25、0.35、0.5、0.7、1.0、1.4 和 2.0mm。需要缩微的图纸,图线宽度不宜采用 0.18mm。

(2)绘图时应根据图样复杂程度和比例大小确定基本图线宽度 b,b 宜采用 0.35、0.5、0.7、1.0、1.4、2.0mm。根据基本图线宽度 b 确定其他图线宽度。图线类型及宽度见表 1-6。

表 1-6 图线名称、形式、宽度

名 称	形 式	图线宽度		用 途
		相对关系	宽度/mm	
粗实线		b	1.0~2.0	图框线、标题栏外框线
中实线		$b/2$	0.5~1.0	勘探线、可见轮廓线、粗地形线、平面轨道中心线
细实线		$b/4$	0.25~0.7	改扩建设计中原有工程轮廓线、局部放大部分范围线、次要可见轮廓线、轴测投影及示意图的轮廓线
最细实线		$b/5$	0.18~0.25	尺寸线、尺寸界线、引出线地形线、坐标线、细地形线
粗虚线		b	1.0~2.0	不可见轮廓线、预留的临时或永久的矿柱界限
中虚线		$b/2$	0.5~1.0	不可见轮廓线
细虚线		$b/3$	0.35~1.0	次要不可见轮廓线、拟建井巷轮廓线
粗点划线		b	1.0~2.0	初期开采境界线
中点划线		$b/2$	0.5~1.0	
细点划线		$b/3$	0.35~1.0	轴线、中心线
粗双点划线		b	1.0~2.0	末期开采境界线
中双点划线		$b/2$	0.5~1.0	
细双点划线		$b/3$	0.35~1.0	假想轮廓线,中断线
折断线		$b/3$	0.35~1.0	较长的断裂线
波浪线		$b/3$	0.35	短的断裂线,视图与剖视的分界线,局部剖视或局部放大图的边界线
断开线			1.0~1.4	剖切线

（3）平行线间隔不应小于粗线宽度的2倍，且不小于0.7mm。

1.3.5　文字

（1）图纸中的各种文字体（汉字和外文）、符号、字母代号、尺寸数字等的大小（号数），应根据不同图纸的图面、表格、标注、说明、附注等的功能表示需要，选择采用计算机文字输入统一标准中的一种和（或）几种，要求排列整齐、间隔均匀、布局清晰。

（2）数值的计算精度精确到小数点后比结果数值多1位，然后其尾数采用四舍五入得计算结果数值。

1.3.6　图形画法基本要求

（1）设计图纸应准确表达设计意图，一般只画出设计对象的可见部分，必要时也可画出不可见部分。可见部分用实线表示，不可见部分用虚线表示。

（2）视图应按正投影法绘制，并采用第一角画法；图纸视图的布置关系如图1-38所示。采矿方法图、竖井工程图、巷道交岔点图等需用三视图表示时，正视图一般放在图幅的左上方，俯视图放在正视图的下方，侧视图放在正视图的右方。

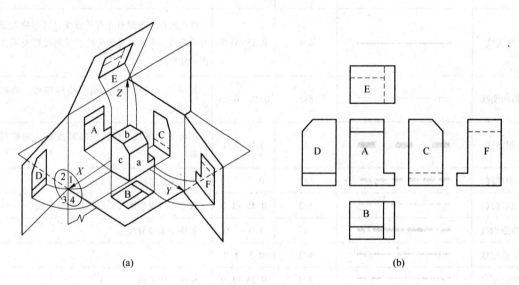

(a)　　　　　　　　　　　　　　　　(b)

图1-38　正投影法的第一角画法投影面的展开和视图布置

（a）正投影法的第一角画法投影面的展开；（b）视图布置

（3）有坐标网的图纸，正北方向应指向图纸的上方；特殊情况可例外，但图上需标有指北针。

（4）指示斜视或局部视图投影方向应以箭头表示，并用大写字母标注，如图1-39所示。

（5）剖视图在剖切面的起讫处和转折处的剖切线用断开线表示，其起讫处不应与图形的轮廓线相交，并不得穿过尺寸数字和标题。在剖切线的起讫处必须画出箭头表示投影方向，并用罗马数字编号，如图1-40所示。

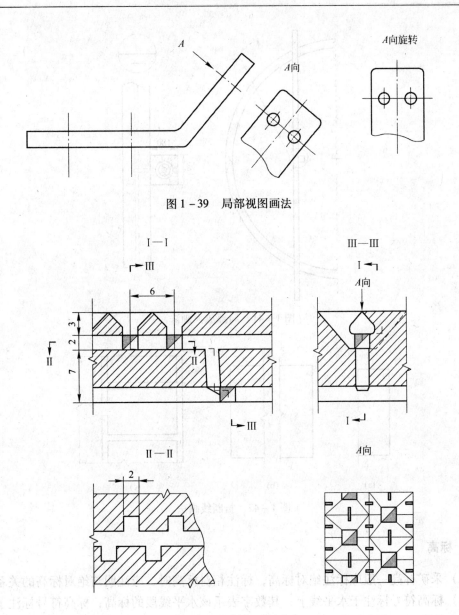

图 1 - 39　局部视图画法

图 1 - 40　剖切面画法

（6）当图形的某些部分需要详细表示时，可画局部放大图，放大部分用细实线引出并编号，如图 1 - 41 所示，放大图应放在原图附近，并保持原图的投影方向。

（7）采用折断线形式只绘出部分图形时，折断线应通过剖切处的最外轮廓线，如图 1 - 42 所示，带坐标网的图样不得用折断线画法。

（8）通风系统图、开拓系统图及复杂的采矿方法图，用正投影画法不能充分表达设计意图时，可采用轴测投影图或示意图表示，轴测投影图中表示巷道时用两条或三条线均可。

（9）倾斜、缓倾斜、水平薄矿体的开拓系统图和采准布置图应按俯视图绘制；斜井岔口放大图应用垂直倾斜面的视图画出。

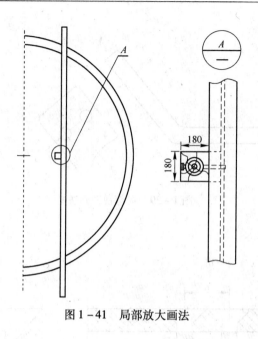

图 1 - 41　局部放大画法

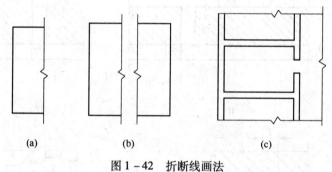

图 1 - 42　折断线画法

1.3.7　标高

（1）采矿标高一般应标注绝对标高，标注相对标高时，应注明与绝对标高的关系。

（2）标高符号标注于水平线上，其数字表示该水平线段的标高；标高符号标注于倾斜线上，表示该线段上该点的标高。标注于平面图整个区段上的标高，标高符号采用两侧成 45°（30°）的倒三角形。标高符号空白的表示相对标高，涂黑的表示绝对标高。标高符号及标注方法见表 1 - 7。

表 1 - 7　标高符号及标注方法

类别	立　面　图		平面图
	一般	必要时	
相对标高	![45° 符号]	![符号]	![0~45° 符号]

类别	立 面 图		平 面 图
	一般	必要时	

（3）标高以米为单位，一般精确到小数点以后第三位。正数标高数值前不必冠以"＋"号，负数标高数值前应冠以"－"号，零点处标高标注为 ±0.000。

（4）竖井及斜井井底车场的轨道及水沟的纵坡及变坡点标高，应以纵断面示意图画出，如图 1-43 和图 1-44 所示。

图 1-43　单轨线路及水沟纵坡度

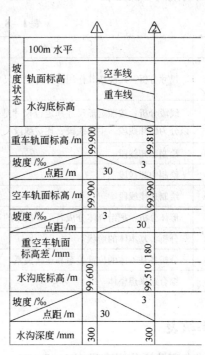

图 1-44　双轨线路及水沟纵坡度
（若重空车线路轨面变坡点不在同点，则应分开作纵剖面图）

（5）露天矿铁路和公路运输，在变坡处应以坡度标表示，如图 1-45 所示。

(a)　　　　　　　　　　(b)

图 1-45　坡度标注方法

（6）地下工程其坐标点的编号如图1-46（a）所示，变坡点的编号如图1-46（b）所示。

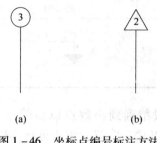

(a)   (b)

图1-46　坐标点编号标注方法

1.4　绘图及读图步骤

绘图及读图步骤见表1-8。

表1-8　绘图读图步骤

	序号	步　　骤	依据	参考文献	完成人	备注
绘图	1	尺寸分析：尺寸按其作用可分为定形尺寸和定位尺寸				
	2	线段分析：按照定形尺寸和定位尺寸是否齐全，线段可以分为已知线段、中间线段、连接线段				
	3	绘制已知线段				
	4	绘制中间线段				
	5	绘制连接线段				
读图	1	形体分析：把组合体分成若干个简单的基本体				
	2	分析各基本体的形状				
	3	分析各基本体的位置关系和连接关系				
	4	综合起来想整体				

1.5　考核表

考核内容及评分标准见表1-9。

表1-9　采矿图的绘制标准考核表

学习领域	地下采矿设计				
学习情境	采矿图的绘制标准		学时	6	
评价类别	子评价项	自评	互评	师评	小计
专业能力	绘图基础（20%）				
	专业知识（20%）				
	绘图能力（20%）				
	读图能力（20%）				

社会能力	团结协作（5%）			
	敬业精神（5%）			
方法能力	计划能力（5%）			
	决策能力（5%）			
合计				

班级	组别	姓名	学号

评价信息栏	自我评价：
	教师评语： 教师签字： 日期：

项目 2　采矿方法的选择及计算

2.1　任务书

本项目的任务信息见表 2 - 1。

表 2 - 1　采矿方法的选择及计算任务书

学习领域	地下采矿设计						
项目 2	采矿方法的选择及计算	学时	12 ~ 18 学时	完成时间	月　日至	月　日	
布　置　任　务							
学习目标	(1) 了解各种采矿方法适用条件； (2) 熟知采矿方法选择的方法及步骤； (3) 学会矿块采准、切割工程量的计算方法； (4) 学会矿块工业储量的计算方法； (5) 能够计算矿块采出矿石量； (6) 能够完成回采凿岩爆破设计						
任务条件	授课教师根据教学要求给出矿山开采的基本条件，如生产能力、矿体倾角、矿体厚度、矿体围岩稳固程度、矿石质量等条件，完成采矿方法选择及计算						
任务描述	(1) 根据给定矿体基本条件初选采矿方法方案； (2) 进行采矿方法方案技术经济分析和比较； (3) 根据矿体赋存条件及矿山技术经济特点选定推荐的方案； (4) 根据开采条件选择矿块参数； (5) 绘制采矿方法标准图； (6) 选择回采方式及方法； (7) 选择回采设备的类型及规格； (8) 完成采准切割工程量计算； (9) 完成采出矿石量的计算； (10) 完成回采设计						
参考资料	(1)《金属矿地下开采》（第 2 版），陈国山主编，冶金工业出版社； (2)《采矿设计手册》（地下开采卷、井巷工程卷、矿山机械卷），建筑工业出版社； (3)《采矿设计手册》（五、六册），冶金工业出版社； (4)《采矿学》（第 2 版），王青主编，冶金工业出版社； (5)《采矿技术》，陈国山主编，冶金工业出版社						
任务要求	(1) 发挥团队协作精神，以小组形式完成任务； (2) 以对成果的贡献程度核定个人成绩； (3) 展示成果要做成电子版； (4) 按时按要求完成设计任务书； (5) 学生应该遵守课堂纪律不迟到、不早退						

2.2 支撑知识

2.2.1 采矿方法选择

采矿方法选择可分为三个步骤：第一步，采矿方法初选；第二步，技术经济分析；第三步，技术经济比较。

实践中，主要是根据类似条件矿山的实践经验，采用类比法进行采矿方法方案选择和比较。在一般情况下，在初选几个方案之后，经过第二步技术经济分析，便可选出合适的采矿方法。只有当经过技术经济分析之后，在仍然难分优劣的两三个采矿方法中，才进行第三步的技术经济比较，最后选出最优采矿方法。

2.2.1.1 采矿方法初选

根据采矿方法选择的原则和基本要求，提出一些技术上可行的采矿方法方案。

（1）全面系统地分析矿石和围岩稳固性，有条件时进行矿床的稳固性分类，根据不同的稳固性类型分别进行采空区允许体积、矿体和围岩允许暴露面积评价，同时可辅助以岩石力学数值计算方法进行采场稳定性分析。

（2）根据矿床地质条件，按采矿技术要求，对矿体的倾角、厚度、矿石品位分布特征进行统计分类，确定不同类型的比重，分别选择不同采矿方法方案。

（3）根据矿岩稳固性、矿体厚度和倾角，选出技术上可行的采矿方法方案。

2.2.1.2 采矿方法的技术经济分析

对初选的采矿方法方案，要确定其主要结构参数、采准切割布置和回采工艺，绘制采矿方法方案的标准图，参照类似条件矿山的实际资料，选取主要技术经济指标，对初选的各种采矿方法方案进行技术经济分析。

技术经济分析的主要内容包括：矿块生产能力；矿石贫化率；矿石损失率；采矿工人劳动生产率；采准工作量及时间；主要材料消耗，特别是木材、水泥的消耗；采出矿石直接成本；方案的主要优缺点。另外还要考虑到方案的安全程度、作业条件、灵活性、对开采条件变化的适应性以及回采工艺的繁简程度等。有时还得考虑与采矿方法有关的基建工程量和基建投资等因素。

在进行技术经济分析时，要掌握在具体条件下，起主导作用的因素，分析哪些指标是主要的，哪些是次要的，这样才能选择适合具体开采条件的采矿方法，取得更好的经济效益。在大多数情况下，经过技术经济分析，即可确定采矿方法。但在个别情况下，须作技术经济比较才能确定最佳采矿方法。

2.2.1.3 采矿方法的技术经济比较

采矿方法的技术经济比较是在两三个技术上可行，但经过技术经济分析看不出优劣的方案，作详细的设计，计算出其经济指标，再综合考虑其他技术因素，确定采矿方法。这种比较往往涉及的因素较多，经常需要计算相关费用后，才能得出最终的经济效果指标。

（1）经济指标。经济指标有矿石品位、最终产品（精矿或金属）品位、单位产品利润、年利润、基建投资额及投资效果指标。在进行经济比较时，如用成本指标，一定是在产品质量相同的条件下方可比较；如用利润指标，经常是按矿山企业的最终产品（精矿）利润来比较；如精矿品位相差较大，影响冶炼加工金属产品时，需按金属计算；如参与比较的方案中，投资有差别（如采装设备有较大差别、选矿能力不同等），则需按动态投资收益率或净现值等投资效果指标进行比较。

（2）技术指标。技术指标有矿石贫化率、损失率、金属损失量、主要材料（木材、水泥等）年用量、劳动生产率、地面状态、使用设备情况等。大部分技术指标已在经济中反映（如材料消耗、设备费用、劳动消耗等），但由于这些指标还可以反映社会效益（如矿石的永久损失、紧缺材料的供应、地面农田的利用、设备供应、使用外汇情况等），因此必须作为单独指标参与比较，以反映国民经济的效益。在方案比较中，使用哪些技术指标，由参与比较方案的具体条件来决定。参与比较的方案若指标差异较大或有特殊需要的，应参与综合分析比较。

2.2.2 采矿工艺

（1）矿块构成要素确定。根据的赋存条件和选择的采矿方法确定选定采矿方法的结构及其各部分的参数，如矿块的长、高、宽，矿柱的尺寸。如果有底部结构，需确定底部的结构及各部分的参数等

（2）采准切割。根据以上确定的结构及参数，在地质部门给的矿体图上布置采准和切割工程。对于水平巷道，要给出断面形状及尺寸；对于垂直或倾斜的天井，要给出倾角、长度、断面形状及尺寸；对于切割工程，如漏斗、切割槽、拉底空间等，要给出形状、尺寸及工程量。

（3）回采。根据采矿方法的回采工艺进行落矿方法的设计、凿岩设备的选型确定、炮孔形式的选择、炮孔参数的计算及确定、爆破器材的选择、爆破方法的确定、炸药量的计算。根据采矿方法的回采工艺进行搬运方式的选择、搬运设备的选型。根据采矿方法确定地压管理的方法、矿柱结构及尺寸、支柱方法、支柱排间距、充填方法、充填方式。

（4）矿柱回收。根据采矿方法的回采方式确定所留矿柱的回采方法。根据矿柱的回采方法进行矿柱回采的工程布置，如炮孔的布置、凿岩方式、各种参数确定、添加漏斗等。

2.2.3 采矿工艺计算

采准切割工程量计算见表 2-2。工业储量计算见表 2-3。采矿出矿量见表 2-4。采准切割工程量计算方法见表 2-5。矿块采出矿石量计算见表 2-6。

表 2-2 采准切割工程量计算表

工程名称		巷道数量/条	巷道长度/m		巷道断面/m²			工程量/m³			工业矿量/t
			一条	总长	矿石中	岩石中	合计	矿石中	岩石中	合计	
采准工作	1										
	2										
	3										
	4										
	5										
	小计										

工程名称		巷道数量/条	巷道长度/m		巷道断面/m²			工程量/m³			工业矿量/t
			一条	总长	矿石中	岩石中	合计	矿石中	岩石中	合计	
切割工作	1										
	2										
	3										
合　计											

表2-3　储量计算表

序号	工程名称	工程量 $L \times K \times G$/m×m×m	采切工程量/m³	实际工程量/m³	工业储量/t	备　注
合计						

表2-4　回采矿石量计算表

序号	工作阶段	工业矿量/t	比例	回收率/%	贫化率/%	采出矿量/t	采出储量/t	采出矿量比例/%
1	采准工作							
2	切割工作							
3	回采工作							
	矿房							
	矿柱							
合　计								

表2-5　采准切割工程量计算方法表

巷道名称		巷道数目	巷道长度/m				巷道断面/m²			体积/m³			万吨采切比		备注
			矿石中		岩石中		合计总长	矿石中	岩石中	合计	矿石中	岩石中	总计	用长度表示/m·万吨⁻¹	用体积表示/m³·万吨⁻¹	
			单长	总长	单长	总长										
采准巷道	1. 阶段运输巷道															
	2. 天井															
	3. 电耙道															
	4. 溜矿井															
	5.															
	小计						$\sum L_1$				$\sum V_1'$	$\sum V_1''$	$\sum V_1$	$C_1 = \dfrac{1000K\sum L_1}{\sum T}$	$C_1 = \dfrac{1000K\sum V_1}{\sum T}$	

注：表中"万吨采切比"两列表头依图示分别为"用长度表示/m·万吨⁻¹"与"用体积表示/m³·万吨⁻¹"。

巷道名称		巷道数目	巷道长度/m				合计总长	巷道断面/m²			体积/m³			万吨采切比		备注
			矿石中		岩石中			矿石中	岩石中	合计	矿石中	岩石中	总计	用长度表示 /m·万吨⁻¹	用体积表示 /m³·万吨⁻¹	
			单长	总长	单长	总长										
切割巷道	1. 拉底巷道															
	2. 切割横巷															
	3. 切割天井															
	4.															
	小计						ΣL_2	$\Sigma V_2'$	$\Sigma V_2''$	ΣV_2				$C_2=\dfrac{1000K\Sigma L_2}{\Sigma T}$	$C_2=\dfrac{1000K\Sigma V_2}{\Sigma T}$	
采切合计							ΣL	$\Sigma V'$	$\Sigma V''$	ΣV				$C=\dfrac{1000K\Sigma L}{\Sigma T}$	$C=\dfrac{1000K\Sigma V}{\Sigma T}$	

表 2 - 6　矿块采出矿石量计算表

工作内容		工作储量/t	回采率/%	贫化率/%	采出工业储量/t	采出（贫化了的）矿量/t	占矿块采出矿量比例/%	备注
采准工作		Q_1	η_1	ρ_1	$T_1'=Q_1\eta_1$	$T_1=\dfrac{T_1'}{1-\rho_1}$	$k_1=\dfrac{T_1}{\Sigma T}\times100$	
切割工作		Q_2	η_2	ρ_2	$T_2'=Q_2\eta_2$	$T_2=\dfrac{T_2'}{1-\rho_2}$	$k_2=\dfrac{T_2}{\Sigma T}\times100$	
回采工作	矿房	Q_3	η_3	ρ_3	$T_3'=Q_3\eta_3$	$T_3=\dfrac{T_3'}{1-\rho_3}$	$k_3=\dfrac{T_3}{\Sigma T}\times100$	
	矿柱	Q_4	η_4	ρ_4	$T_4'=Q_4\eta_4$	$T_4=\dfrac{T_4'}{1-\rho_4}$	$k_4=\dfrac{T_4}{\Sigma T}\times100$	
	小计							
矿块合计		ΣQ	$\eta=\dfrac{\Sigma T'}{\Sigma T}$	$\rho=\dfrac{\Sigma T-\Sigma T'}{\Sigma T}$	$\Sigma T'$	ΣT	$k=100$	

2.3　实例

2.3.1　采矿方法选择实例

2.3.1.1　矿山条件

某铜铁矿床，走向长 350m，倾角 60°~70°，平均厚度 50m，矿体连续性好，形状比较规整，地质构造简单，矿石以含铜磁铁矿为主，致密坚硬，矿石坚固系数 $f=8\sim12$，属中等稳固。围岩上盘为大理岩，$f=7\sim9$；下盘为矽卡岩、斜长岩及花岗岩、闪长斑岩，因受风化，稳固性差，矿石品位较高，平均含铜 1.73%、平均含铁 32%，矿山设计年产矿石量为 42.9 万吨，地表允许陷落。

2.3.1.2　方法初选

由于矿石是中等稳固，而围岩稳固性差，因此，空场法是不适用的。根据矿石价值，围岩稳固性差的矿床开采条件可用上向水平充填法。

根据矿石中等稳固、围岩稳固性差、矿体倾角和厚度大以及地表允许陷落等条件，可以使用崩落法类的分段崩落法和阶段强制崩落法。分段崩落法中，有底柱分段崩落法和无底柱分段崩落法相比，有底柱分段崩落法的采准、切割工作量大，生产效率低，损失贫化也较大，不宜采用。至于强制崩落法，矿石损失贫化更大，灵活性也不如无底柱分段崩落法，高品位矿床更不宜采用。

由此可见，该矿床可用的采矿方法有上向水平分层充填法和无底柱分段崩落法。

具体方案如下：

第一方案：无底柱分段崩落法，分段高 10m，进路间距 10m，垂直走向布置，采用 CZZ – 700 凿岩台车凿岩，ZYQ – 14 装运机出矿。

第二方案：分为矿房和矿柱，矿房高 10m，矿柱宽 5m，矿房用上向水平分层尾砂充填法回采；矿柱用浅孔留矿法回采，最后一次胶结充填。先采矿柱，后采矿房。采用 01 – 45 凿岩机凿岩，ZYQ – 14 装运机出矿。

第三方案：矿房宽 10m，用上向水平分层尾砂充填法回采。靠矿柱边砌隔离墙。矿柱宽 5m，用分段崩落法回采。采用 YG – 80 中深孔凿岩机凿岩，ZYQ – 14 装运机出矿。

2.3.1.3　初步分析比较

根据矿块的生产能力、采准工作量、矿石的损失率和贫化率、劳动生产率等主要经济技术指标来分析比较三个方案，见表 2 – 7。

表 2 – 7　方案比较表

指 标 名 称		第一方案	第二方案	第三方案
矿块生产能力/t·d⁻¹		350 ~ 400	120 ~ 160	200 ~ 250
无底柱分段崩落法/t·d⁻¹		350 ~ 400		300 ~ 350
水力充填法/t·d⁻¹			150 ~ 200	150 ~ 200
胶结充填法/t·d⁻¹			70 ~ 80	
采准比/m·万吨⁻¹		150	100	100
损失率/%		18	6	9
贫化率/%		20	6	9
采矿方法比重/%	无底柱分段崩落法	100		33
	水力充填法		67	67
	胶结充填法		33	
劳动生产率/t·(人·a)⁻¹		715	429	613

从表 2 – 7 可知，第二方案虽然矿石的损失贫化率较低，但矿块生产能力和全员劳动生产率都比其他两个方案低，并且胶结充填工艺复杂，又需建设两套充填系统，每年还需消耗大量的水泥，因此，这一方案应予删去。

与第三方案比较，第一方案矿块生产能力大、工人劳动生产率高、回采工艺简单、机械化程度高，但矿石损失率大、贫化率高。故需进一步详细进行计算，最后综合分析比较才能选定方案。

2.3.1.4 综合分析比较

第一方案和第三方案的主要技术经济指标比较列于表2-8内。

表2-8 采矿方法方案经济技术指标比较

序号	指标名称		符号	单位	方案比较			计算方法
					第一方案	第三方案	差值	
1	工业储量		Q	万吨	1300	1300		
2	工业矿石品位	Cu	α_{Cu}	%	1.73	1.73		
		Fe	α_{Fe}	%	32.0	32.0		
3	矿石年产量		A_K	万吨/a	42.9	42.9		
4	生产能力	矿块的	α	t/d	350~400	200~250		$\alpha = \alpha_b i_b + \alpha_{ch} i_{ch}$
		分段崩落法	α_b	t/d	350~400	300~350		
		尾砂充填法	α_{ch}	t/d		150~200		
5	比重	分段崩落法	i_b	%	100	33		
		尾砂充填法	i_{ch}	%		67		
6	采准工程切割量			m/万吨	150	100		
7	矿石回收率		η	%	82	91		
8	矿石贫化率		ρ	%	20	9		
9	计算的服务年限		T	a	31	30.3	0.7	$T = \dfrac{\eta Q}{A(1-\rho)}$
10	采出矿石品位	铜	α'_{Cu}	%	1.38	1.57		$\alpha'_{Cu} = \alpha_{Cu}(1-\rho)$
		铁	α'_{Fe}	%	25.6	29.1		$\alpha'_{Fe} = \alpha_{Fe}(1-\rho)$
11	生产能力	铜	A_{Cu}	t/a	5920	6735		$A_{Cu} = A_K \alpha_{Cu}$
		铁	A_{Fe}	t/a	109824	124839		$A_{Fe} = A_K \alpha_{Fe}$
12	选矿回收率	铜	ε_{Cu}	%	94	95		
		铁	ε_{Fe}	%	68	70		
13	选矿总回收率	铜	ε_{Cuz}	%	77.1	86.5	9.4	$\varepsilon_{Cuz} = \eta \varepsilon_{Cu}$
		铁	ε_{Fez}	%	55.8	63.7	7.9	$\varepsilon_{Fez} = \eta \varepsilon_{Fe}$
14	精矿品位	铜	β_{Cu}	%	20	20		
		铁	β_{Fe}	%	65	65		
15	精矿产出率	铜	γ_{Cu}	%	6.486	7.458		$\gamma_{Cu} = \dfrac{\alpha'_{Cu} \varepsilon_{Cu}}{\beta_{Cu}}$
		铁	γ_{Fe}	%	26.78	31.3		$\gamma_{Fe} = \dfrac{\alpha'_{Fe} \varepsilon_{Fe}}{\beta_{Fe}}$
16	精矿年产量	铜	A_{Cuj}	t	27825	31995	4170	$A_{Cuj} = \gamma_{Cu} A_K$
		铁	A_{Fej}	t	114893	134442	19549	$A_{Fej} = \gamma_{Fe} A_K$
17	精矿总产量	铜	Q_{Cuj}	t	862575	969449	106874	$Q_{Cuj} = \dfrac{\eta Q}{1-\rho} \gamma_{Cu}$
		铁	Q_{Cuj}	t	3561683	4073593	511910	$Q_{Fej} = \dfrac{\eta Q}{1-\rho} \gamma_{Fe}$

序号	指标名称		符号	单位	方案比较			计算方法
					第一方案	第三方案	差值	
18	采场职工人数		N	人	600	700	100	
19	采场劳动生产率	按矿石计	L_K	t/(人·a)	715	613	-102	$L_K = \dfrac{A_K}{N}$
		按精矿含铜量计算	L_{Cu}	t/(人·a)	9.27	9.14	-0.13	$L_{Cu} = \dfrac{A_{Cuj}\beta_{Cu}}{N}$
20	采矿基建投资		K	万元	1000	1000		
21	采矿单位投资	按矿石计	k_K	元/(t·a)	23.3	23.3	相等	$k_K = \dfrac{K}{A_K}$
		按精矿含铜量计算	k_{Cu}	元/(t·a)	1797	1563	-234	$k_{Cu} = \dfrac{K}{A_{Cuj}\beta}$
22	采矿成本		C_c	元/t	10.0	12.0	2.0	
	分段崩落法		C_b	元/t	10.0	10.0		
	尾砂充填法		C_{ch}	元/t	—	13.0		
23	选矿成本		C_x	元/t	9	9		
24	采选总成本		C_z	元/t	19	21	2.0	$C_z = C_c + C_x$
25	采选年经营费		R	万元/a	815.1	900.9	85.8	$R = C_z A_K$
26	精矿卖价	铜精矿	P_{Cuj}	元/t	872	872		每吨金属量卖价为 $P_{Cu}=4360$, $P_{Cuj}=P_{Cu}\beta_{Cu}$
		铁精矿	P_{Fej}	元/t	30.5	30.5		
27	每吨矿石总价值		V_z	元/t	64.736	74.5802		$V_z = V_{Cu} + V_{Fe}$
	铜价值		V_{Cu}	元/t	56.568	65.0337		$V_{Cu} = \gamma_{Cu} P_{Cuj}$
	铁价值		V_{Fe}	元/t	8.168	9.5465		$V_{Fe} = \gamma_{Fe} P_{Cuj}$
28	精矿成本	铜	C_{Cuj}	元/t	255.90	222.25	-33.65	$C_{Cuj} = \dfrac{V_{Cu}}{V_z} \cdot \dfrac{C_z}{\gamma_{Cu}}$
		铁	C_{Fej}	元/t	9.23	8.71	-0.52	$C_{Fej} = \dfrac{V_{Fe}}{V_z} \cdot \dfrac{C_z}{\gamma_{Cu}}$
29	企业年总产值		E	万元/t	2782.8	3200.0	417.2	$E = V_z A_K$ $= P_{Cuj}A_{Cuj} + P_{Fej}A_{Fej}$
30	企业年盈利额		S	万元/t	1967.7	2299.1	331.4	

从表 2 - 8 中可以看出:

(1) 资源利用程度:第三方案采矿贫化和损失低,出矿品位高,铜、铁采选总回收率分别比第一方案高出 9.4% 和 7.9%。

(2) 金属年产量:第三方案铜、铁精矿年产量比第一方案分别多 4170t 和 2 万吨左右,即金属年产量多 15% ~ 17%。

(3) 劳动生产率:第三方案采矿劳动生产率比第一方案低 102t/a,为 14%,但按精矿含铜量计算,则二者基本相等。

(4) 基建投资:采矿总投资两个方案基本相等,但如按最终产品计算的采矿单位投资，第三方案比第一方案低 234 元/t。

（5）产品成本和盈利指标：第三方案铜、铁精矿成本分别比第一方案低 33.65 元和 0.52 元，每年为国家积累资金 331.4 万元。

矿山企业的主要任务是为国家按时提供更多、更好的金属原料。因此，必须从整个企业的最大经济效果评价方案。方案不仅要满足矿石产量，而且应尽可能的提高矿石质量。

一切先进的采矿方法，应当在经济上是合理的。采用高效率的采矿方法必须与提高矿石质量和合理利用地下资源统一起来。当彼此出现矛盾时，应采用技术经济比较的方法进行综合评价，使先进的采矿方法建立在经济合理的基础上。

对于金属矿山，降低采矿贫化率和损失率、提高出矿品位是保证企业获得最大经济效益的重要环节。出矿品位越高，相应的回收伴生有用元素就越多，成本越低，企业的经济效益也就越好。对于多金属矿床的开采，尤其应当重视这个问题。

根据以上这些分析，应选用第三方案，即矿房用上向水平分层尾砂充填法回采，矿柱用分段崩落法回采。

2.3.2 采矿方法计算实例

2.3.2.1 浅孔留矿法实例

浅孔留矿法如图 2 - 1 所示。

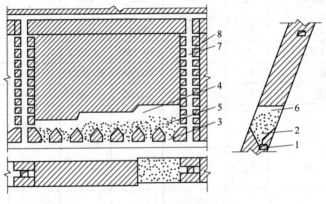

图 2 - 1　浅孔留矿法

1—阶段运输平巷；2—漏斗；3—漏斗颈；4—矿房；5—矿堆；6—回采空间；7—天井；8—天井联络道

A　矿体条件

矿体水平厚度 4m　　　　　　　　矿石的品位 $\alpha = 2.5\%$

矿体垂直厚度 3.9 ~ 4m　　　　　　围岩的品位 $\alpha'' = 0.2\%$

矿体倾角 80° ~ 90°　　　　　　　矿体体积质量 $r = 3t/m^3$

矿石坚固性系数 $f = 6 ~ 8$

阶段高 50m，矿块长 60m，间柱宽 8m，顶柱高 4m，拉底巷道底板高 6m，漏斗间距 7.4m，每一分层高 2m，天井采场人行联络道间距 4m。

采准的阶段任务是掘进沿脉运输平巷及间柱中掘进天井，切割阶段任务掘进拉底巷道、漏斗、矿块中央材料井、天井与采场联络道。矿房两侧的联络道互相错开，其底板高度相差 2m，回采时先进行切割，将拉底井巷扩帮到达矿体全厚和扩喇叭口，以后即可开始矿房回采。回采矿房是指进行局部放矿，全矿房采完后，进行大量放矿，最后回采矿柱。

　　B　采切工作量计算

　　采切工作量计算见表 2 - 9。

表 2 - 9　采切工作量计算表

工程种类	工程名称	巷道数目/条	巷道长度/m		断　面		矿量/m³	
			一条	总长	规格/m	面积/m²	矿石中	矿岩合计
采准工程	阶段运输平巷	1	60	60	3.04×2.3	7	420	420
	人行天井	1	50	50	1.2×1.2	1.44	72	72
	拉底巷道	1	52	52	2×2	4	208	208
	漏斗颈	7	5	35	1.5×1.5	2.25	80	80
	天井联络道	22	3.4	74.8	1.8×1.2	2.16	162	162
	小计						942	942
切割工程	拉底			52	2×2	4	208	208
	扩漏	7					350	350
	小计						558	558
总　计							1500	1500

　　采切工作量折合 2×2 断面的标准米：1500/4 = 375m。

　　万吨采切比为：375/3.6557 = 103m/万吨。

　　C　矿块采出矿量计算

　　（1）工业矿量计算见表 2 - 10。

表 2 - 10　工业矿量计算表

工程部位			采准工程量/m³				切割工程量/m³			工业储量	
			沿脉平巷掘去矿量	人行天井掘去矿量	拉底巷道掘去矿量	漏斗颈掘去矿量	天井联络巷道	拉底掘去巷道	扩喇叭口掘去矿量	m³	t
矿房 52×4×40 = 8320m³					208		208			7904	7904, 15808[①]
顶柱 52×4×4 = 832m³										832	2496
底柱 52×4×6 = 1248m³			364			80			350	454	1362
间柱 8×4×50 = 1600m³			56	72			162			1310	3930
合计	m³	12000	420	72	208	80	162	208	350	10500	
	t	36000	1260	216	624	240	486	624	1050		31500

①局部放矿 7904t，大量放矿 15808t。

　　（2）矿块采出矿量计算见表 2 - 11。

表 2-11　矿块采出矿量计算表

工程部位			工业矿量		回收率	贫化率	采出储量 /t	采出矿量	
			t	%				t	%
采准阶段			2826	7.85	1	0	2826	2826	7.73
切割阶段			1674	4.65	1	0	1674	1674	4.58
回采	矿房回采	局部放矿	7904		1	0	7904	7904	
		大量放矿	15808		0.93	0.08	14701	15979	
		小计	23712	65.87	0.9324	0.07424	22110	23883	65.33
	矿柱回采	顶柱	2496		0.85	0.20	2121	2651	
		间柱	3930		0.90	0.15	3537	4161	
		底柱	1362		0.90	0.10	1226	1362	
		小计	7788	21.63			6884	8174	22.36
	回采共计		31500				28994	32057	
总　计			36000	100	0.93	0.084	33494	36557	100

全矿块矿石实际回收率为 $\dfrac{33494}{36000}=93\%$，全矿块废石混入率为 $\dfrac{36557-33494}{36557}=8.4\%$。

D　回采工艺计算

(1) 矿石回采主要工艺与矿房回采每一循环采出矿量。矿房回采分为两个阶段，第一阶段工作从工作面上采 2m 为一个循环。循环系统工艺为落矿—工作面的通风—部分放矿—敲帮问顶平场子—平整工作面—大量放矿。采出矿量为：

$$52 \times 4 \times 1.7 \times \frac{0.9324}{1-0.07424} = 356 m^3$$

(2) 落矿计算。

1) 工作面积为：$52 \times 4 = 208 m^2$，根据经验，每个炮孔负担面积为 $0.50 m^2$。

2) 工作面炮孔总数为 $\dfrac{208}{0.5} = 416$ 个，沿走向方向排间距 0.5m，每排内眼间距 1.0m 交错排列，平均眼深 1.9m，炮孔利用率 90%，每次进尺 1.7m，炮眼总长 $1.9 \times 416 = 790m$。

3) 炸药单耗取 $1.37 kg/m^3$。

$$装药系数 = \frac{爆破需要药量}{炮孔装药量} = \frac{52 \times 4 \times 1.9 \times 1.37}{790 \times 0.865} = 0.58$$

式中，0.865 为每条炮眼可能装药量。

2.3.2.2　无底柱分段崩落法回采工艺计算实例

无底柱分段崩落法回采工艺如图 2-2 所示。

A　条件

层状铁矿　　　　　　　　　　　围岩品位 0

矿石稳固 $f = 10 \sim 12$　　　　　　地表允许崩落

顶板中稳 $f = 8 \sim 10$　　　　　　矿石体积质量 $3.5 t/m^3$

底板稳固 $f = 12 \sim 14$ 围岩体积质量 $2.6t/m^3$

矿体水平厚度 $20 \sim 30m$ 矿石价值：中价

矿体倾角 $70°$

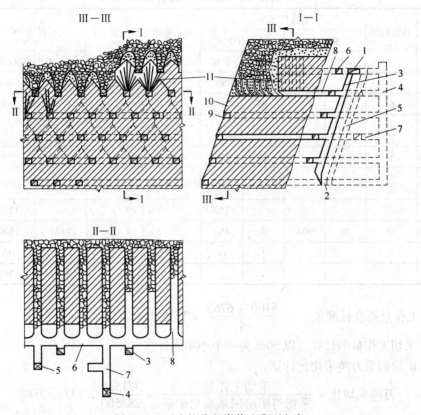

图 2 - 2 无底柱分段崩落法典型方案

1，2—上、下阶段沿脉运输巷道；3—矿石溜井；4—设备井；5—通风行人天井；6—分段运输平巷；
7—设备井联络道；8—回采巷道；9—分段切割平巷；10—切割天井；11—上向扇形炮孔

采用下盘脉外采准。回采巷道垂直走向布置，阶段高 54m，矿块长 150m，分段高 9m。回采巷道中心间距 10m，炮孔排距 1.5m，端壁倾角 90°，溜井间距 50m。每一个矿块有一个人行设备井，内装电梯。每一分段有一设备检修硐室。

B 采切巷道规格（巷道均不支护）

采切巷道规格见表 2 - 12。

表 2 - 12 采切巷道规格

巷 道 名 称	宽×高/m×m	巷 道 名 称	宽×高/m×m
回采巷道	3×3	设备井	3.7×2.8
分段巷道	3×3	设备井联络道	3×3
溜井联道	3×3	机修硐室	3×3
回风天井	2×2	运输平巷	3×3
溜矿井	2×2		

C　采切工作量计算

采切工作量计算见表 2 – 13。

表 2 – 13　采切工作量计算表

巷道名称	巷道数目/条	巷道长度/m				巷道断面（高×宽＝）/m×m = m²	工程量/m³		备注
		矿石中		岩石中			矿石中	岩石中	
		单长	总长	单长	总长				
运输平巷	1			50	50	3×3 = 9		450	
分段平巷	6			50	300	3×3 = 9		2700	
通风天井	$\frac{1}{3}$			18	18	2×2 = 4		72	
矿石溜井	1			54	54	2×2 = 4		216	
设备井	$\frac{1}{3}$			18	18	2.8×3.7 = 10.4		192	
联络道					150	3×3 = 9		1350	
回采巷道	30	30	900	6	180	3×3 = 9	8100	1620	
机修硐室	6			3	18	3×3 = 9		162	
合　计							8100	6762	

采切工作量折合标准米：　$\dfrac{8100 + 6762}{4} = 3715.5\,\text{m}$

（1）采切工作量的计算，以 50m 为一个小单元计算。

（2）矿房回采万吨采切比计算。

$$\text{万吨采切比} = \frac{\text{采切工作量}}{\text{采切与矿房回采采出矿量}} = \frac{3715.5}{283500} = 131\,\text{m/万吨}$$

（3）废石量比计算。

$$\text{废石量比} = \frac{\text{采切采出废石量(t)}}{\text{采切与矿房回采采出矿量(t)}} \times 100\% = \frac{20286}{283500} = 7.2\%$$

D　矿块各阶段采出矿量计算（以 50m 为计算单位）

矿块各阶段采出矿量计算见表 2 – 14。

表 2 – 14　矿块各阶段采出矿量计算表

开采矿石阶段	各阶段工业储量/t	各阶段工业储量/%	矿石回收率(n)	废石混入率(g)	各阶段采出储量/t	各阶段采出矿量/t	各阶段采出矿量/%
采准	28350	10	1	0	28350	28350	10
切割	25515	9	1	0	25515	25515	9
回采	229635	81	0.80	0.20	186004	229635	81
合计	283500	100	0.838	0.16	237570	283500	100

$$n_{总} = \frac{237570}{283500} = 83.8\%$$

$$g = \frac{283500 - 237570}{283500} = 16.2\%$$

E　矿块回采工艺

本矿块因巷道断面大，打眼、装药、装运都应采用效率比较高的机械。用 CZZ - 700 型凿岩台车，YQ - 80 凿岩机打眼，ZY - 1 型装药器装药，导爆索起爆，铲运机出矿。

炮眼布置如下：排间距 1.5m，每次爆破两排。前后两排炮孔交错布置，第一排 5 个眼：

1 号眼深 8.6m，装药深度 6.6m；

2 号眼深 12.2m，装药深度 9.8m；

3 号眼深 14.6m，装药深度 12.6m；

4 号眼深 13.5m，装药深度 11.5m；

5 号眼深 8.7m，装药深度 6.7m。

第二排 6 个孔：

1 号炮孔深 6.5m，装药深度 5m；

2 号炮孔深 10.4m，装药深度 8.4m；

3 号炮孔深 14.4m，装药深度 12.4m；

4 号炮孔深 14.4m，装药深度 12m；

5 号炮孔深 11m，装药深度 8.5m；

6 号炮孔深 6.5m，装药深度 5m。

两排炮孔总长 121m，利用率 82%，炮眼直径 57mm，每米装药 2.35kg，崩下矿石体积为 243m³，药量为 850t，炸药消耗量为 0.96kg/m³（0.28kg/t），每米炮孔崩落矿石量为 7t。

2.3.2.3　胶结充填采矿法回采工艺计算实例

胶结充填采矿法回采工艺如图 2 - 3 所示。

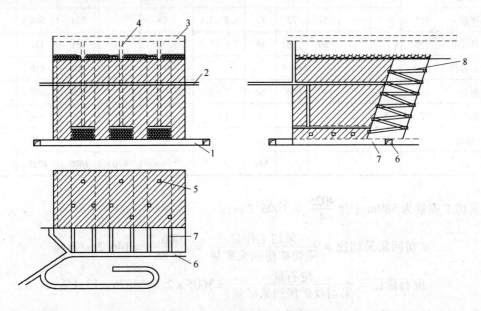

图 2 - 3　胶结充填采矿法回采工艺

1—阶段运输巷；2—副中段巷道；3—回风巷；4—先进天井；5—顺路井；6—运输平巷；7—分段巷道；8—斜坡道

A　条件

矿体水平厚度 30m　　　　　　　矿石价值高价

倾角 70°~80°　　　　　　　　　矿石体积质量 3t/m³

矿石稳固 f = 8~12　　　　　　　围岩体积质量 2.5t/m³

固岩稳固 f = 6~12　　　　　　　地表不允许崩落

B　矿块构成要素

阶段高 80m，副中段高 40m。矿体距上部中 20m 处尖灭。覆岩稳固，不留顶柱。矿房宽 14m，间柱宽 8m。底柱高 6m，分段高 8m，共 7 个分段。分层高 4m，每 5 个矿块为一个盘区。分段巷道距离 10m。斜坡道坡度 20%。

C　采切巷道布置

采用脉内联合采准。每个矿房有一个脉内通风天井、三个顺路凿岩井、一个人行井。脉外工程有联络道，分段平巷，斜坡道，三个措施井（兼做脉外溜井）。

D　采切工作量计算（以一个矿块为单位）

采切工作量计算见表 2-15。

表 2-15　采切工作量计算表

巷道名称	巷道数目	巷道长度/m					巷道断面		工程量/m³			备注
		矿石中		岩石中		合计	高×宽/m×m	面积/m²	矿石中	岩石中	合计	
		单长	总长	单长	总长							
通风天井	1	60	60	20	20	80	2×2	4	240	80	320	
联络道	14			10	140	140	2.8×2.6	7.28		1019	1019	
分段平巷	7			22	154	154	2.8×2.6	7.28		1121	1121	
斜坡道	7/5			51	72	72	2.8×2.6	7.28		524	524	
分段斜坡道	1/5			90	18	18	2.8×2.6	7.28		131	131	
中段运输巷	18/5			19	68.4			6		410	410	
措施井	3/5			40	80	80	2×2	4		320	320	
人行溜矿井	3	5	15			15	2×2	4	60		60	
拉底巷道	1	30	30			30	2×2	4	120		120	
总　计						589			420	3605	4025	

采切工程量为 589m（合 $\dfrac{4025}{4}$ = 1006.2 m）。

$$矿房回采采切比 = \frac{采切工作量}{采切矿房回采矿量} = \frac{1006.2}{6.86} = 146.2 \text{m/万吨}$$

$$废石量比 = \frac{废石量}{采切及矿房回采矿量} = 3605 \times 2.5 / 68876 = 13.1\%$$

E　工业储量计算与采出矿量计算

工业储量计算见表 2-16。采出矿量计算见表 2-17。

表 2 – 16　工业储量计算表

工程种类	矿量计算/m³	副产矿量			工业储量			备　注
		通风井	顺路井	拉底巷	m³	t	%	
采准阶段					300	900	0.8	
切割阶段					120	360	0.3	
矿房拉底	（14×30×3 =）1260	24		120	1116	3348	2.8	
矿房回采	（14×30×51 =）21420	216			21204	63612	53.5	
底柱回采	（14×30×6 =）2520		60		2460	7380	6.2	
间柱回采	（8×30×60 =）14400				14400	43200	36.4	
总　计	（22×30×60 =）39600	240	60	120	39600	118800	100	

表 2 – 17　采出矿量计算

工程阶段		工业储量/t	矿石回采率（n）	废石混入率（g）	采出储量/t	采出矿量		备　注
						t	%	
采准阶段		900	1	0	900	900	0.8	
切割阶段		360	1	0	360	360	0.3	
回采阶段	矿房拉底	3348	1	0	3348	3348	2.8	采准切割、拉底、矿房回采共采出矿石68876t
	矿房回采	63612	0.98	0.03	62300	64268	53.8	
	房柱回采	7380	0.90	0.08	6642	7220	6.1	
	间柱回采	43200	0.92	0.08	39740	43200	36.2	
	小计							
总　计		118800	0.945	0.05	113330	119296	100	

F　回采工艺

分层高度 4m，分层矿量 500t，用自行凿岩台车凿岩，先爆下 3m，而后在爆堆上用 YT – 25 型凿岩机水平孔光面爆破下采 1m，矿层进行顶板管理，上向炮孔倾角 65°~70°，孔深 3.1~3.2m，最终孔径 48~50mm。使用铵油炸药，电雷管起爆，30m 矿房分 2 次爆破。

2.3.2.4　阶段矿房采矿法回采工艺计算实例

某矿用下向扇形深孔垂直层落矿的阶段矿房采矿法开采厚度为 20m 的铁矿体。矿体倾角 90°，围岩为稳固的正长细晶岩与辉长岩。矿石是磁铁矿石，$f = 8~10$，中等稳固以上，矿石体积密度 3.5t/m³，围岩体积密度 2.8t/m³。矿房回采从中央向两侧推进。

矿房回采设计如图 2 – 4 所示。

V 形堑沟电耙道底部结构，采准切割布置如图 2 – 5 所示。

A　矿块采切工程计算

矿块采准切割工程量计算见表 2 – 18。

矿块工业储量、采出矿石量见表 2 – 19。

矿房采完并充填后用分段崩落法回采矿柱，回采率为 65%，贫化率为 20%。

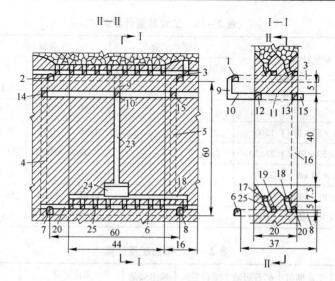

图 2 - 4　某矿阶段矿房采矿法示意图

1—通风巷道；2，3—通风穿脉；4，5—天井；6—沿脉运输巷道；7，8—穿脉运输巷道；9—通风天井；
10—通风联络道；11—切割穿脉；12，13—凿岩巷道；14，15—穿脉；16—切割天井；17，18—堑沟巷道；
19，20—电耙道；21，22—联络道（见图 2 - 5）；23—切割立槽；24—初始拉底；25—斗穿斗颈

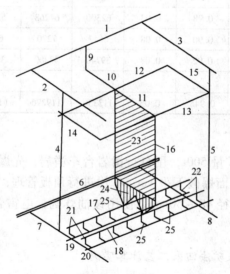

图 2 - 5　采准切割布置立体示意图

（图注与图 2 - 4 同）

B　回采工艺

（1）拉切割立槽。在切割穿脉 11 内，用下向平行深孔以切割天井为自由面爆破形成
长 20m、宽 2m、高 40m 的切割立槽。用平行排列方式布孔 8 排，每排 2 个孔，共 16 个，
排间距 2.3m，炮孔直径 100 ~ 110mm，药包直径 80mm，每米炮孔装药量 5kg、装药系数
0.8，592m 炮孔装药量 2368kg。

（2）初始拉底。初始拉底工作量 900m³，在堑沟巷道 17、18 内用上向扇形中孔爆破
形成。炮孔直径 72mm，落矿层厚 2m，拉底距 2m，每米炮孔落矿量 2m³，共需炮孔 450

个。每米炮孔装药量 3.62kg，装药系数 0.85，共需炸药 1384kg。

表 2-18　矿块采切工程量计算表

巷道名称		巷道数目	巷道长度/m					巷道断面/m²	体积/m³		
			矿石中		岩石中		合计		矿石中	岩石中	合计
			单长	总长	单长	总长					
采准巷道	沿脉运输巷道 6	1			60	60	60	9		540	540
	穿脉运输巷道 8	1	20	20	17	17	37	8	160	136	296
	天井 5	1	60	60			60	5	300		300
	电耙道 19、20	2	60	120			120	5	600		600
	联络道 21、22	4	5	20			20	4	80		80
	凿岩巷道 12、13	2	53	106			106	7	742		742
	穿脉 15	1	22	22			22	7	154		154
	通风联络道 10	1			10	10	10	4		40	40
	通风天井 9	1			8	8	8	3		24	24
	小　计			348		95	443		2036	740	2776
切割巷道	堑沟巷道 17、18	2	55	110			110	4	440		440
	斗穿斗颈 25	14	5	70			70	4	280		280
	切割天井 16	1	40	40			40	3	120		120
	切割穿脉 11	1	16	16			16	7	112		112
	小　计			236			236		952		952
合　计				584		95	679		2988	740	3728

表 2-19　矿块采出矿石量计算表

工作内容	工业储量/t	回采率/%	贫化率/%	采出工业储量/t	采出矿量/t	采出矿石比例/%	备　注
采准工作	10458	100	5	10458	11008	4.61	
切割工作	14840	98	5	14543	15309	6.4	
切割立槽	5600						
初始拉底	3150						
正常拉底	6090						
大量回采	117600	95	10	111720	124133	51.91	
矿柱回采	109102	65	20	70916	88654	37.08	
合　计	252000	82.4	13.16	207637	239095	100	

（3）大量回采。从凿岩巷道 12、13 中打孔径 100～110mm 的下向扇形深孔落矿，落矿层厚 3.5m，孔底距 4m，每层孔落矿量为 20×40×3.5＝2800m³。

单侧每层落矿所需深孔量的计算式为：

$$L = \frac{2AB}{a}$$

式中　L——落矿层所需的深孔量，m；

A——落矿层的长度，m；

B——落矿的宽度，m；

a——落矿层深孔孔底距，m。

因此有：
$$L = \frac{2 \times 40 \times 20}{4} = 400\text{m}$$

每米炮孔装药量 7.8kg，装药系数平均取 0.7，每层落矿需炸药 2184kg。

大量回采每次爆破深孔 40 个，中孔 7 排 35 个孔。采用导爆线与非电塑料导爆管复式起爆系统，每个深孔放雷管 3 发，中孔 2 发。考虑装填中的损耗共需非电塑料导爆管 320 发，导爆线 3000m。

2.4　采矿方法选择及计算程序

采矿方法选择及计算程序见表 2 – 20。

表 2 – 20　采矿方法选择及计算程序

序号	项目内容	依　据	参考文献	完成人	备　注
1	采矿方法初选				
2	采矿方法技术经济分析				
3	选定采矿方法图绘制				
4	采准切割工程计算				
5	矿块工业储量计算				
6	采出矿石量计算				
7	万吨采切比计算				
8	损失率贫化率计算				
9	回采炮孔设计				
10	回采炸药量计算				
11	爆破设计				

2.5　考核

考核内容及评分标准见表 2 – 21。

表 2 – 21　采矿方法的选择及计算考核表

学习领域	地下采矿设计			
学习情境	采矿方法的选择及计算		学时	12 ~ 18
评价类别	子评价项	自评	互评	师评
专业能力	资料查阅能力（10%）			
	图表绘制能力（10%）			
	语言表达能力（10%）			
	采矿方法选择准确程度（10%）			
	采切工程规格合理程度（10%）			

专业能力	损失贫化指标选择准确程度（10%）			
	炮孔布置合理程度（10%）			
	爆破指标选择准确程度（10%）			
社会能力	团结协作（5%）			
	敬业精神（5%）			
方法能力	计划能力（5%）			
	决策能力（5%）			
合　计				
	班级	组别	姓名	学号
评价信息栏	自我评价：			
	教师评语： 　　　　　　　　　　　　　　教师签字：　　　　日期：			

项目3 地下采矿生产能力验证

3.1 任务书

本项目的任务信息见表3-1。

表3-1 地下采矿生产能力验证任务书

学习领域	地下采矿设计						
项目3	地下采矿生产能力验证	学时	6	完成时间	月	日至 月	日
	布 置 任 务						
学习目标	(1) 熟知生产能力的意义、生产能力的表达方式; (2) 正确理解合理服务年限及确定方法; (3) 能利用布置的有效矿块数量验证生产能力; (4) 能利用矿山工程下降速度验证生产能力; (5) 能利用矿山合理的服务年限验证生产能力; (6) 根据选用的采矿方法验证生产能力						
任务条件	(1) 验证矿山的储量及储量级别; (2) 验证矿山的分阶段、分矿块储量及储量级别; (3) 矿体赋存条件、矿体厚度、倾角、各阶段水平面积、各阶段矿体走向长度; (4) 采矿方法及主要结构参数、矿块布置方式、阶段高度、矿块长度或宽度、同时回采有效矿块数量; (5) 矿山企业工作制度; (6) 回采出矿设备型号、生产能力、采矿方法矿房生产能力; (7) 采矿方法损失贫化指标、矿石体积质量; (8) 副产矿石的比例; (9) 矿山生产年下降速度; (10) 矿山生产地质影响系数						
任务描述	授课教师根据上面所列任务条件及教学情况给出具体矿山的开采技术经济指标、矿体赋存条件、采矿方法及主要参数、地质条件,要求学生选择验证方法并完成验证						
参考资料	(1)《金属矿地下开采》(第2版),陈国山主编,冶金工业出版社; (2)《采矿设计手册》(地下开采卷、井巷工程卷、矿山机械卷),建筑工业出版社; (3)《采矿设计手册》(五、六册),冶金工业出版社; (4)《采矿学》(第2版),王青主编,冶金工业出版社; (5)《采矿技术》,陈国山主编,冶金工业出版社						
任务要求	(1) 发挥团队协作精神,以小组形式完成任务; (2) 以对成果的贡献程度核定个人成绩; (3) 展示成果要做成电子版; (4) 按时按要求完成设计任务书; (5) 学生应该遵守课堂纪律不迟到、不早退						

3.2 支撑知识

3.2.1 生产能力的确定

矿山生产能力是矿山正常生产时期，单位时间内所采出的矿石总量，单位时间通常为"年"。矿山生产能力也称矿山生产规模或矿山规模，见表3－2。

表3－2 矿山规模 万吨/年

矿 山 规 模	矿山企业年产量	
	黑色金属矿山	有色金属矿山
特大型	>300	
大型	200～300	>80
中型	60～200	20～80
小型	<60	<20

影响矿山生产能力的因素主要有以下几点：

（1）矿床工业储量的大小。矿床工业储量是矿山持续稳定正常生产的基础。由于国家对不同类型矿山的服务年限有具体规定，因此，矿床工业储量直接影响矿山的生产能力。一般矿床工业储量大，生产能力也大，反之亦然。

（2）市场需求量。国民经济的发展和市场的需求量也是确定生产能力的基础。凡是需求量较大的矿产，在开采技术经济条件允许前提下，应尽可能以较大的生产能力生产。

（3）矿床开采的技术条件。矿床开采的技术条件、地质条件、赋存条件决定了矿山使用的采矿方法，采矿方法决定了矿块的生产能力，开采条件决定了同时开采的矿块数，由此决定了矿山生产能力的大小。开采条件优越的矿山生产能力尽量大些，否则应小些。

（4）矿床勘探的充分程度。矿山生产能力必须建立在可靠的矿产资源的基础上。矿床勘探程度反映了矿床储量的可靠性。对于勘探充分可靠、控制标准准确，B级储量占较大比重的矿床应尽可能设计较大的生产能力；对于勘探不充分、工业储量不可靠的矿床，确定生产能力应先小后大，分期建设开采。

（5）基建投资和产品成本。通常矿山生产能力大，则投建基金也大，但生产成本较低，因此为达到较大的经济效益，应尽可能使生产能力大些。但是，对于初期建设投资困难的矿山企业，应采取小生产能力，获利后逐渐扩大的分期开采方法。

除上述因素外，矿石品位的高低、工业储量的变动性、矿石品位的贫富不均、矿体规模的大小等对矿山的生产能力均有影响。

3.2.2 生产能力的验证

3.2.2.1 按开采年下降速度验证生产能力

$$A = \frac{HSVK}{1 - \rho}$$

式中　A——矿山生产能力，t/a；

　　　H——年下降速度，m/a；

　　　S——矿体水平面积，m^2；

　　　V——矿石堆密度，t/m^3；

　　　K——矿石回收率，%；

　　　ρ——废石混入率，%。

国内矿山不同采矿方法的综合年下降速度见表 3 - 3，不同条件矿体年下降速度见表 3 - 4。以倾角 60°，厚 5 ~ 15m 为标准矿体，其他矿体的年下降速度应经过修正。厚度及倾角修正系数见表 3 - 5 和表 3 - 6。国内金属矿年下降速度实际资料见表 3 - 7。

要求 A 应大于设计任务书下达的生产能力。

表 3 - 3　国内矿山不同采矿方法的综合年下降速度

名　　　称	走向长度/m			
	< 600	600 ~ 1000	1000 ~ 1500	> 1500
	综合年下降速度/m·a^{-1}			
普通留矿法	15 ~ 25	10 ~ 15		
薄矿脉留矿法	10 ~ 15	10		
有底柱崩落法	25 ~ 40	15 ~ 25	10 ~ 20	10 ~ 20
无底柱崩落法	20 ~ 30	15 ~ 25	10 ~ 15	5 ~ 10
阶段矿房法	20 ~ 30	15 ~ 20	10 ~ 15	10 ~ 15
充填法	5 ~ 10	10	5	5

表 3 - 4　不同条件矿体年下降速度

井田面积/m²	单阶段回采/m·a^{-1}	多阶段回采/m·a^{-1}
12000 ~ 25000	12 ~ 20	18 ~ 25
5000 ~ 12000	15 ~ 25	20 ~ 30
< 5000	18 ~ 30	25 ~ 40

表 3 - 5　矿体厚度修正系数

厚度/m	< 5	5 ~ 15	15 ~ 25	> 25
修正系数	1.25	1.0	0.8	0.6

表 3 - 6　矿体倾角修正系数

倾角/(°)	90	60	45	30
修正系数	1.2	1.0	0.9	0.8

表 3 - 7　国内金属矿年下降速度实际资料

矿山名称		生产能力/万吨·a⁻¹		产　状			年下降深度 /m
		设计	实际	长/m	厚/m	倾角/(°)	
普通留矿法	华铜铜矿	30	30		2 ~ 18	50 ~ 80	20
	八家子铅锌矿	16.5	16.5		—		20 ~ 30
	张口硐铜矿	10	10	250 ~ 300	2 ~ 8	60 ~ 80	14.5
	猴跳岩硐铜矿	26.4	20	300 ~ 800	1.5 ~ 13	60 ~ 80	20.5
薄矿脉 留矿法	大吉山钨矿	80	76	600 ~ 800	0.3 ~ 0.5	65 ~ 80	7.5
	西华山钨矿	72	74	150 ~ 450	0.3 ~ 0.4	70 ~ 85	7
	下垄钨矿	16	17	100 ~ 300	0.2	75 ~ 88	6.5
	画眉坳钨矿	16	25	300 ~ 1000	0.5	75 ~ 88	8
矿房采矿法	寿王坟铜矿	115	115	1000 ~ 3000	20	60 ~ 90	21
	龙山铜矿	30	30	600	11	60 ~ 85	21
	面山铜矿	50	30	1200 ~ 1800	2 ~ 10	55 ~ 75	15
	辉铜山铜矿	13	10	300	8 ~ 12	80 ~ 90	14
无底柱 崩落法	大庙铁矿	60	67	300	10 ~ 50	80 ~ 90	8
	程潮铁矿	150	100	200 ~ 600	30 ~ 60	40 ~ 50	11
	向山硫铁矿	70	72	600	150 ~ 200	40 ~ 50	5
	弓长岭铁矿		200	1500 ~ 1600	5 ~ 30	70 ~ 80	10 ~ 15
有底柱 崩落法	凤山铜矿	80	75	900	10 ~ 80	60	15 ~ 20
	篦子沟铜矿	100	100	250 ~ 350	30 ~ 100	30 ~ 40	18 ~ 23
	胡家峪铜矿	80	80	350 ~ 500	10 ~ 80	35 ~ 50	8 ~ 12
	桃林铅锌矿	120	100	2000	10 ~ 15	30 ~ 45	7 ~ 9
充填法	金川龙首矿	40	30	350	5 ~ 70	60 ~ 70	6 ~ 10
	焦家金矿	16.5	10 ~ 15	700 ~ 900	5 ~ 12	30 ~ 55	7 ~ 10
	黄沙坪钨矿	33	33	600 ~ 800	2 ~ 40	40 ~ 70	5 ~ 8
	金川石棉矿	20	20	3800	2 ~ 2.5	50 ~ 70	7 ~ 10

3.2.2.2　按同时回采的有效矿块数验证生产能力

$$A = A_1 + A_2 + A_3$$

式中　A——矿山生产能力，t/a；

　　　A_1——矿房采出矿石生产能力，t/a；

　　　A_2——矿柱采出矿石生产能力，t/a；

　　　A_3——采准、切割副产矿石生产能力，t/a。

$$A_1 = \frac{\psi\eta LN}{t} \cdot q$$

式中　ψ——有效矿块同时回采系数，见表 3 - 8，进路式采矿法以进路计算，同时回采系
　　　数的实际资料见表 3 - 9；

η——矿体走向长度利用系数，$\eta = 0.8 \sim 0.9$；

L——阶段中矿体走向长度，m；

N——同时回采阶段个数；

t——每个矿块沿走向长度，m；

q——矿房生产能力，t/a。

表 3 - 8　有效矿块同时回采系数

采矿方法	同时回采系数	采矿方法	同时回采系数
全面采矿法	0.6 ~ 0.8	壁式崩落法	0.5 ~ 0.7
房柱法	0.5	有底柱分段崩落	0.33 ~ 0.7
留矿法	0.4 ~ 0.7	无底柱分段崩落	0.2 ~ 0.25
分段矿房法	0.33 ~ 0.35	分层崩落法	0.2 ~ 0.25
阶段矿房法	0.36 ~ 0.45	阶段崩落法	0.36 ~ 0.45
上向充填采矿法	0.33 ~ 0.5	进路充填法	0.2 ~ 0.3

表 3 - 9　同时回采系数实际资料

矿山名称	采矿方法	布置数	回采数	ψ
黄沙坪	干式充填法	19	11	0.5
凡口铅锌矿	水力和胶结充填	71	32	0.4
某铜矿	留矿法	9	4	0.5
某铜矿	全面法	7	5	0.75
程潮铁矿	无底柱分段崩落法	18 ~ 24	6 ~ 8	0.3
湘潭锰矿	壁式水砂充填法	17 ~ 30	8 ~ 9	0.5
桃林铅锌矿	阶段崩落法	30	13	0.4

矿柱采出矿石的生产能力对于矿块式和全面式回采方式的采矿方法，并无矿房和矿柱之分，因而其矿房生产能力就是总的生产能力。各类采矿方法矿房生产能力实际资料见表 3 - 10。对于矿房式回采方式的采矿法，其矿柱生产能力和矿房生产能力大约相同，只是矿柱矿量少，生产时间短，占总采出矿量的百分比比较小，同时采准、切割的副产矿石量对于不同采矿方法各不相同，但其占总采矿量的百分比也比较小，总采出矿量可以以矿房采出矿量为基础。

表 3 - 10　各类采矿方法矿房生产能力实际资料

矿山名称	采矿方法	矿体倾角/(°)	矿体厚度/m	运搬设备	日产量/t
龙烟铁矿	房柱法	30	1 ~ 3	电耙 14、28	130 ~ 170
华铜铁矿	留矿法	30 ~ 50	2 ~ 20	电耙 28	150
落雪铜矿	留矿法	35 ~ 60	8 ~ 10	电耙 14、28	100
某钨矿	留矿法	75 ~ 90	0.1 ~ 28	华 - 1 型	60
金岭铁矿	分段法	45 ~ 60	31	电耙	140 ~ 180
岭前铁矿	分段法	60	14	电耙 28	150 ~ 200

矿山名称	采矿方法	矿体倾角/(°)	矿体厚度/m	运搬设备	日产量/t
红透山铜矿	阶段矿房法	70~80	8~40	电耙28、55	300~420
河北铜矿	阶段矿房法	60~90	10~30	电耙28、55	306~400
弓长岭铁矿	阶段矿房法	70~85	20~30	电耙28、55	250
凤凰山铜矿	层砂充填	70~85	10~85	T4G	300~400
龙烟铁矿	长壁崩落	30	1~4	电耙14	127~143
王村铝土矿	长壁崩落	13~18	1~4	电耙14	200
大庙铁矿	无底柱分段崩落法	80~90	10~90	T4G	400~420
箟子沟铜矿	有底柱分段崩落法	40~65	45~70	电耙28	300~400

矿山生产能力需根据采矿方法的不同加以调整，调整系数见表3-11。

$$A = A_1 K_1 K_2$$

式中　K_1——矿柱采出矿量调整系数；

　　　　K_2——采准、切割副产矿石调整系数。

要求 A 应大于设计任务书下达的生产能力。

表3-11　调整系数表

采矿方法	矿柱调整系数 K_1	副产矿石调整系数 K_2
全面法	1.0	1.05
房柱法	1.05	1.05
普通留矿法	1.3~1.4	1.10
薄矿脉留矿法	1.0	1.05
分段矿房法	1.3~1.4	1.1
阶段矿房法	1.3~1.4	1.1
上向分层充填法	2	1.1
进路式充填法	1.0	1.0
其他采矿法	1.0	1.1~1.15

3.2.2.3　按合理的服务年限验证生产能力

$$A = \frac{QK}{T(1-\rho)}$$

式中　A——矿山设计生产能力，t/a；

　　　　Q——矿床工业储量，t；

　　　　K——矿石回收率，%；

　　　　T——矿山合理服务年限，a；

　　　　ρ——废石混入率，%。

要求 A 应大于设计任务书下达的生产能力。

矿山生产能力与矿山存在年限的关系如图3-1所示。

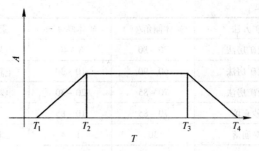

图 3 - 1　矿山生产能力与矿山存在年限的关系

矿山实际总存在年限 T 为：

$$T = T_1 + T_2 + T_3 + T_4$$

式中　T_1——从动工兴建到投产时间；

T_2——从投产到达产时间；

T_3——矿山持续稳定时间；

T_4——生产能力逐渐下降时间。

矿山计算服务年限 T_J 为：

$$T_J = T_3 + \frac{1}{2}T_2 + \frac{1}{2}T_4$$

矿山实际服务年限 T_S 为：

$$T_S = T_2 + T_3 + T_4$$

$$T_J > \frac{2}{3}T_S$$

矿山合理服务年限是指矿山计算服务年限。不同规模的矿山，其合理服务年限不同，见表 3 - 12。

表 3 - 12　矿山合理服务年限

矿 山 规 模	服务年限/a	矿 山 规 模	服务年限/a
大型，特大型	>30	小　型	10 ~ 15
中　型	>20		

3.2.2.4　根据采矿方法验证生产能力

（1）矿块式采矿法矿山生产能力计算。矿块式采矿法主要包括空场法中的浅孔留矿法、房柱采矿法、分段矿房法、阶段矿房法、非进距式的充填法、有底柱分段崩落法。

$$A = \frac{(W_1 q_1 + W_2 q_2) KEt}{1 - Z}$$

式中　A——矿山年产量，t；

W_1——可同时布置的回采矿房数量；

W_2——可同时布置的回采矿柱数量；

q_1——矿房生产能力，t/m；

q_2——矿柱生产能力，t/m；

K——矿块利用系数，$0.3 \sim 0.6$；

E——地质影响系数，$0.7 \sim 1.0$；

t——矿山年工作日数；

Z——副产矿石率。

各种采矿方法的生产能力及矿块利用系数、副产矿石率，可查阅相关技术手册。

（2）无底柱分段崩落矿山生产能力计算。

$$A = \frac{N_1 q E N_2}{1 - Z}$$

式中　q——进路出矿设备生产能力，t/a；

N_1——矿块同时回采的进路数量；

N_2——同时回采的矿块数量。

（3）进路式充填采矿法矿山生产能力。

$$A = \frac{N_1 q N_2 E K_3}{1 - Z}$$

式中　K_3——进路充填备用影响系数。

（4）壁式采矿法矿山生产能力计算。壁式采矿法包括全面采矿法、长壁崩落法和长壁式充填法。

$$A = \frac{n N q \phi}{1 - Z}$$

式中　n——同时回采的阶段数；

N——单段同时回采的矿块数；

q——回采设备生产能力，t/a；

ϕ——矿块备用系数。

生产能力是个动态的技术指标。随着矿山企业生产的进行，生产条件（矿体的赋存条件）、技术条件（生产设备的效率）会发生变化，生产能力验证的技术经济指标也随着改变，生产能力也会动态地发生变化。生产能力的验证应该全面考虑设计期的具体情况，分阶段、分时期进行验证。

3.3　扩展知识

3.3.1　工业指标的内容

矿石的工业指标一般包括以下几项：

（1）边界品位。边界品位是在当前技术经济条件下，要求可用矿石（单个样品）中有用组分含量的最低界限。边界品位是用来区分矿石与围岩（或夹石）的分界品位。

（2）最低工业品位。这一品位亦称可采品位，是符合工业开采要求的最低平均品位。它是针对依靠边界品位圈定的矿体或矿体中能够构成独立开采单元的某个矿段的总体而言的。如果这个矿体或矿段的平均品位低于最低工业品位，则视其为不具有开采价值而不得纳入可采矿体。因此，最低工业品位是划分平衡表内（能够利用）的储量和平衡表外

（尚难利用）的储量的一种界限，也是划分不同品级矿石储量的质量标准。

最低工业品位和边界品位是圈定矿体用的两个重要指标。最低工业品位是指开采矿段内平均品位的最低值，小于这个品位，则认为在经济上不合理，即最低工业品位是经济合理的最小的平均品位。边界品位是用来圈定矿体的。凡是品位超过边界品位，都可算作工业储量。边界品位要比最低工业品位低得多，一般是尾矿品位的 $1 \sim 2$ 倍。

可以这样认为：边界品位是地质人员圈定矿体使用的指标，最低工业品位是衡量开采条件的指标。如按边界品位圈定矿体之后，该块段的平均品位小于最低工业品位，尚须重新圈定，使之达到最低工业品位。同时，也不允许边界上的品位小于边界品位，即使矿段品位已经超过了最低工业品位。所以边界上的品位要超过边界品位，而矿段的平均品位要超过最低工业品位。

（3）最低可采厚度。此厚度是在当前技术经济条件下，具有开采价值的矿体的最小厚度。

（4）最低米百分数。此值是最低工业品位与最低可采厚度的乘积。对于厚度小于最低可采厚度而有用组分品位较高的矿脉（如脉钨矿），圈定其可采边界时，应当采用这一指标。它意味着，某一品位较高的矿脉，虽因厚度小于最低可采厚度以致在开采过程中混入较多的围岩，但其矿岩混合物（原矿）的平均品位仍然与厚度较大而品位较低的矿脉一样，可以满足既定的最低工业品位指标的要求。

（5）夹石剔除厚度。夹石剔除厚度亦称最大允许夹石厚度，是指允许视同矿石圈入矿体的夹石的最大厚度。

除了上述五项基本指标外，根据对矿种的不同要求或矿床的特征，还有其他一些指标：

（1）有害组分含量最大允许值：由于矿石加工及成品使用上的原因，不允许矿石中某些组分过量存在，这些组分称为有害组分。对有害组分最高含量（%）的限制，便是有害组分最大允许值，矿体中矿石的有害组分超过这个额定值，则该矿体就不能作为可采矿体予以圈定。

（2）有益组分综合利用最低品位：有益组分亦称有用组分或有用成分，含有多种有用成分的矿床，除了主要有用组分外，其他一些有益的伴生组分如果也可在回采与加工中予以回收利用，则应制定其综合利用的最低品位。这里实际上涉及三个具体指标，即多种有用组分矿石的主要有用组分的边界品位、多种有用组分矿体的主要有用组分的最低工业品位以及伴生有用组分的最低工业含量（品位）。

此外，对于具有氧化带和原生带的矿床，若氧化矿和原生矿需要分别处理，则应制定两带的分界指标（如氧化率、磁性率等）；对于坡积残积矿床和砂矿，则需制定含矿系数和净矿（混合矿砂）最低工业品位指标；对于虽然在当前技术经济条件下没有开采价值，但从发展趋势看，有可能在最近的将来被开采利用的矿体，则可将其列为表外储量（尚难利用的储量），其有关的限定指标应根据具体条件加以制订。

指导地质勘探工作、圈定矿体、计算矿床的矿石储量、评价矿床的工业价值以及进行矿山开采的生产管理、充分回收矿产资源、保证产品质量，以满足国民经济发展的需要，都必须有一个恰当的矿石质量标准。一个矿床，根据不同的矿石工业指标进行圈定，得到的该矿床的规模（储量）、质量和产状等都必然是不同的，对之进行开采，则不但其适用的开采技术与管理要求都可能互异，而且其各项技术经济指标以及最终的开采效益亦必互不相同。因此，制定矿石工业指标是矿山开发中的带有根本性的重要决策之一。

一个矿床的矿石工业指标，从找矿勘探直至矿山开采结束，将因不同时期的技术经济因素的变动而随之有所变动。因此，它可以是一个动态的指标。矿区普查和初步勘探时期，这个指标是由地质勘探部门按照某类矿石一般使用的工业指标，结合被勘探矿床的具体情况研究确定的。

3.3.2　制定工业指标的原则

矿石工业指标是根据当前的工业技术（包括开采、加工、利用等实用技术）的发展水平、矿产资源的自然条件、矿床开采的社会效益和经济效益、国家的经济发展规划和市场需求等因素综合研究制定的。由于它是矿山开发工程中的一项重大决策，因此必须认真遵循以下几项主要的原则：

（1）必须严格遵守我国关于矿山勘探、开发的法律规定，贯彻国家充分珍惜和综合利用矿产资源的方针，最大限度地回收利用矿产资源。对于客观上符合工业开采要求的矿体或矿段，不应为片面追求属于局部性质的企业利益，人为提高指标要求，浪费资源。

对于在采、选、冶（深加工）工艺过程中能够富集回收多种有益组分的矿石，均应制定综合利用指标，对矿床进行综合勘探、综合评价、综合开采、综合回收利用。对于当前尚难利用的储量亦应制定相应的工业指标，以期在地质勘探时顺便探明、在开采中采取适当措施予以保护或处理，便于将来再加利用。

（2）选定的指标应当保证矿床开采在技术上可能和在经济上合理。为此，必须以矿石加工技术为依据，经过多方案的技术经济计算与比较之后，才予确定。对于国家或某一大的地区稀缺的矿种，制定其工业指标时，应首先着眼于富集回收的可能，力求经过技术上的努力，使之能够满足国家的需要或某一广大地区就地取材、就近取材的需求。

（3）对于有可能加以分采的不同品位的矿石，均应制定矿石分级的指标。这既有利于通过分采贯彻精料方针，保证优质优用，亦有利于通过"先分后混"的开采安排，搞好矿石中和配矿，保证矿石入选品位或其他加工品位的稳定。

（4）力求保证矿体产状、形状上的完整性。对于矿石与围岩之间有用组分属于渐变的矿床，随着所定边界品位、最低工业品位及其他工业指标的不同，圈得矿体的产状、形状亦必互异。当选定一组工业指标后，若所圈矿体或所圈品级分布的形态显得非常零乱，以致开采条件变得十分复杂时，则应在可能的情况下，适当调整指标，力求使其形态趋于规则，以利开采。

3.3.3　边界品位和最低工业品位的确定

对于单一有用成分的矿床，需要确定其边界品位和最低工业品位；对于含有多种有用成分的矿床，应当制定其综合利用的最低品位，这其中也包括相应的边界品位和相应的最低工业品位。因此，确定边界品位和最低工业品位面临两种不同的情况：一是确定单一有用成分矿床的这两个指标；二是确定多种有用成分伴生矿床的边界品位和最低工业品位。所谓单一有用成分的矿床，其矿石并非仅含一种有用成分，而是其中除主要的一种有用成分外，其他有用组分的含量过少，未能达到综合利用所要求于该组分的最低品位指标。即使对于多种有用成分伴生的矿床，亦非综合回收其中所有种类的有用组分，而只是在回收主要有用成分的同时，对其他有用组分中业已达到该组分最低品位指标而具有综合回收价值的那些组分进行回收。

影响最低工业品位的因素有如下几项：

（1）矿区经济条件。当矿区的交通方便，水、电、人力、物力供应充分，那么产品成本就会下降，相反，如矿区条件差，势必增加基建费用和经营费，故最低工业品位加大。

（2）矿产资源条件及矿石加工条件。如矿床是国家紧缺的资源，或是伴生多金属的矿床，最低工业品位可以低些。矿石的加工条件对最低工业品位影响较大。不同种类的矿物，其选矿方法不同，不仅影响建设选厂的投资和选矿成本，而且还影响精矿的品位和选矿回收率。

（3）矿床开采技术条件。矿体的赋存条件、矿床赋存深度、矿体的倾角与厚度、围岩稳定性等条件，都决定开采方法、开拓方法以及采矿方法等。这一切是与投资及经营费密切相关的。很明显，开采条件好的，指标可以低些；相反，开采条件差的，只有提高指标，才有可能获得利润。

目前常用的确定方法有四种，即类比法、统计分析法、价格法和方案法。

（1）类比法。此法亦称经验法。它参照已开采的类似矿床在生产实践中所使用的工业指标及其有关统计资料，考虑拟采矿床与这些已采矿床在具体的技术、经济因素方面存在的差异，作出适当修正后确定边界品位和最低工业品位。此法不作繁琐计算，使用简便，但较粗糙，一般用于有用组分简单、矿石加工技术并不复杂的矿床。

（2）统计分析法。本法根据勘探中所获得的众多单个样品的组分化验分析资料，并充分考虑矿石中主要有用组分一般品位值的高低、品位变动范围的大小以及化验分析允许的误差等因素，把所有样品主要组分的品位依高低划分成适当多个品位档次（每个档次称为一个"品位区间"），分别统计出归入各个品位区间内的样品的个数，并计算出它在样品总数中所占的百分比，然后依据这些比率，经过综合分析（包括与类似矿山的指标进行对比），权衡得失，确定出该矿床的边界品位和最低工业品位。

（3）价格法。这个方法按照从矿石中提取的最终产品的生产成本不超过该产品的市场价格，并考虑企业的一定盈利这一原则，来确定边界品位和最低工业品位。这里，最终产品可以是选矿所得的精矿，也可以是冶炼所得的金属或由精矿经深加工而得到的其他产品。对于边界品位而言，本法仅考虑最终产品成本不超过市场价格；对于最低工业品位则同时考虑企业的一定盈利。这种方法可以反映出边界品位、最低工业品位与产品成本、产品价格之间的关系，考虑了企业的经营利益。但是，由于目前矿石产品价格偏低，此法仅从企业经济效益考虑，可能因企业无利可图而导致大量资源浪费。基于付出的开采费用应等于产品回收价值，可以推算出详细的计算公式，具体公式内容可以查阅设计手册。根据计算最终产品的不同，价格法有采出矿石、选别精矿、冶炼金属三种情况。

（4）方案法。方案法是根据矿床的特点、矿石的化学分析资料、矿石加工技术试验资料，先靠类比等方法拟定几组具有代表性的工业指标方案，然后分别计算出各方案的矿石储量和所圈定矿床的平均品位，再根据市场需要、开采和矿石加工技术条件、矿山规模等因素，进一步分别算出各方案的资源利用率、产品的生产成本、基建投资等主要的技术经济指标，进行综合分析比较，从中选择出一个合理的方案。

方案法具有一定的科学计算基础，在分析问题时，不仅综合了上述三种方法，同时也考虑了拟建矿区的特点和当时的其他重要因素，因而这个方法比较完善，所作结论也比较正确。但是，采用这个方法需要作出细致计算，所需基础资料、参数比较全面，往往难以采集齐全，在大多数情况下，只好参照类似矿山的数据，因此，所作结论依然有不同程度的假定性和主观性。

3.3.4　其他工业指标的确定

矿石的工业指标除边界品位、最低工业品位之外，还有其他指标。下面仅介绍其中三个指标的确定方法，即最低可采厚度、夹石剔除厚度以及有害组分含量最大允许值的确定方法。

（1）最低可采厚度的确定。在围岩不含或极少含有有害组分的前提下，最低可采厚度的大小主要取决于该矿床的最低工业品位与薄矿体（脉）品位之间的差值，亦即主要取决于开采薄矿体时所允许的最大贫化率。同时，这个厚度还取决于薄矿体赋存状况的规律、围岩的含矿品位的高低、所使用的开采技术（采矿方法、采装运设备等）的特点以及矿石加工技术性质等。因此，对于这个指标，必须结合矿床具体情况，全面考虑这些因素，并参考类似矿山的经验，用类比法加以确定。

（2）夹石剔除厚度的确定。剔除夹石不但有利于降低贫化率，亦有利于提高矿石储量的真实度。确定夹石剔除厚度时的影响因素大体类似于矿体最低可采厚度，因此，其确定方法亦基本上与确定矿体最低可采厚度的方法相同。

（3）有害组分的最大允许含量的确定。此值一般是根据冶炼或精矿的其他再加工方法、产品品种、用途及其对原料的要求等因素，用类比法加以确定；亦可根据最终产品中有害成分的最大允许含量，通过计算求得。

3.4　生产能力验证实例

3.4.1　无底柱分段崩落采矿法生产能力验证实例

某矿山采用无底柱分段崩落采矿法开采，矿山采用连续工作制，即年工作330天，每天3班，每班8小时，计划生产能力为500t/d。

（1）按中段同时出矿进路数验证生产能力。矿山采用的回采的结构参数为：阶段高度50m，分段高度12.5m，进路间距8.33m。矿体不够稳固，部分进路需要支护。矿体厚10～40m，平均20m。设计推荐一个阶段采用一个分段回采，回采进路间距8.33m，采用1.5m³电动铲运机，考虑到矿体的开采条件，通过计算并参考类似矿山的实际生产情况，铲运机的工作效率确定为90kt/a，分段有效进路数为30～50（计算取30），同时出矿矿块系数0.35～0.5（计算取0.35），每台出矿设备占用进路数为5，副产矿石率按12%计算，地质影响系数选为1。

因此根据公式：

$$A = \frac{nNiqE}{N_c(1-Z)T}$$

式中　A——中段生产能力，t/d；

n——同时回采分段数，个；

N——分段有效进路数，条；

i——同时出矿矿块系数；

q——出矿设备效率，$t/(台·a)$；

N_c——每台出矿设备占用进路数，条；

T——年工作天数，d。

有：

$$A = \frac{1 \times 30 \times 0.35 \times 90000 \times 1}{5 \times (1 - 12\%) \times 330} = 650 t/d$$

（2）按年下降速度验证。国内部分无底柱分段崩落法回采矿山开采综合年下降速度为：当矿体长度小于600m、面积为1000~2000m²、开采分段小于3个时，开采综合年下降速度为20~32m；当矿体长度为600~1000m、面积为2000~6000m²、开采分段小于3个时，开采综合年下降速度为15~25m。与开采条件类似的矿山进行类比，程潮铁矿2号矿体（矿体长度200~250m，厚30~40m），综合年下降速度21m。综合考虑，本次设计开采年下降深度指标暂定为20m，中段矿石量80万~120万吨（计算取800000t），矿石损失率参考类似矿山取15%，中段（阶段）高度为50m，废石混入率参考类似矿山取18%。

因此根据公式：

$$A = \frac{Qv(1 - \rho)}{H(1 - \beta)T}$$

式中　Q——中段矿石量，t；

v——年下降速度，m/a；

ρ——矿石损失率，%；

H——中段高度，m；

β——废石混入率，%。

有：

$$A = \frac{800000 \times 20 \times (1 - 15\%)}{50 \times (1 - 18\%) \times 330} = 1005 t/a$$

（3）按经济合理服务年限验证。根据公式：

$$A = \frac{Q(1 - \rho)}{t(1 - \beta)T}$$

式中　A——生产能力，t/d；

Q——设计利用储量，t；

t——经济合理服务年限，a。

有：

$$A = \frac{800000 \times (1 - 15\%)}{15 \times (1 - 18\%) \times 330} = 1675 t/d$$

设计利用储量800万吨，经济合理服务年限确定为20年。

通过上述验证，中段生产能力一般在650~1675t/d。考虑到矿体的开采技术条件和回采工艺的变化，设计推荐的井下生产能力500t/d是完全能够完成的。

3.4.2　留矿法全面法生产能力验证实例

矿山采用连续工作制度，年工作 330 天，每天 3 班，每班 8 小时。预计矿山生产能力为 450t/d，148.5kt/a。

（1）按同时回采矿块数计算矿山生产能力。所用计算式为：

$$A = \frac{NqK}{1 - Z}$$

式中　A——矿山生产能力，t/d；

N——可布有效矿块数，个；

q——矿块生产能力，t/d；

K——矿块利用系数；

Z——副产矿石率，%。

计算结果见表 3 - 13。

表 3 - 13　按同时回采矿块数计算矿山生产能力

中段/m	采矿方法	有效矿块数/个	同时回采矿块数/个	矿块利用系数	副产矿石率/%	矿块生产能力/t·d⁻¹	中段生产能力/t·d⁻¹
584	浅孔留矿法	8	4	0.5	12	50	227
542	留矿全面法	9	5	0.5	12	50	284
500	留矿全面法	8	4	0.5	12	50	227
460	留矿全面法	7	4	0.5	12	50	227
420	留矿全面法	8	4	0.5	12	50	227
380	留矿全面法	8	4	0.5	12	50	227
340	留矿全面法	5	3	0.5	12	50	170
300	全面采矿法	8	4	0.5	12	50	227
260	全面采矿法	11	6	0.5	12	50	341
220	全面采矿法	10	5	0.5	12	50	284
180	全面采矿法	9	5	0.5	12	50	284

（2）按年下降速度计算生产能力。所用计算式为：

$$A = \frac{Qv\eta E}{H(1 - \rho)T}$$

式中　A——中段生产能力，t/d；

Q——中段矿石量，t；

η——采矿回收率，%；

H——中段高度，m；

ρ——矿石贫化率，%。

验证结果见表 3 - 14。

表 3-14　按下降速度验证生产能力

中段标高/m	设计利用矿量/t	采矿方法指标		采出矿量/t	年下降速度/m	地质影响系数	年生产能力/t	日生产能力/t
		损失率/%	贫化率/%					
584	172330.0	13	18	182837.9	20	1	91419	277
542	173560.0	13	18	184142.9	20	1	87687	266
500	67840.0	13	18	71976.6	20	1	34275	104
460	42843.0	13	18	45455.4	20	1	22728	69
420	21264.0	13	18	22560.6	20	1	11280	34
380	30857.0	13	18	32738.5	20	1	16369	50
340	19730.7	13	18	20933.8	20	1	10467	32
300	144590.0	13	18	153406.5	20	1	76703	232
260	317770.0	13	18	337146.2	20	1	168573	511
220	398850.0	13	18	423170.1	20	1	211585	641
180	331240.0	13	18	351437.6	20	1	175719	532

（3）按经济合理服务年限验证生产能力。

$$A = \frac{QK}{t(1-\rho)} = 182.6 \text{kt/a}　(553\text{t/d})$$

式中　A——矿山生产能力；

　　　Q——利用矿量，1721kt；

　　　K——矿石回收率，87%；

　　　ρ——矿石贫化率，18%；

　　　t——合理服务年限，10a。

通过上述计算验证可以看出，矿山主要生产中段双中段作业生产能力可以达到450t/d。

（4）矿山服务年限。根据设计利用资源储量和生产规模，计算矿山服务年限为：

$$T = \frac{Q(1-\alpha)}{(1-\beta)A} = \frac{172100 \times (1-13\%)}{(1-18\%) \times 148500} = 12.3 \text{ a}$$

式中　T——矿山计算服务年限，a；

　　　A——矿山生产能力，t/a；

　　　Q——设计利用资源/储量，t；

　　　α——采矿损失率，13%；

　　　β——采矿贫化率，18%。

随着探矿工作的进行和采矿技术的进步以及矿山低品位矿石的回收利用，矿山的服务年限会有所延长。

3.5　考核

考核内容及评分标准见表 3-15。

表 3-15　地下采矿生产能力验证考核表

学习领域	地下采矿设计			
学习情境	地下采矿生产能力验证		学时	6
评价类别	子评价项	自评	互评	师评
专业能力	资料查阅能力（15%）			
	图表绘制能力（10%）			
	语言表达能力（15%）			
	验证方法选择准确程度（20%）			
	技术经济指标选择合理程度（20%）			
社会能力	团结协作（5%）			
	敬业精神（5%）			
方法能力	计划能力（5%）			
	决策能力（5%）			
合　计				
	班级	组别	姓名	学号
评价信息栏	自我评价：			
	教师评语：　　　　　　　　　　　　　　　　教师签字：　　　　日期：			

项目4 矿井开拓设计

4.1 任务书

本项目的任务信息见表4-1。

表4-1 矿井开拓设计任务书

学习领域	地下采矿设计							
项目4	矿井开拓设计	学时	12~18	完成时间		月　日至　月　日		
布置任务								
学习目标	(1) 了解矿井开拓方案选择需要的基本资料; (2) 熟知矿井开拓选择的方法及步骤; (3) 熟知矿山中段(阶段)水平运输开拓的布置形式; (4) 能够进行井下运输电机车的选择; (5) 能够进行井下矿车的选择; (6) 应会进行井下运输线路的布置及计算							
任务条件	授课教师根据教学要求给出矿山开采的基本条件(地表地形、矿体赋存、围岩、自然地理)、井下某个中段水平平面图、中段围岩的稳固特性、水文地质情况、矿山生产能力、中段运输能力,初步选择开拓方案、中段运输设备及布置形式							
任务描述	(1) 根据给定矿体基本条件初选开拓方案; (2) 进行开拓方案技术经济分析和比较; (3) 根据矿体赋存条件及矿山技术经济特点选定推荐的方案; (4) 根据采矿方法选择阶段(中段)的运输开拓采准形式; (5) 根据阶段生产能力选择电机车的类型及规格; (6) 选择矿车的类型、规格、数量; (7) 完成运输线路的布置及设计							
参考资料	(1)《金属矿地下开采》(第2版),陈国山主编,冶金工业出版社; (2)《采矿设计手册》(地下开采卷、井巷工程卷、矿山机械卷),建筑工业出版社; (3)《采矿设计手册》(五、六册),冶金工业出版社; (4)《采矿学》(第2版),王青主编,冶金工业出版社; (5)《采矿技术》,陈国山主编,冶金工业出版社							
任务要求	(1) 发挥团队协作精神,以小组形式完成任务; (2) 以对成果的贡献程度核定个人成绩; (3) 展示成果要做成电子版; (4) 按时按要求完成设计任务书; (5) 学生应该遵守课堂纪律不迟到、不早退							

4.2　支撑知识

4.2.1　阶段开拓系统

阶段开拓也称中段开拓，是矿山为了完成行人、通风、运输矿石、转运设备而设置的矿山开采的主要活动空间。

4.2.1.1　阶段高度

上下相邻的两条阶段运输道之间的垂直距离称做阶段高度。阶段高度是地下开采的一个重要参数。影响阶段高度的主要因素有：

（1）地质因素，如矿体倾角和厚度、矿石和围岩的稳固性、矿床的勘探类型等。

（2）技术因素，如采矿方法，采、装、运及天井掘进的设备和工艺，开采强度和新阶段的准备时间，矿床勘探程度等。

（3）经济因素，如矿石价值，井巷和硐室的掘进成本，巷道的年维修费用，提升、排水、沿井筒运送人员和材料的费用等。

合理的阶段高度，应当在满足矿山地质因素和技术因素的条件下，使均摊于每吨采出矿石的与阶段高有关的基建费和生产费之和为最小。由于影响因素很多，计算工作量大，所以在实际工作中对阶段高度的确定，一般是采用类比法，必要时可进行不同方案的技术经济比较。

当矿山地质条件允许时，采用较大的阶段高度可以减少矿床开拓的阶段总数，从而降低开拓工程总量和费用，并有利于生产和管理的集中。为了增大阶段高度，除选择适宜的采矿方法和工艺外，还可以采取在矿块中用电梯井运送人员和材料，应用天井钻机或吊罐掘进天井，采用自行设备、振动放矿机和地下破碎装置，设置中间水平等措施。

4.2.1.2　阶段运输巷道的布置

阶段运输巷道的主要用途是运输本阶段的或上部阶段的矿岩，因此要根据产量大小和矿量分布情况，确定合理的运输系统、巷道数目及巷道位置。

阶段运输巷道应布置在安全的地点，在其全部服务期限内，不会因岩石移动或采矿过程的其他影响而遭受破坏。在应用崩落采矿方法的矿山，应把阶段运输巷道布置在下盘围岩中，并且令其位于下阶段开采后的岩石移动范围之外。掘进和维护费用要小，巷道位置要避开各种不稳固岩层和地质构造带，布置在易于掘进和支护的岩层中。为了减少总的掘进工程量和费用，应该使阶段运输巷道靠近矿体，但是不能布置在采场附近的压力增高带之内，否则将增大巷道维护的费用。

布置阶段运输巷道时，要尽可能兼顾到探矿、通风、排水及充填等各方面的要求，做到一巷多用，使其发挥更大效益。

按照阶段运输巷道与矿体的相对位置及阶段平面上的运输系统，主要有以下几种布置形式：沿脉单巷、沿脉双巷、沿脉加穿脉、环形布置及组合式布置。各种布置方式的图示及适用条件见表 4-2。当根据产量要求选择阶段运输巷道布置形式时，应考虑到各种布置形式的通过能力，以及与阶段平面上的运输线路长度、运输设备规格等条件有关的因素。

当在阶段平面上采用自行设备运输时，巷道的布置根据运输量的大小、装卸点的分布情况、设备性能及规格、装载和调度及运行的方便而定。由于不需要铺设轨道，巷道的方向可以更好地跟踪矿体，一般情况下多采用沿脉加穿脉或环形的布置形式。

表4-2　阶段运输巷道的布置形式及适用条件

布置形式	图　　示	适　用　条　件
沿脉单巷		形式简单，工程量小；通过能力低；适用于薄及极薄矿体、产量小的阶段
沿脉双巷		当布置沿脉单巷不能满足产量要求或工作不方便时，或者由于岩石不稳固不宜采用双轨单巷时，可布置沿脉双巷
沿脉加穿脉		形式简单、灵活，适应性强；穿脉巷道可用于探矿，又可用于装车；通过能力较高；在厚及中厚矿体中广为应用
环形布置		系统较复杂，工程量大；通过能力高；适用于厚及极厚、产量大的阶段
组合式布置		当矿体厚度在平面上变化较大，或矿体发生分枝、复合，或对若干个厚度不同的矿体进行开拓时，根据矿体或矿段厚度的变化，分别采用上述布置形式组合而成；在金属矿山应用甚广

注：1—主井；2—石门；3—风井；4—沿脉单巷；5—会让站；6—下盘脉外巷道；7—脉内巷道；8—联络道；9—穿脉巷道；10—环形绕道；11—上盘脉外巷道。

4.2.1.3　主要运输水平

布置在阶段标高上的各种巷道和设施的总体称做阶段水平。一般情况下，在阶段水平上布置石门和井底车场，与提升井连通，以便运出本阶段采下的矿石。当将两个或两个以上阶段采下的矿石集中至某一水平运出时，该水平称做主要运输水平（集中运输水平）。这时其他的阶段称做中间水平（或者辅助水平）。中间水平可以不与提升井连接，它们的用途是把本阶段的矿石放入溜井转运到主要运输水平以及进行矿块采准、通风、行人等辅助作业。因而，中间水平的巷道系统可以大大简化，巷道与硐室的工程量可以大大减少，各种设施、装备和工作人员也可以相应减少。在主要运输水平上,由于要运输若干个阶段的矿石,矿量大,服务期限长,应用大型高效的设备和现代化技术,配置各种必要的辅助设施,把主要运输水平建设成具有高生产能力的现代化技术装备系统。

采用主要运输水平,可以大大减少整个矿床开拓所需要的石门、井底车场、地下破碎硐室等矿山巷道的工程量。但这也存在一些缺点。竖井开拓时第一期基建工程量大、投资多、投产日期推迟、提升矿石和排水等费用增加。因此,在某一具体条件下是否应用主要运输水平,或者几个阶段设置一个主要运输水平,需要考虑到有关的技术、经济因素,通过方案比较确定。

4.2.2　开拓方案选择

地下矿山开拓设计的基本任务是决定矿山主要井巷类型、位置和提升设备。影响开拓方案选择的因素很多,涉及的内容广泛、复杂。在设计中一定要坚持多方案选择的原则,有步骤地进行比较。开拓方案应满足:技术先进,能保证矿山正常和持续生产;生产安全可靠,提升、运输、通风、排水等系统完整;充分利用矿山资源,不留或少留保安矿柱,减少损失;基建工程量少,投资省,经营费用低,效益高;施工条件好,建设速度快,投产时间短;地下与地面设计布置合理,环节少,便于管理;贯彻执行国家有关技术经济政策,尽量不占或少占农田。

开拓方案选择一般是在可行性研究和初步设计阶段进行的。现就初步设计阶段的开拓方案选择的有关程序叙述如下。

4.2.2.1　开拓方案初选

为了作好方案选择工作,应具备下列资料:

(1) 经国家资源管理部门批准的地质勘探报告,包括有关的图纸、地形测量、气象、地震等。

(2) 矿床开采技术条件,水文、工程地质较复杂的矿山需有岩石力学研究的资料。

(3) 矿区自然地理和经济地理、原材料及劳动力提供情况、环保要求等。

(4) 改扩建矿山要有矿山现状资料,包括开拓系统图、井巷实测图、阶段平面图、企业生产技术和经济指标、地面建筑物和构筑物以及厂区的总平面图等。

新建矿山时,设计人员根据矿床赋存状态、矿区地形条件、选厂位置,对内外运输条件、供水、供电、废石排放、矿区总平面布置等因素进行调查研究,收集和分析有关资料,提出几个在技术上可行的开拓方案。通常使用的方案有:

(1) 井筒靠近选矿厂矿仓顶部,矿石直接卸到矿仓;或井筒靠近矿体,矿石转运到选厂。

(2) 当开采分散矿体时,有共用井巷或分区各自独立的开拓系统。

(3) 一套或两套提升设备的混合井,或主副井分开的开拓方案。

(4) 中小型矿山有以箕斗井或罐笼井为主井的方案。

(5) 斜井(包括带式输送机、斜坡道)或竖井开拓的方案。

(6) 主井和副斜坡道(包括斜井),或主井和副竖井开拓的方案。

(7) 明井和盲井的方案。

（8）主平硐与选厂的不同标高的比较等。

虽然矿床开拓方案很多，但由于受自然与技术等因素的限制，以及根据设计和生产经验判断，通过一定的工作进行粗选后提出可比的方案并不会太多，一般不多于3个。然后根据可比的方案确定各类主要井巷的数目、位置、规格等，并根据以下内容制定开拓系统图：

（1）矿石、废石、人员、材料、设备的提升或运送方式。

（2）阶段高度及阶段运输方式。

（3）确定设计开采深度，尤其是确定一期基建开拓的深度。

（4）今后延深井筒时不影响生产的措施。

（5）通风方式。

（6）排水方式。

按照上述内容形成的开拓系统图，包括提升、运输、通风、排水等四个完整的系统，有的矿山还有充填系统，然后绘制主要井巷断面图、设备配置图及相应的有关图纸，选择有关的设备类型、数量，并计算工程量等。

4.2.2.2　开拓方案比较

开拓方案的比较，常用类比法和方案比较法，一般需要比较基建投资和经营费。

基建投资包括：

（1）井巷工程（包括井筒、平巷、溜井、破碎系统、大型硐室等）投资费用。

（2）地表建筑和构筑物（包括井架、矿仓、井口建筑和构筑物）的投资费用。

（3）设备（包括提升、运输、通风、排水、压气设备等）购置费用。

经营费包括：

（1）井巷开拓工程、地表建筑和构筑物的折旧与维修费。

（2）坑内与地表的运输费，包括设备折旧与维修费、动力费、辅助材料费及工资等。

（3）提升、排水、通风等费用。

经过比较无法确定时需要进行开拓方案的综合分析。开拓方案的综合分析一般包括下列主要内容：

（1）技术上的优缺点。

（2）基建投资，特别是一次投资的多少。

（3）经营费的高低。

（4）返本年限的长短。

（5）贴现率（内部收益率）的高低。

（6）使用土地的好坏和多少。

（7）基建时间的长短。

（8）国家的技术经济政策等。

通过技术经济比较，评论各方案的主要优缺点，最终得出结论性意见。

开拓方案比较中应注意下列事项：

（1）一般相同项目和费用不参加比较。

（2）基建投资应计算到具备投产和达产的条件。

（3）基建费与经营费计算均考虑影响方案取舍的主要项目，一般项目可不计算和不参加方案比较。

4.2.3　中段运输线路计算

4.2.3.1　轨道运行计算

车辆在线路曲线段运行与在直线段运行不同，有若干特殊要求。

A　最小曲线半径

车辆在曲线段运行会产生离心力，而且车辆前后两轴不可能和曲线半径方向一致，因此车轮将和钢轨强烈摩擦，增大运行阻力（见图 4 - 1）。为了减少磨损和阻力，曲线半径不宜过小。通常最小曲线半径在运行速度小于 1.5m/s 时，应大于车辆轴距的 7 倍；在速度大于 1.5m/s 时，大于轴距的 10 倍；在速度大于 3.5m/s 时，大于轴距的 15 倍。若通过弯道的车辆种类不同，应以车辆的最大轴距计算最小曲线半径，并取以米为单位的较大整数。

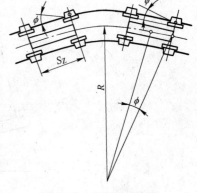

图 4 - 1　矿车通过弯道

近年来，我国一些金属矿山使用有转向架的大容量四轴矿车，此时最小曲线半径可参考表 4 - 3 选取。

表 4 - 3　有转向架的四轴车辆通过弯道半径实例

使 用 地 点	矿车形式	固定架轴距/m	转向架间距/m	弯道半径/m
凤凰山铜矿	底卸式，7m³	850	2400	30 ~ 35
凤凰山铜矿	梭式，7m³	850	4800	16
落雪矿	固定式，10m³	850	4500	20 偏小，推荐25
三九公司铁矿	底卸式，6m³	800	2500	30
梅山铁矿	侧卸式，6m³	800	2500	20

曲线半径确定后，可在现场用弯轨器（见图 4 - 2）弯曲钢轨。将弯轨器的铁弓 1 钩住钢轨外侧，顶杆 2 顶住钢轨内侧，用扳手扭动调节头 3，即可使钢轨弯曲。若曲线半径为 R，轨距为 S，则：

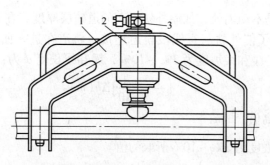

图 4 - 2　弯轨器
1—铁弓；2—螺旋顶杆；3—调节头

外轨曲线半径　　　　　　　　$R_外 = R + 0.5S$

内轨曲线半径　　　　　　　　$R_内 = R - 0.5S$

B　外轨抬高

为了消除在曲线段运行时离心力对车辆的影响，可将曲线段的外轨抬高（见图 4-3），使离心力和车辆重力的合力与轨面垂直，从而使车辆正常运行。

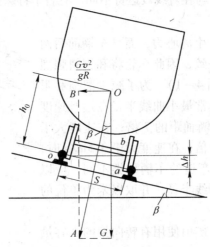

图 4-3　外轨抬高计算图

当重量为 G（N）的车辆，在轨距为 S（m）、曲线半径为 R（m）的弯道上，以速度 v（m/s）运行时，离心力为 $\dfrac{Gv^2}{gR}$（N）。因为 $\Delta OAB \backsim \Delta oab$，则：

$$\frac{Gv^2}{gR} : G = \Delta h : S\cos\beta$$

所以　　　　　　　　　　　　$$\Delta h = \frac{v^2 S\cos\beta}{gR} \text{（m）}$$

由于外轨抬高后路面的横向倾角 β 很小，重力加速度 $g = 9.81\text{m/s}^2$，可认为 $\dfrac{g}{\cos\beta} = 10\text{m/s}^2$，所以

$$\Delta h = \frac{100v^2 S}{R} \text{（mm）}$$

外轨抬高的方法是不动内轨，加厚外轨下面的道碴层厚度，在整个曲线段，外轨都需要抬高 Δh（mm）。为了使外轨与直线段轨道连接，轨道在进入曲线段之前要逐渐抬高，这段抬高段称缓和线。缓和线坡度为 3‰~10‰，缓和线长度 d 为：

$$d = \left(\frac{1}{3} \sim \frac{1}{10}\right)\Delta h \text{（m）}$$

式中　Δh——外轨抬高值，mm；

$\dfrac{1}{3} \sim \dfrac{1}{10}$——缓和线坡度为 3‰~10‰所取的值。

C　轨距加宽

为了减小车辆在弯道内的运行阻力，曲线段轨距应适当加宽。轨距加宽值 ΔS 可用经

验公式计算。

$$\Delta S = 0.18 \frac{S_z^2}{R}$$

式中　S_z——车辆轴距，mm；

　　　R——曲线半径，mm。

　　轨距加宽时，外轨不动，只将内轨向内移动，在整个曲线段，轨距都需要加宽 ΔS。为了使内轨与直线段轨道连接，轨道在进入曲线段之前要逐渐加宽轨距，这段长度通常与抬高段的缓和线长度相同。

　　D　轨道间距及巷道加宽

　　车辆在曲线段运行，车厢向轨道外凸出，为了保证安全，必须加宽轨道间距和巷道宽度。线路中心线与巷道壁间距的加宽值 Δ_1 为：

$$\Delta_1 = \frac{L^2 - S_z^2}{8R}$$

式中　L——车厢长度，mm；

　　　S_z——车辆轴距，mm；

　　　R——曲线半径，mm。

　　对双轨巷道，两线路中心线间距的加宽值 Δ_2 为：

$$\Delta_2 = \frac{L^2}{8R}$$

　　对双轨巷道，用电机车运输时，通常巷道外侧、两线路中心线和巷道内侧分别加宽300、300 和 100mm。

4.2.3.2　线路分叉点的连接

　　A　单向分岔点连接

　　单向分岔点连接是曲线与单开道岔的连接。为了保证曲线段外轨抬高和轨距加宽，应在道岔与曲线段之间插入一直线段，其长度一般取外轨抬高递减距离。这样将增加巷道长度和体积。因此，在井下线路设计中应尽量缩短插入直线段长度，可以在曲线本身的范围内逐渐垫高外轨和加宽轨距，但在道岔和曲线段之间也必须加入一最小的插入段 $d = 200 \sim 300$mm。

　　如图 4 - 4 所示，若已知曲线半径 R，转角 β，道岔尺寸 a、b 及角 α，则各连接尺寸为：

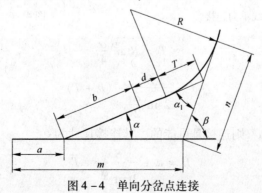

图 4 - 4　单向分岔点连接

$$\alpha_1 = \beta - \alpha$$

$$T = R\tan\frac{\alpha_1}{2}$$

取 $d = 200 \sim 300\text{mm}$，得：

$$m = \alpha + \frac{(b + d + T)\sin\alpha_1}{\sin\beta}$$

$$n = T + \frac{(b + d + T)\sin\alpha}{\sin\beta}$$

B　双线单向连接

双线单向连接是用单向道岔使双轨线路过渡成单轨线路。

如图 4 – 5 所示，已知平行线路中心线之间的距离 S，道岔尺寸 a、b 及角 α，曲线半径 R；则得：

$$\alpha = \alpha_1$$

$$T = R\tan\frac{\alpha}{2}$$

$$d = \frac{S}{\sin\alpha} - (b + T)$$

若 $d \geqslant 200 \sim 300\text{mm}$，则连接是可能的，其连接尺寸为：

$$L = (a + T) + (b + d + T)\cos\alpha$$

按所得尺寸，便可绘出连接部分平面图。

C　双线对称连接

如图 4 – 6 所示，其已知条件及要求与双线单向连接相同。

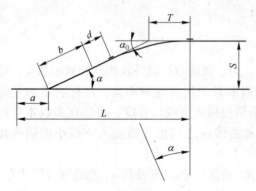 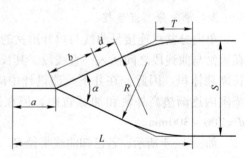

图 4 – 5　双线单向连接　　　　　　　图 4 – 6　双线对称连接

$$T = R\tan\frac{\alpha}{4}$$

$$d = \frac{S}{2\sin\dfrac{\alpha}{2}} - (b + T)$$

若 $d \geqslant 200 \sim 300\text{mm}$，则连接是可能的，其连接尺寸为：

$$L = a + \frac{S}{2\tan\dfrac{\alpha}{2}} + T$$

D　三角岔道连接

如图 4-7 所示，三角岔道的上部是对称道岔，且为任意数。若 β 等于 $90°$，则构成了对称的三角岔道。

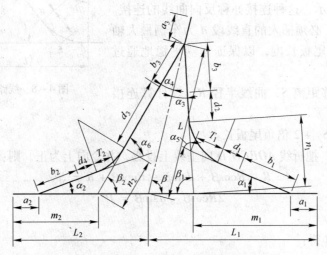

图 4-7　三角岔道连接

已知 β 角，曲线半径 R，道岔尺寸 a_1、a_2、a_3、b_1、b_2、b_3 及角 α_1、α_2、α_3、α_4，并取 $d_1 = d_2 = d_4 = 200 \sim 300\text{mm}$，现计算三角岔道的尺寸。

$$\beta_1 = 180° - (\beta + \alpha_3), \ \beta_2 = \beta - \alpha_1$$

$$\alpha_5 = \beta_1 - \alpha_1, \ \alpha_6 = \beta_2 - \alpha_2$$

$$T_1 = R\tan\frac{\alpha_5}{2}, \ T_2 = R\tan\frac{\alpha_6}{2}$$

$$m_1 = \alpha_1 + (b_1 + d_1 + T_1)\frac{\sin(\beta_1 - \alpha_1)}{\sin\beta_1}$$

$$n_1 = T_1 + (b_1 + d_1 + T_1)\frac{\sin\alpha_1}{\sin\beta_1}$$

$$L_1 = m_1 + (n_1 + d_2 + b_3)\frac{\sin\alpha_3}{\sin\beta}$$

$$m_2 = a_2 + (b_2 + d_4 + T_2)\frac{\sin(\beta_2 - \alpha_2)}{\sin\beta_2}$$

$$n_2 = T_2 + (b_2 + d_4 + T_2)\frac{\sin\alpha_2}{\sin\beta_2}$$

$$L = (n_1 + d_2 + b_3)\frac{\sin\beta_1}{\sin\beta}$$

$$d_3 = (n_1 + d_2 + b_3)\frac{\sin\beta_1}{\sin\beta_2} - (n_2 + b_3)$$

如果 $d_3 \geqslant 200 \sim 300\text{mm}$，则计算可以结束，连接是可能的。

$$L_2 = m_2 + (n_2 + d_3 + b_3)\frac{\alpha_4}{\sin\beta}$$

如果 $d_3 < 200 \sim 300\text{mm}$，则必须从左部开始重新计算，步骤同上。

E　线路平移的连接

如图 4 - 8 所示，这种连接亦称反向曲线的连接。在反向曲线之间，必须插入的直线段 d 为车辆最大轴距 S_z 加上两倍鱼尾板长度，以保证车辆平稳地通过反向曲线。

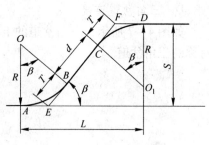

图 4 - 8　线路平移的连接

已知线路平移距离 S，曲线半径 R，现计算连接尺寸。

（1）取 $d \geqslant S_z + 2$ 倍鱼尾板长。

（2）确定 β。把折线 $AOBCO_1D$ 向垂线上投影，并令向上为正，则：

$$R - R\cos\beta + d\sin\beta - R\cos\beta + R = S$$

化简得：

$$2R\cos\beta - d\sin\beta = P$$

式中，$P = 2R - S$。

将上式除以 d 得：

$$\frac{2R}{d}\cos\beta - \sin\beta = \frac{P}{d}$$

导入辅助角 $\delta = \arctan\dfrac{2R}{d}$，用 $\tan\delta$ 代入上式，并将各项乘以 $\cos\delta$ 得：

$$\sin\delta\cos\beta - \sin\beta\cos\delta = \frac{P}{d}\cos\delta$$

或

$$\sin(\delta - \beta) = \frac{P}{d}\cos\delta$$

故

$$\beta = \delta - \arcsin\left(\frac{P}{d}\cos\delta\right)$$

β 角不得大于 90°，如大于 90°，则取 $\beta = 90°$。

（3）确定连接长度。

$$L = 2R\sin\beta + d\cos\beta$$

$$T = R\tan\frac{\beta}{2}$$

求出 T，即可确定 E、F 点，连接 E、F 两点，截取 $EB = CF = T$，便可确定 B、C 点，这样即可绘图。

F　分岔平移连接

如图 4 - 9 所示，已知平行线路中心距 S，曲线半径 R，道岔尺寸 a、b 及角 α，现计算连接尺寸。

（1）取 $d_2 = S_z + 2$ 倍鱼尾板长，并取 $d_1 = 200 \sim 300\text{mm}$。

（2）确定转角 β（确定方法同前）。

$$\beta = \delta - \arcsin\left(\frac{P}{d_2}\cos\delta\right)$$

式中

$$P = (b + d_1)\sin\alpha + R(1 + \cos\alpha) - S$$

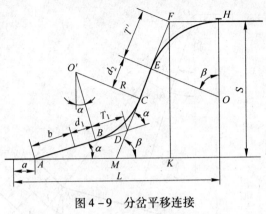

图 4 - 9   分岔平移连接

$$\delta = \arctan \frac{2R}{d_2}$$

若求出的 β 大于 90°，则取 $\beta = 90$°。

（3）确定连接尺寸。

$$\alpha_1 = \beta - \alpha , \quad T_1 = R\tan \frac{\alpha_1}{2}$$

$$\overline{AD} = b + d_1 + T_1$$

$$\overline{AM} = \overline{AD} \frac{\sin\alpha_1}{\sin\beta} = (b + d_1 + T_1) \frac{\sin\alpha_1}{\sin\beta}$$

$$\overline{DM} = \overline{AD} \frac{\sin\alpha}{\sin\beta} = (b + d_1 + T_1) \frac{\sin\alpha}{\sin\beta}$$

$$\overline{MK} = \frac{S}{\tan\beta}$$

$$T' = R\tan \frac{\beta}{2}$$

$$L = a + \overline{AM} + \overline{MK} + T'$$

（4）作图。自 H 点截取 $\overline{HF} = T'$，从 F 点作垂线得 K 点。按 $\overline{KM}$ 长得 M 点，连接 F 和 M 两点。按 $\overline{MD}$ 长得 D 点，按 $\overline{MA}$ 长得 A 点。自 D 及 F 点截取对应曲线的切点得 B、C 及 E 点，并作曲线。

4.2.3.3   碹岔平面尺寸计算

常用的三类六种碹岔形式的计算方法都是按照几何关系推导的。现以单线单开碹岔尺寸计算为例来说明，如图 4 - 10 所示。

作图前先将碹岔处的轨道连线图绘出。已知数据有道岔参数 a、b、α，巷道断面宽度 B_1、B_2、B_3，线路中心线距碹垛一侧边墙的距离 b_2、b_3，弯道曲率半径 R。碹岔的起点就是线路基本轨起点；碹岔的终点就是从碹垛尖端 A 作垂线垂直于线路中心线所得的交点，再沿线路中心线方向延长 2m 处。图中 $\overline{TN}$ 为碹岔最大断面宽度（最大碹胎尺寸），$\overline{TM}$ 为碹岔最大断面跨度（计算支护等）。图中 $\overline{QZ}$ 断面为中间断面的起点，其尺寸大小就等于 B_1 断面。

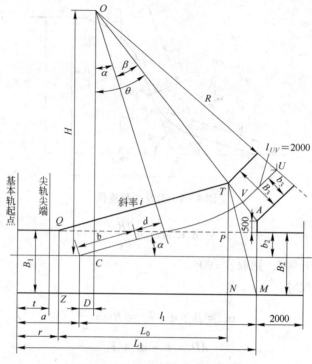

图 4 - 10　单线单开碴岔计算图

（1）确定弯道曲线半径中心 O 的位置。只有先决定 O 的位置，然后才能以 O 为圆心、以 R 为半径画出曲线线路。O 点距离道岔中心的横轴长度为 D，纵轴长度为 H。

$$D = (b + d)\cos\alpha - R\sin\alpha$$

$$H = R\cos\alpha + (b + d)\sin\alpha$$

若 D 为正值，则 O 点在道岔中心右侧；若 D 为负值，则位于左侧。

（2）求碴岔角 θ。从碴垛尖端 A 点和曲线半径圆心 O 的连线与垂线 $\overline{OC}$ 的夹角，即碴岔角 θ：

$$\theta = \arccos \frac{H - b_2 - 500}{R + b_3}$$

（3）从碴垛面到岔心的距离 l_1。

$$l_1 = (R + b_3)\sin\theta \pm D$$

式中，D 为正值则加，为负值则减。

（4）求碴岔最大断面处宽度。图中最大断面宽度 $\overline{TN}$ 及长度 $\overline{NM}$，以及最大断面跨度 $\overline{TM}$ 的计算方法如下：

$$\overline{TN} = B_2 + 500 + B_3\cos\theta$$

$$\overline{NM} = B_2\sin\theta$$

$$\overline{TM} = \sqrt{\overline{TN}^2 + \overline{NM}^2}$$

（5）从碴垛面至基本轨起点的跨度 L_1。

$$L_1 = l_1 + a$$

（6）求硐岔断面变化部分长度 L_0。为了计算硐岔断面的变化，在 $\overline{NT}$ 线上截取 $\overline{NP} = B_1$，作出 $\triangle TPQ$，得 $\overline{TQ}$ 线的斜率 i：

$$i = \overline{TP}/\overline{PQ}$$

应当指出，斜墙的斜率 i 在标准设计中常用固定斜率。当轨距为 600mm 时，斜率常取 0.25 或 0.30；当轨距为 900mm 时，常取 0.20 或 0.25。斜墙斜率一旦选定，斜墙起点位置也就确定了。采用固定斜率的优点在于硐岔内每米长度递增宽度一定，有利于砌硐时硐骨可重复使用。但现在广泛使用喷锚支护交岔点，因此固定斜率也就不是很必要了。

根据所选定的斜率，便可求得 L_0。

$$L_0 = \overline{PQ} = \overline{TP}/i = (\overline{TN} - B_1)/i$$

（7）硐岔扩大断面起点 Q 至基本轨起点的距离 r。

$$r = L_1 - \overline{NM} - L_0$$

上述计算的目的在于求得参数 L_1、L_0、r、$\overline{TN}$ 和 $\overline{TM}$，以便按设计进行施工。至于参数 H、D、θ、l_1、$\overline{MN}$，则是为求得上述参数服务的。

4.3 知识扩展

4.3.1 道岔

轨道线路是由若干直线段和曲线段连接而成，线路的连接通常都用道岔。道岔是引导单个矿车或列车从一条线路驶向另一条线路的转向装置。

4.3.1.1 道岔的类型

道岔的类型很多，按线路间的相对位置，道岔可分为单开道岔、对称道岔、渡线道岔和菱形道岔等，如图 4-11 所示。在矿井轨道中使用最普遍的是单开道岔。单开道岔是由主道分向副道的道岔部分，分左开道岔和右开道岔两种。矿用道岔有 2、3、4、5、6、7、8、9 号辙岔，钢轨型号有 15、18、22、24、30、38、43kg/m。对称道岔是指将一条线路分为两条中线对称于原线路中线的道岔，又称双开道岔。对称道岔多用于装车站和井底车场。将两条平行线路连接起来的道岔称为渡线道岔。

按操作方法不同，道岔分为手动的和机械操纵的道岔、弹簧道岔和远距离操纵的道岔等。

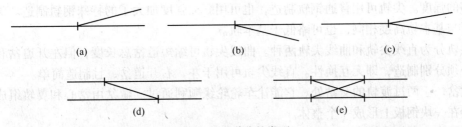

图 4-11 道岔的类型

(a) 右开道岔；(b) 左开道岔；(c) 对称道岔；(d) 渡线道岔；(e) 菱形道岔

道岔标号是用轨距、轨型、道岔型号及道岔曲线半径等表示。例如，624-1/4-12 右（左）道岔，6 表示轨距为 600mm，24 指轨型为 24kg/m，1/4 是道岔型号，12 指道岔曲线半径为12m，右是右开道岔（左是左开道岔）。道岔尺寸见表4-4。

表4-4　道岔尺寸

道岔形式	道岔标号	辙岔角 α	主要尺寸/mm				O点至警冲标距离 c/mm
			a	b	a + b①	S②	
单开道岔	615 - 1/3 - 6 右（左）	18°55′30″	3063	2597	5660		
	615 - 1/4 - 12 右（左）	14°15′	3200	3390	6590		7200
	618 - 1/3 - 6 右（左）	18°55′30″	2302	2655	4957		
	618 - 1/4 - 11.5 右（左）	14°15′	2724	3005	5729		7200
	624 - 1/3 - 6 右（左）	18°55′30″	2293	2657	4950		
	624 - 1/4 - 12 右（左）	14°15′	3352	3298	6650		7200
对称道岔	615 - 1/3 - 12 对称	18°55′30″	1882	2618	4500		5400
	618 - 1/3 - 11.65 对称	18°55′30″	3195	2935	6130		5400
	624 - 1/3 - 12 对称	18°55′30″	1944	2496	4440		5400
渡线道岔	615 - 1/4 - 12 右（左）	14°15′	3200	4725	11125	1200	
	615 - 1/4 - 12 右（左）	14°15′	3200	4922	11322	1250	
	615 - 1/4 - 12 右（左）	14°15′	3200	5483	11883	1400	
	618 - 1/3 - 6 右（左）	18°55′30″	2302	3500	8104	1200	
	618 - 1/4 - 12 右（左）	14°15′	2722	5514	10958	1400	
	624 - 1/4 - 12 右（左）	14°15′	3352	5709	12413	1450	

①对于渡线道岔为 $2a + b$。
②S 值指渡线道岔中两线路的中心距。

4.3.1.2　单开道岔的构造

图4-12为单开道岔（右开道岔）示意图。

尖轨（岔道尖）就是将短钢轨的一端刨削成尖形，使之能与基本轨工作边紧贴。与尖轨尖端相对的另一端称尖轨轨跟。轨跟与过渡轨铰接，利用转辙器来完成尖轨的摆动，并实现车辆的转辙。

尖轨是道岔的重要零件之一，它承受运行车辆通过道岔时的剧烈冲击，因而尖轨应具有足够的强度。尖轨可用普通钢轨制造，也可用断面强度加大了的特殊钢轨制造。尖轨的高度可与基本轨高度相同，也可略低于基本轨。

尖轨分为直线尖轨和曲线尖轨两种。曲线尖轨可缩短道岔总长度，但左开道岔和右开道岔必须分别制造，即无互换性。直线尖轨可用于左、右开道岔，且制造简单。

辙岔位于两过渡轨的交岔处。它能让车轮轮缘顺利通过。辙岔由岔心和翼轨组成，两者焊接在一块钢板上形成一个整体。

为了防止车辆在辙岔上脱轨，在辙岔的两对侧的基本轨旁，设置护轮轨。护轮轨用普通钢轨制造，中间部分成直线，两端弯成一定角度。

转辙器是移动尖轨尖端使之紧靠一根基本轨同时离开另一根基本轨，使车辆实现换向的操纵机构。手动转辙器由水平拉杆、双臂杠杆和带重锤的手柄组成。其结构简单，但需要专人管理。

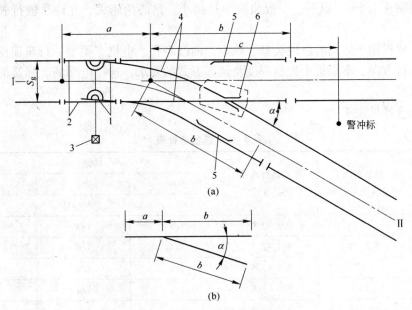

图 4-12　单开道岔示意图

1—尖轨；2—基本轨；3—转辙器；4—过渡轨；5—护轮轨；6—辙岔

图 4-12 中的 α 角是辙岔岔心角。为了便于计算和制造，通常用辙岔型号 M 表示辙岔的技术特征，即：

$$M = 2\tan\frac{\alpha}{2}$$

常用的道岔型号有 1/3、1/4 和 1/5 三种。

警冲标是用来指示车辆停车时相邻两条线路的最小安全距离，是防止停留在该线路上的车辆与邻线路上的车辆发生侧面冲撞的标志。过标以后，相邻两车彼此都在对方的安全限界之外，不会发生剐蹭现象。

4.3.1.3　道岔的选择

道岔是线路连接系统中的基本元件，其作用是使车辆由一条线路驶向另一条线路。选择的道岔种类是否合适，对列车运行速度、行车安全和集中控制程度以及对采区和井底车场运输通过能力有很大的影响。

选择道岔时应考虑以下几个方面：

（1）与基本轨的轨距相适应。如基本轨的轨距是 600mm，就应选用 600mm 轨距的道岔；选用 762mm 及 900mm 轨距时也一样。

（2）与基本轨的轨型相适应。基本轨是哪种型号，道岔也应选用哪种型号。有时也可以采用比基本轨轨型高一级的道岔，但不允许采用低一级的道岔。如基本轨线路轨型为 18kg/m，道岔的轨型也应选用 18kg/m，有时也可以选用 24kg/m 的，但不能选用 15kg/m 的。

（3）与行驶车辆的类别相适应。多数标准道岔都能行驶电机车和矿车，少数标准道岔由于曲线半径过小或岔心角过大，只能允许行驶矿车。

（4）与车辆的行驶速度相适应。有的道岔允许行驶速度可在 1.5 ~ 3.5m/s 之间，而有的道岔则限制在 1.5m/s 以下。一般曲线半径越小，岔心角越大，允许车辆行驶的速度就越小。

此外，要根据所采用的轨道类型、轨距、曲线半径、电机车类型、行车速度、行车密度、车辆运行方向、车场集中控制程度及调车方式的要求，选择电动的、弹簧的或手动的各种型号道岔。

道岔的选择见表 4 - 5。

表 4 - 5   道岔选择表

机车质量 /t	机车车辆 最小转弯半径/m	平均运行速度 /m·s⁻¹	轨距/mm		
			600	762	900
			道岔型号		
<2.5	5	0.6 ~ 2.0	1/3	1/3	
3 ~ 4	5.7 ~ 7	1.2 ~ 2.3	1/4	1/4	
6.5 ~ 8.5	7 ~ 8	2.9 ~ 3.5	1/4	1/4	
10 ~ 12	10	3.0 ~ 3.5	1/4	1/4	1/4
14 ~ 16	10 ~ 15	3.5 ~ 3.9	1/5	1/5	1/5
16 ~ 20	10 ~ 15	3.5 ~ 3.9	1/5	1/5	1/5

在轨道平面图计算中，道岔是用单线表示的，如图 4 - 12（b）所示，它给出了道岔所在地点两条线路中心交点 O 的实际位置、岔心角 α、道岔起点到 O 点的距离 a 和道岔终点到 O 点的距离 b 的尺寸。

如果列车运行方向固定，可以采用弹簧道岔。弹簧道岔是利用弹簧力量使一个尖轨尖端贴一根基本轨，而另一个尖轨尖端离开另一根基本轨。如果在图 4 - 12 中，用压簧代替转辙器，使尖轨常处于图示位置，从 I 线左方来车只能驶向 II 线，从 II 线右方来车只能驶往 I 线左方，但从 I 线右方来车却可用轮缘挤开尖轨驶向 I 线左方。

4.3.2   矿车的自溜运行

矿车沿倾斜轨道向下运行时，其下滑力为：

$$P' = G_c(i - \omega)$$

式中 G_c——矿车重量。

当 $i = \omega, P' = 0$，矿车等速运行；当 $i < \omega, P' < 0$，矿车减速运行；当 $i > \omega, P' > 0$，矿车加速运行。

为保证矿车启动运行，要求启动段的线路坡度 $i \geqslant (2.5 ~ 3)\omega$。

忽略车轮转动惯量的影响时，在下滑力 P' 的作用下，矿车的运行加速度 a 由下式计算：

$$G_c(i - \omega) - \frac{G_c a}{g} = 0$$

即

$$a = g(i - \omega)$$

矿车在长度为 L 的区段上运行时，其初速度 v_c 与末速度 v_m 的关系为：

$$v_m = v_c + at \tag{4-1}$$

矿车在长度为 L 的区段上运行时间为：

$$t = \frac{2L}{v_c + v_m}$$

将 a、t 值代入式（4-1），则得：

$$v_m = \sqrt{v_c^2 + 2gL(i - \omega)}$$

矿车自溜运行速度不得超过规定：在弯道上 1t 矿车运行速度为 2.5m/s，2t 为 2m/s；在直线上运行速度小于 3m/s；接近阻车器时的速度在 0.75～1m/s 之间。

当 $v_c = 0$，则：

$$v_m = \sqrt{2gL(i - \omega)}$$

当 $v_m = 0$，则：

$$v_c = \sqrt{2gL(\omega - i)}$$

若 v_m、v_c、L 和 ω 为已知，则所需线路坡度为：

$$i = \frac{v_m^2 - v_c^2}{2gL} + \omega$$

长度为 L、坡度为 i 的线路高差为：

$$h = iL$$

矿车在自溜运行系统中的高度损失，可采用机车爬坡或爬车机来恢复。

4.4　吉林富家矿深部开拓方案选择实例

富家矿岩体走向南部呈 300° 方向延长，6～8 线变为 330°，最大宽度 19.6m，最小宽度 1m，平均宽度 10.3m，0 线以南平面呈狭长状，8 线到 4 线呈透镜状。岩体深部钻探工程控制长 750m，最大延深 -165m，最大垂深 520m。在平剖面上，在 -20m 施工钻孔，2 线和 0 线岩体没到 -120 就尖灭，且均有膨缩现象，一般中部厚，两端变薄至尖灭。剖面岩体倾向北东，倾角 75°～80°，呈岩墙状产出，其纵投影呈不规则的盆状。

4.4.1　深部延伸方案选择

富家矿一期竖井基建至 -85m 水平，目前，-70m 中段双面马头门、-70m 水平井底车场和石门、主要运输巷道、-20～-70m 天井、溜井等工程已经开拓施工完毕，-70m 以下开拓条件满足现场作业要求。本次深部延伸开拓负责 150m 三个阶段。

继续延伸主井方案因为影响现有井下生产，同时需要凿井设备较多，所以现场已经不具备条件。经方案讨论会研究，-70m 中段以下开拓只能采用盲竖井、盲斜井加斜坡道的开拓方式供方案比较。

4.4.1.1　盲竖井开拓方案

A　罐笼选择

按现有矿床地质开采条件，富家矿 -70m 以下年产量只能在 130000～140000t 之间，盲竖井投产后，出矿量应保证在至少 130000t/a。盲竖井还可服务 4a 左右。

按年产量150000t选取设备，计算过程如下。

年采矿量A：$A = 150000\text{t}$。

年生产天数t_r：3～11月，每月27d，$t_r = 9 \times 27 = 243\text{d}$。

日工作小时数t_s：每天3班，每班6h，$3 \times 6 = 18\text{h}$，因兼有人员提升，取$t_s = 16.5\text{h}$。

小时提升量A_s：$A_s = \dfrac{CA}{t_r t_s} = \dfrac{1.2 \times 150000}{243 \times 16.5} = 44.89\text{t/h}$。

由于矿石要经原竖井转运，故矿车型号仍保持统一，信息如下：

矿车型号	YGC1.2（6）
容积V	1.2m³
最大载重量	3000kg
轨距	600mm
外形尺寸	1900mm×1050mm×1200mm
轴距	600mm
车厢长	1500mm
自重	720kg

有效载重：$Q_效 = 2095\text{kg}$。

一次提升量：$Q = C_m \gamma V + 720 = 0.85 \times 1.79 \times 1.2 + 720 = 2458\text{kg}$。

井下矿车现通常装载量不超过2000kg，一次提升量取2720kg，按此值选取罐笼。单层单绳罐笼信息如下：

外形尺寸	2500mm×1280mm×6200mm
适应矿车类型	YGC1.2×1
最大载重	3500kg
自重	2670kg
钢绳终端重量	6000kg
木罐道	200mm×180mm
木罐道间距	1320mm
乘人数	15人

平衡锤质量：$Q_c = $ 罐笼质量 $+ \dfrac{1}{2}$ 有效装载量 $+$ 矿车质量 $= 2670 + 1000 + 720 = 4390\text{kg}$。

B　钢绳及提升机选择

取安全系数$m = 9$，所需的钢绳破断拉力为：

$$(2670 + 2000 + 720) \times 9 = 5390 \times 9 = 48510\text{kg} = 475.398\text{kN}$$

选取钢绳信息如下：

钢绳型号	6△（21）
直径	28mm
单重	3.044kg/m
抗拉强度	185kg/mm²
破断拉力	557.13kN

安全系数验算：

$$m' = \frac{56850}{5390 + 166.7 \times 3.044} = 9.64$$

符合要求。

天轮直径为钢绳直径的 60 倍，$28 \times 60 = 1680$，取 2000mm。

卷筒直径为钢绳直径的 60 倍，$28 \times 60 = 1680$，取 2000mm。

卷筒宽度：

$$B = \left(\frac{H + L_s}{\pi D_f} + n_m \right)(d_s + \varepsilon) = \left(\frac{150 + 20}{3.14 \times 2} + 3 \right)(28 + 3) = 931\text{mm}$$

取 1000mm。

提升机型号 2JK – 2/20。

钢丝绳最大静张力：

$$F_C = (Q + Q_r + P_s H)g = (2720 + 2670 + 3.044 \times 150) \times 9.8 = 57297\text{N}$$

钢丝绳最大静张力差：

$$F_j = (Q + Q_r + P_s H - Q_C)g = (2720 + 2670 + 3.044 \times 150 - 4390) \times 9.8 = 14275\text{N}$$

C　提升井架布置

（1）井架高度。

$$H_j = h_g + h_{gi} + \frac{D_t}{4} = 6.2 + 10 + \frac{2}{4} = 16.7\text{m}$$

（2）卷筒中心到提升容器中心距离。

$$b_{\min} \geqslant 0.6 H_f + 3.5 + D = 0.6 \times 16.7 + 3.5 + 2 = 15.52\text{ m}$$

取 30m。

（3）钢绳弦长。

$$L = \sqrt{\left(b - \frac{D_t}{2} \right)^2 + (H_j - C)^2} = \sqrt{\left(30 - \frac{2}{2} \right)^2 + (16.7 - 1)^2} = 32.98$$

（4）钢绳偏角。

$$\tan\alpha_1 = \frac{B - \frac{S - e}{2} - n_m(d_s + \varepsilon)}{L} = \frac{1 - \frac{1.13 - 0.13}{2} - 3 \times (0.033 + 0.003)}{32.98} = 0.01189$$

$$\alpha_1 = 0°40'52''$$

符合要求。

$$\tan\alpha_2 = \frac{\frac{S - e}{2} - B + \left(\frac{H + 30}{\pi D_f} + 3 \right)(d_s + \varepsilon)}{L}$$

$$= \frac{\frac{1.13 - 0.13}{2} - 1 + \left(\frac{150 + 30}{2 \times \pi} + 3 \right) \times (0.033 + 0.003)}{32.98} = 0.01938$$

$$\alpha_2 = 1°06'35''$$

符合要求。

（5）钢绳仰角。

$$\varphi_2 = \arctan\frac{H_j - C}{b - R} + \arcsin\frac{D_t}{L} = \arctan\frac{16.7 - 1}{30 - 1} + \arcsin\frac{2}{32.98}$$

$$= 31.9069° = 31°54'24''$$

$$\varphi_2 = \arctan\frac{H_j - C}{b - R} = \frac{16.7 - 1}{30 - 1} = 28.4302° = 28°25'48''$$

选取 2JK – 2/20A 提升机，钢绳速度 5.12/3.81m/s，电动机功率 215/155kW，缠绕第一层提升高度 170m。

D　提升动力计算

（1）电动机最大近似功率（取钢绳速度 $v = 3.81$m/s）。

$$N' = \frac{KF_j v}{1000\eta\alpha}\rho = \frac{1.2 \times 14275 \times 3.81}{1000 \times 0.85 \times 1.2} \times 1.3 = 85\text{kW}$$

（2）提升能力验算。按三阶段速度图计算，加速度取 0.75m/s²。

加速度运行时间　　　　　$t_1 = t_3 = \dfrac{v}{a} = \dfrac{3.81}{0.75} = 5.08\text{s}$

加速度运行距离　　$s_1 = s_3 = \dfrac{at^2}{2} = \dfrac{0.75 \times 5.08^2}{2} = 9.68\text{m}$

均速度运行距离　　$s_2 = s - s_1 - s_3 = 150 - 9.68 - 9.68 = 130.65\text{m}$

均速度运行时间　　　　　$t_2 = \dfrac{s_2}{v} = \dfrac{130.65}{3.81} = 34.29\text{s}$

停歇时间取值 30s。

提升周期　　　　　　$T = (t_1 + t_2 + t_3 + 20) \times 2 = 148.9 \approx 150\text{s}$

每次 2t，每小时提升量 3600/150 × 1.8 = 43.2t，接近 44.89t/h 的设计值。

上述数值是在提升高度 150m 情况计算的结论，在 0m、– 50m 中段的提升能力将超出上述计算值。

综上所述，所选设备是合理的。盲竖井开拓布置如图 4 – 13 所示。

E　竖井主要构件设计

罐笼提升中心（见图 4 – 13）：$X = 48513.698$，$Y = 40403.473$

竖井井筒中心：$X = 48513.415$，$Y = 40403.453$

卷扬提升中心：$X = 48500.344$，$Y = 40376.603$

以上数据采用大地坐标。根据罐笼的规格、风水管路的架设及行人井的设置，选择 ϕ4m 圆竖井（见图 4 – 14）。

（1）主罐道梁的选择。常用型钢材质的抗弯强度为 215×10^6N/m²，按此标准选梁。

罐道梁受紧急制动力 F 及本层的钢板、梯子、副梁重量的作用，最大弯矩在梁的中间，F 作用在两个罐道上，罐道梁长度 $L = 4.5$m，每个罐道梁的弯矩为：

$$M = \frac{2.25^2 F}{4.5} = \frac{1.5 \times (3500 + 2670) \times 9.8 \times 2.25^2}{4.5} = 102036.375\,\text{N} \cdot \text{m}$$

需要的抗弯截面系数：

$$W_x = \frac{M}{\delta} = \frac{102036.375}{215000000} = 0.000475\text{m}^3$$

查表选取 28a 工字钢。

（2）平衡锤罐道梁的选择。最大荷载取平衡锤自重 1.5 倍加副罐道木重量。副罐道梁长 0.7m，最大弯矩为：

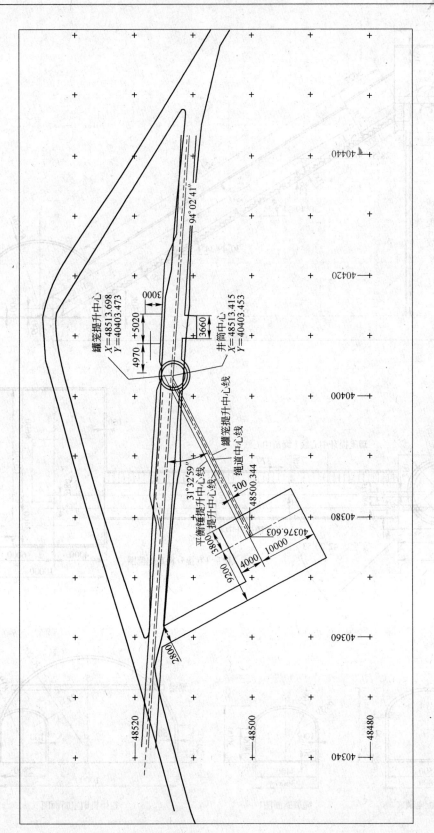

图 4-13　盲竖井位置图

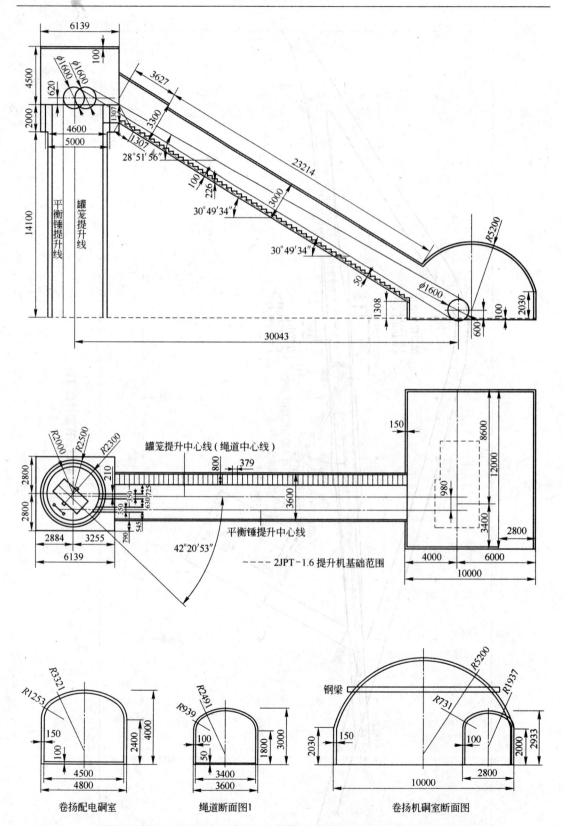

平衡锤提升线

罐笼提升线

R2000　R2500　R2300

罐笼提升中心线（绳道中心线）

平衡锤提升中心线

2JPT-1.6 提升机基础范围

卷扬配电硐室

绳道断面图1

钢梁

卷扬机硐室断面图

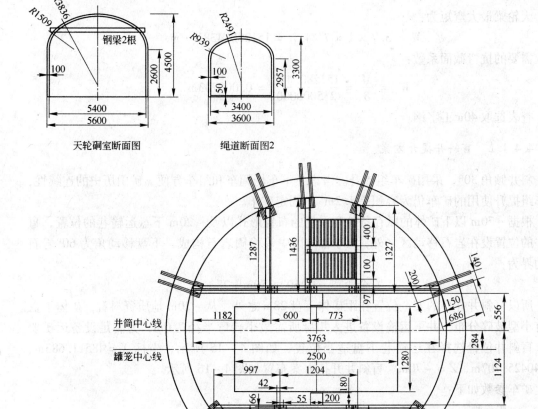

天轮硐室断面图　　　绳道断面图2

图 4-14 盲竖井开拓方案

$$M = \frac{0.35^2 F}{0.7} = \frac{(1.5 \times 4390 \times 9.8 + 0.15 \times 0.12 \times 6 \times 800) \times 0.35^2}{0.7} = 11441.451\text{N} \cdot \text{m}$$

需要的抗弯截面系数：

$$W_x = \frac{M}{\delta} = \frac{11441.451}{215000000} = 0.0000532\ \text{m}^3$$

查表选取 22a 槽钢。

（3）天轮梁的选择。匀速运行时拉力等于重力，向上加速运行时拉力大于重力。天轮梁由于一直承受全部重量，按加速运行时拉力 2 倍选取。

$$T = 2 \times (G + ma) = 2 \times [(3500 + 2670) \times 9.8 + (3500 + 2670) \times 0.75] = 130817\text{N}$$

天轮轴受力为：

$$\sqrt{2T^2 + 2T^2 \cos\alpha} = \sqrt{2 \times 130817^2 + 2 \times 130817^2 \cos28.43} = 223685.720\text{N}$$

天轮梁受力为：

$$T' = T\cos\frac{90 - \alpha}{2} = 223685.720 \times 0.859 = 192167.042N$$

天轮梁最大弯矩为：

$$M = 3.7 \times 1 \times T'/4.7 = 151280.438N \cdot m$$

需要的抗弯截面系数：

$$W_x = \frac{M}{\delta} = \frac{151280.438}{215000000} = 0.000703m^3$$

查表选取 40a 工字钢。

4.4.1.2　盲斜井提升方案

斜井倾角 30°，采用矿车组提升。考虑上下车场调车和组车方便、矿山历史的连续性，矿车组提升使用的矿车仍为容积是 $1.2m^3$ 的固定矿车。

根据 −70m 以下矿体的赋存条件和采场的布置形式以及 −20m 下盘运输巷的位置，盲斜井的位置设在岩石移动区之外，7 号岩体由中等稳固岩石构成，下盘移动角为 60°岩石移动界为：

$$\text{安全距离} = \cot60° \times 50m = 28m$$

所以盲斜井井口的安全位置在距矿体下盘 28m 之外。从 −20m 地质资料看，矿体下盘均有小型破碎分布，井下运输设备进入川脉所需最小转弯半径 7.0m，为满足设备运矿要求，盲斜井位置选择在运输巷下盘适当位置，如图 4 − 15 所示，坐标 $X = 48511.683m$、$Y = 40425.707m$、$Z = −70m$。盲斜井开拓方案布置如图 4 − 16 所示。

矿车参数如下：

矿车型号	YGC1.2（6）
容积 V_r	$1.2m^3$
最大载重量 Q_{max}	$r \cdot V_r = 1.7 \times 1.2 = 2040kg$
轨距	600mm
外形尺寸	$1900mm \times 1050mm \times 1200mm$
轴距	600mm
车厢长	1500mm
矿车质量（自重）Q_k	720kg
有效载重量 Q	$C_m \cdot Q_{max} = 0.8 \times 2040 = 1632kg$

A　斜井提升参数

（1）提升工作时间。年工作时间 $t_r = 300d$。三班制的昼夜提升纯作业时间，主提升取 $t_s = 19.5h$；辅助提升及主辅兼作提升取 $t_s = 16.5h$。

（2）提升不均衡系数 $C = 1.25$。

（3）单钩矿车组提升的摘挂钩时间取 45s。

（4）置换材料车的休止时间 80s。

（5）运送爆破材料的休止时间 120s。

（6）每班升降人员时间 60min。

（7）斜井最大提升速度 $u = 3.5m/s$。

（8）提升加、减速度不大于 $0.5m/s^2$。

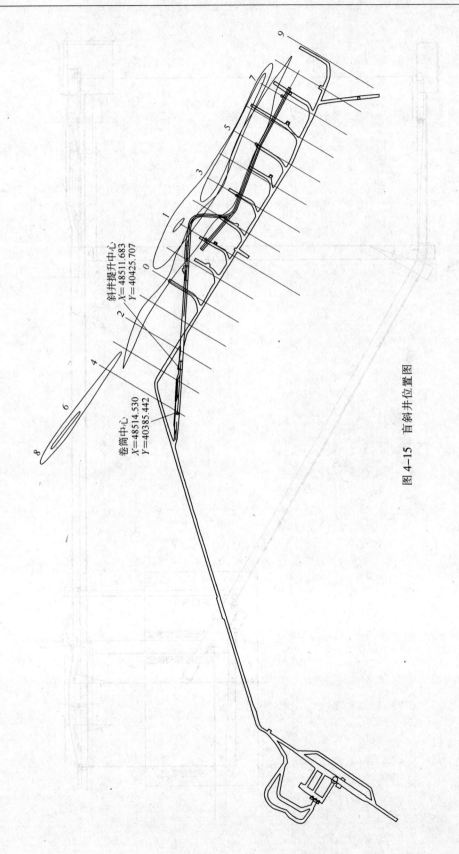

斜井提升中心
X=48511.683
Y=40425.707

卷筒中心
X=48514.530
Y=40385.442

图 4-15　盲斜井位置图

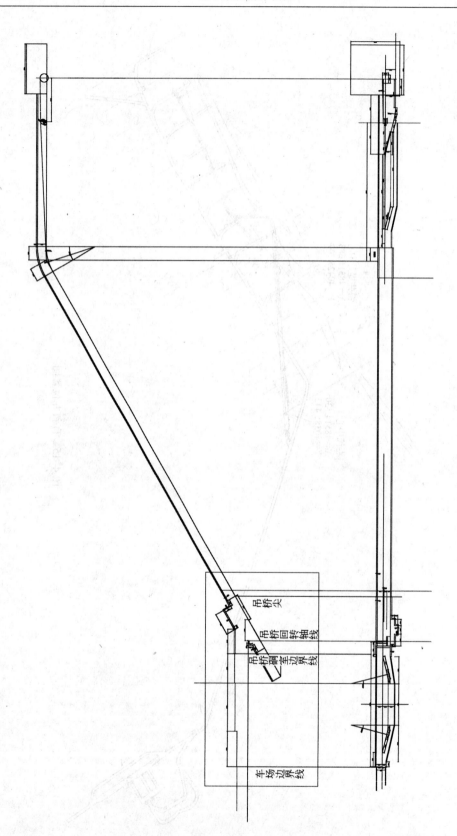

图 4-16　盲斜井开拓方案

（9）过卷距离 $L_g = C_g u t_k = 1.5 \times 3.5 \times 0.5 = 2.625m$。

（10）一次提升循环近似时间 T_j（s）。

$$T_j = 2L_{sb}/u_0 + 2L_x/u_0 + 2L_j/u_p + 2\theta_1$$
$$= 2 \times 15/1.5 + 2 \times 20/1.5 + 2 \times 200/2.6 + 2 \times 45 = 289s$$

式中　L_{sb}——上车场的长度，15m；

　　　u_0——矿车组通过上、下车场时的速度，1.5m/s；

　　　L_x——下车场的长度，20m；

　　　L_j——提升斜井的长度，200m；

　　　u_p——提升速度，$u_p = 0.75u = 0.75 \times 3.5m/s = 2.6m/s$；

　　　θ_1——矿车组摘挂钩时间，45s。

（11）一次提升或下放需要矿车数 n（辆）。

小时提升量　　　　$A_s = \dfrac{CA}{t_s t_r} = \dfrac{1.25 \times 80000}{16.5 \times 300} = 20.2t/h$

$$n = \frac{A_s T_j}{3.6 \times Q} = \frac{20.2 \times 289}{3.6 \times 1632} = 0.99 \text{ 辆}$$

取4辆。

B　斜井提升设备

（1）提升机型号为 JK－2/30A。

（2）卷筒个数为1个。

（3）卷筒直径 2000mm。

（4）卷筒宽度 1500mm。

（5）钢丝绳最大静张力 60kN。

（6）钢丝绳最大静张力差 60kN。

（7）钢丝绳直径 30.0mm。

（8）钢丝绳破断拉力总和不小于 512.89kN。

（9）最大提升长度（一层）290m。

（10）减速比 $I = 30$。

（11）钢丝绳速度斜井最大提升速度 $u = 3.5m/s$。

（12）卷扬机电动机功率 207kW。

（13）电动机转速 980r/min。

（14）电压 380V。

（15）机器重量（不包括电机电控）17000kg。

（16）变位重量（不包括电机电控）113.2kN。

（17）机器外形尺寸（长×宽×高）10.4m×8.7m×2.9m。

（18）JK－2/30A 卷扬机半个卷筒最大件外形尺寸 ϕ2340mm×1900mm，重1308kg。

C　提升钢丝绳

（1）钢丝绳每米质量 P_s。

$$P_s = \frac{n(Q_{max} + Q_K)(\sin\alpha_0 + f_1\cos\alpha_0)}{\dfrac{11\delta}{m} - L'_0(\sin\alpha_0 + f_1\cos\alpha_0)}$$

$$= \frac{4 \times (2040 + 720) \times (0.5 + 0.01 \times \cos 30°)}{\dfrac{11 \times 15 \times 9.8}{7.5} - 229 \times (0.5 + 0.25 \times \cos 30°)} = 109.3 \text{kg/m}$$

式中　δ——钢丝绳抗拉强度，MPa；

　　　m——钢丝绳的安全系数；

　　　L'_0——从下部车场矿车摘挂钩点到上部钢丝绳导向轮间的钢丝绳长度，m；

　　　f_1——提升容器运行阻力系数，$f_1 = 0.01$。

（2）钢丝绳实际安全系数 m' 校核。

$$m' = \frac{Q_p}{n(Q_{max} + Q_K)(\sin\alpha_0 + f_1\cos\alpha_0) + P_s L'_0(\sin\alpha_0 + f_1\cos\alpha_0)g}$$

$$= \frac{52300}{(4 \times 2760 \times 0.509 + 1.09 \times 229 \times 0.717) \times 9.8} = 9.019 > 7.5$$

按最大静张力计算安全系数为9.019，大于专门矿车提升物料系数7.5。

钢丝绳选用：交互捻6×7绳纤维芯、钢丝绳直径30.0mm、钢丝直径3.2mm、钢丝绳总断面积337.61mm、重量3.224kg/m、钢丝绳破断拉力总和不小于512.89kN。

D　斜井提升斜坡游动轮及托辊

（1）游动轮名义直径1200mm。

（2）游动轮外径1340mm。

（3）游动距离1030mm。

（4）钢丝绳直径28mm。

（5）游动轮 $L = 1200$mm，$A = 270$mm，$B = 210$mm，$H = 90$mm，$h = 45$mm。

（6）游动轮质量320kg。

（7）托辊间距10m。

（8）托辊直径130mm，长度200mm，$L = 418$mm，$D = 130$mm，$H = 140$mm，$h = 50$mm，$A = 310$mm，$B = 220$mm，结构特征采用钢结构，轴承结构形式采用滑动，质量14kg。

E　提升机布置

（1）提升机房的位置。钢丝绳在卷筒上只单绳缠绕时，最大偏角不得大于1°30′；提升机与游动轮间弦长为：

$$L_{xi} = \frac{B - Y}{2\tan\alpha} = \frac{1500 - 1030}{2 \times \tan 1°30'} = \frac{470}{2 \times 0.026} = 9038 \text{mm} = 9.038 \text{m}$$

式中　B——卷筒宽度，1.500m；

　　　Y——游动距离，1.030m；

　　　α——单钩提升时，钢丝绳最大偏角1°30′。

设计单钩提升偏角1°17′23″。

（2）游动轮井架位置。井口到井架导轮中心的水平距离 L_p 为：

$$L_p = T + d + a + L_0 + L_{ZK} + L_g + L_w$$

$$= 3.231 + 1.00 + 3.471 + 5.355 + 12.554 + 2.62 + 4.926 = 33.164 \text{m}$$

游动轮井架高度 H_0 为：

$$H_0 = L_p \tan\beta - \frac{1}{2}D_1\cos\beta = 800\text{mm}$$

式中　　T——井口竖曲线切线长，3.231m；

　　　　d——井口竖曲线切线点至道岔的插入段长度，1.00m；

　　　　a——道岔端部至道岔岔心的长度，3.471m；

　　　L_0——轨道警示冲标至道岔岔心的距离，5.355m；

　　L_{ZK}——矿车组摘挂钩的直线长度，12.554m；

　　　L_g——过卷距离，2.62m；

　　　L_w——水平弯道占据的长度，4.926m；

　　　　β——钢丝绳牵引角，2°34′25″。

（3）井口车场形式。根据生产能力、现场地形条件等综合因素，选定平车场。

矿车组首车后轮通过上部竖曲线点时的钢丝绳牵引角为9°。当矿车组摘钩后，通过40‰自溜方式溜至停车线。在摘钩线上设置不可逆阻车器。

下放车组采用电机车推到盲斜井下放车场，下放车场专用阻车器开启后，通过侧部推车机推动，下放到盲斜井。

F　斜井阶段吊桥

斜井阶段吊桥主要由吊桥轨道、吊桥曲轨、吊桥轨枕、铺板、定位卡、连接板以及吊桥启动系统组成。吊桥启动采用电动启动，电动机功率5.5kW。

吊桥主要尺寸如下：

吊桥宽度 $B = 1050 + 2 \times (300 + 200) = 2050\text{mm}$；

吊桥开启高度 $H_0 = 1800\text{mm}$；

吊桥理论长度 $L_0 = 5030\text{mm}$；

吊桥尖轨竖曲线半径 $R = 6000\text{mm}$；

吊桥的实际长度 $L_1 = 7000\text{mm}$；

吊桥轨枕采用 10 ~ 14 号槽钢。

G　斜井井筒布置

斜井断面采用三心拱断面（净）：3200mm×2160mm，如图4－17所示。

道床采用木轨枕碎石道床，在斜井底板上每隔30m设置一个混凝土地梁，将钢轨固定，防止钢轨下滑。斜井内除布置有运输设备外，还设有运输线路、人行道、各种管路和供电线路。人行台阶形式采用预制混凝土块，台阶高173mm、宽300mm、长800mm。行人扶手采用φ50mm钢管。为了使斜井井筒的涌水、矿泥疏导干净，防止积水冲击道床，保持路面清洁，斜井内设置有水沟。同时井筒内每隔20m设置一个横向水沟，水沟外形净尺寸（上宽×下宽×高）350mm×300mm×200mm。

斜井内的管路布置在水沟的上方，架空布置，托管架采用10号槽钢或30号圆钢，用U型卡固定，托管架埋入井壁250mm，托管架间距3.0m。

斜井支护厚度设计为250mm，根据岩石情况可以增减，或采用喷锚支护，支护厚度为100mm。混凝土标号150号。

4.4.1.3　开拓方案比较

盲竖井方案和盲斜井方案工程量见表4－6和表4－7。

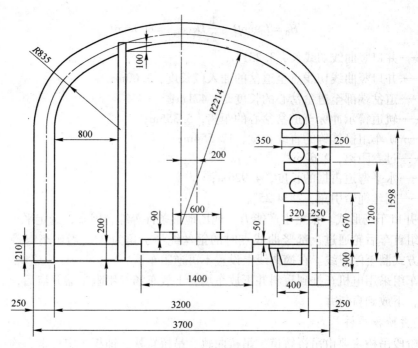

图 4 - 17　斜井断面

表 4 - 6　盲竖井方案工程量

名　称	长度/m	掘断面/m²	净断面/m²	工程量/m³
天轮硐室	6.14	22.95	21.7	140.91
绳道	6.67	11.06	10.18	73.77
井筒	116.1	16.62	12.56	1929.58
小　计				2144.26

表 4 - 7　盲斜井方案工程量

名　称	长度/m	掘断面/m²	净断面/m²	工程量/m³
新掘斜井	200	8.12	6.42	1624.0
吊桥硐室				223.0
石门	130	8.12	6.42	1055.6
小　计				2920.6

其他条件比较见表 4 - 8。

表 4 - 8　其他条件比较

条　件	盲竖井方案	盲斜井方案
井筒装备	复杂	简单
人行状况	罐笼提升	人车提升
基建工程量	小	大
提升方式	罐笼配重锤提升	串车组提升
车场布置	绕道上下车场	吊桥平车场
采场末期适应性	固定性强	随机适应强

盲竖井方案说明：提升机型号为 2JK - 2/20A；卷筒个数为 2 个；卷筒直径 2000mm；卷筒宽度 1000mm；钢丝绳最大静张力 60kN；钢丝绳最大静张力差 40kN；钢丝绳直径

28.0mm；钢丝绳破断拉力总和不小于557.5kN；最大提升长度（一层）166.7m；减速比$I=20$；钢丝绳速度斜井最大提升速度$u=3.81$m/s；卷扬机电动机功率155kW；电动机转速980r/min；电压380V；机器重量（不包括电机电控）21110kg；变位重量（不包括电机电控）8.06kg。

盲斜井方案说明：提升机型号为JK-2/30A；卷筒个数为1个；卷筒直径2000mm；卷筒宽度1500mm；钢丝绳最大静张力60kN；钢丝绳最大静张力差60kN；钢丝绳直径30.0mm；钢丝绳破断拉力总和不小于512.89kN；最大提升长度（一层）290m；减速比$I=30$；钢丝绳速度斜井最大提升速度$u=3.5$m/s；卷扬机电动机功率207kW；电动机转速980r/min；电压380V；机器重量（不包括电机电控）17000kg；变位重量（不包括电机电控）11.55kg；机器外形尺寸（长×宽×高）10.4m×8.7m×2.9m；卷扬机卷筒提升中心坐标$X=48514.530$m；$Y=40385.442$m。

盲竖井方案钢丝绳选用三角股6△（21）股（0+9+12）绳纤维芯，钢丝绳直径28.0mm、钢丝直径1.5mm、钢丝绳总断面积307.47mm²、重量3.044kg/m、钢丝绳破断拉力总和不小于557.5kN。

盲斜井方案钢丝绳选用交互捻6×7绳纤维芯，钢丝绳直径30.0mm、钢丝直径3.2mm、钢丝绳总断面积337.61mm²、重量3.224kg/m、钢丝绳破断拉力总和不小于512.89kN。

通过技术经济比较，盲竖井和盲斜井开拓方案各有优缺点，盲斜井开拓方案工程量稍大，考虑-70m以下矿体赋存情况和矿床埋藏情况变化，优先推荐盲竖井开拓方案。

4.4.2 阶段开拓运输设计

4.4.2.1 运输设备选择

电机车型号ZK3-6/250；黏着质量3t；额定电压250V；轨距600mm；固定轴距816mm；车轮滚动圆直径650mm；传动方式为一级齿轮减速；总减速比6.9231；车钩中心距轨面高度230mm；允许通过最小曲率半径5.7m；机车轮缘牵引力5000N；机车速度8.5~12.75km/h；牵引电动机功率12.2/4.8kW；外形尺寸2700mm×1250mm×1550mm；主要电弓至轨面高度1650~2050mm；制动装置有手制动、电阻制动。

矿车型号YGC1.2（6）；容积1.2m³；最大载重量3t；轨距600mm；外形尺寸（长×宽×高）1900mm×1050mm×1200mm；轴距600mm；车厢长1500mm；自重0.72t。

4.4.2.2 巷道规格确定

A 单轨运输巷道设计

a 单轨巷道宽B_0

$$B_0 = b + b_1 + b_2 = 300 + 1250 + 800 = 2350\text{mm}$$

式中 b——运输设备的宽度，mm；

b_1——运输设备到支护体的安全间隙，mm；

b_2——人行道的宽度，mm。

巷道采用三心拱，查三心拱参数计算表得大半径$R=0.7B_0=1645$mm、小半径$r=0.3B_0=705$mm。选用的矿车型号查表为YGC1.2（6），其轨距为600mm，用轨型为15kg/m

的钢筋混凝土轨枕，长 1200mm、高 100mm。

　　b　净墙高的确定

　　拱形巷道的墙高（h_2）指自巷道渣面至拱基线的垂直距离。为了满足行人安全、运输通畅以及安装和检修设备、管缆的需要，拱形巷道的墙高按架线电机车导电弓子顶端两切线的交点处与巷道拱壁间最小安全间隙要求、管道铺设、人行高度和宽度以及设备上缘距拱壁的安全间隙要求等来确定。这里由于对按管道架设要求计算墙高没有太多要求，故忽略不计，只需算出按架线要求和按人行道要求计算墙高即可，并取其最大值。

　　（1）按架线要求计算净墙高。架线式电机车的导电弓子与巷道壁的距离应满足安全间隙的要求。当导电弓子进入小圆弧断面内，即：

$$\frac{r-a+k}{r-b_1} = \frac{705-925+450}{705-300} = 0.568 > 0.554$$

$$h_2 = H + h_4 - \sqrt{(r-b_1)^2 - (r-a+k)^2}$$
$$= 2000 + 150 - \sqrt{(705-300)^2 - (705-925+450)^2} = 1817\text{mm}$$

　　取整数 $h_2 = 1820\text{mm}$。

式中　　a——非人行道一侧线路中心至墙的距离，$1250/2 + 300 = 925\text{mm}$；

　　　　k——电机车导电弓子之半，一般按 $2k = 800 \sim 900\text{mm}$ 计算；

　　　　H——从轨面算起电机车的架线高度，mm；

　　　　b_1——电机车导电弓子与巷道壁（支护）之间的安全间隙，$b_1 \geq 200\text{mm}$，一般取 $b_1 = 300\text{mm}$；

　　　　h_4——道碴面至轨面的高度，mm。

　　（2）按人行道要求计算墙高。对于非架线式电机车运输、无管道架设的巷道，巷道净墙高度应保证行人避车靠壁站立时，距离巷道壁100mm处的巷道有效净高度不小于1800mm。

$$h_2 = 1800 + h_5 - \sqrt{R^2 - (R-100)^2} = 1800 + 200 - \sqrt{1645^2 - (1645-100)^2} = 1435\text{mm}$$

　　取整数 1440mm。

式中　　h_5——底板到道碴面的垂直距离；

　　　　R——三心拱的大半径。

　　按架线要求和按人行道要求计算取最大值，故取整数 $h_2 = 1820\text{mm}$。

　　单轨巷道断面如图 4 - 18 所示。

　　B　双轨运输巷道

　　a　双轨巷道宽 B_0

$$B_0 = m + 2b + b_1 + b_2 = 800 + 300 + 300 + 1250 + 1250 = 3900\text{mm}$$

式中　　b——运输设备的宽度，mm；

　　　　b_1——运输设备到支护体的安全间隙，mm；

　　　　b_2——人行道的宽度，mm；

　　　　m——设备间的安全间隙，mm。

　　巷道采用三心拱，查表得 $R = 0.7B_0 = 2730\text{mm}$、$r = 0.3B_0 = 1170\text{mm}$、拱高 $f_0 = \dfrac{B_0}{3} = 1287\text{mm}$。选用矿车型号 YGC1.2（6），其轨距为600mm，用轨型为15kg/m 的钢筋混凝土轨枕，长 1200mm、高 100mm。

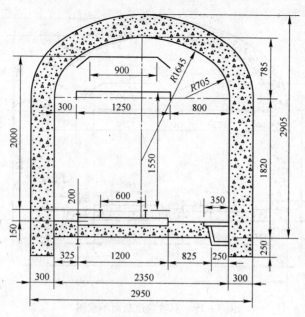

图 4 - 18　单轨巷道断面示意图

b　净墙高的确定

拱形巷道的墙高（h_2）指自巷道碴面至拱基线的垂直距离。其设计要求与前述单轨巷道墙高的要求一致。

（1）按架线要求计算净墙高。架线式电机车的导电弓子与巷道壁的距离应满足安全间隙的要求。当导电弓子进入小圆弧断面内，即：

$$\frac{r-a+k}{r-b_1}=\frac{1170-1550+450}{1170-300}=0.08<0.554$$

$$h_2=H+h_4-f_0+R-\sqrt{(R-b_1)^2-\left(\frac{B_0}{2}-a+k\right)^2}$$

$h_2=2000+150-1287+2730-\sqrt{(2730-300)^2-(1950-1550+450)^2}=1662\text{mm}$

取整数 $h_2=1670\text{mm}$。

（2）按人行道要求计算墙高。对于非架线式电机车运输、无管道架设的巷道，巷道净墙高度应保证行人避车靠壁站立时，距离巷道壁 100mm 处的巷道有效净高度不小于 1800mm。

$$h_2=1800+h_5-\sqrt{R^2-(R-100)^2}$$

$$=1800+200-\sqrt{2730^2-(2730-100)^2}=1268\text{mm}$$

取整数 $h_2=1270\text{mm}$。

按架线要求和按人行道要求计算 h_2 相比较取最大值，故 $h_2=1670\text{mm}$。

双轨巷道断面示意图如图 4 - 19 所示。

4.4.2.3　运输线路设计

（1）最小曲线半径。因电机车运行速度为 8 ~ 12km/h，取 10km/h，即 2.8m/s 大于 1.5m/s，故最小曲线半径应大于 10 倍轴距，即 $10\times600\text{mm}=6\text{m}$。根据碴岔计算转弯半径为 15800mm，符合最小转弯半径大于 10 倍轴距的要求，故 $R=15800\text{mm}$。

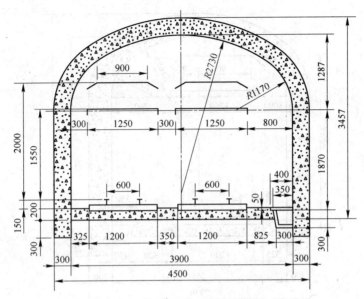

图 4 - 19　双轨巷道断面示意图

（2）外轨抬高 Δh。

$$\Delta h = \frac{100 v^2 S}{R} = \frac{100 \times 2.8^2 \times 600}{15800} = 29.78\text{mm}$$

取整数 30mm。

式中　S——轨距，mm；

　　　R——曲线半径，m；

　　　v——运行速度，m/s。

外轨抬高的方法是不动内轨，加厚外轨下面的道碴层厚度，在整个曲线段，外轨都需要抬高 Δh。

（3）轨距加宽 ΔS。

$$\Delta S = 0.18 \frac{S_z^2}{R} = 0.18 \times \frac{600^2}{15800} = 4.1\text{mm}$$

取整数 4mm。

（4）线路中心线与巷道壁间距的加宽值 Δ_1。

$$\Delta_1 = \frac{L^2 - S_z^2}{8R} = \frac{1550^2 - 600^2}{8 \times 15800} = 16.1\text{mm}$$

取整数 16mm。

4.4.2.4　碴岔尺寸的计算

碴岔尺寸的计算包括平面尺寸和中间断面尺寸的计算，其断面设计原则与平巷相同，区别之处在于碴岔中间断面是变化的。

可按图 4 - 10 来推算碴岔主要尺寸。

（1）确定弯道曲线半径中心 O 的位置。

$$D = (b + d)\cos\alpha - R\sin\alpha = (3390 + 900) \times 0.97 - 15000 \times 0.24 = 561.3\text{mm}$$

$$H = R\cos\alpha + (b + d)\sin\alpha = 15000 \times 0.97 - 4290 \times 0.24 = 15579.6\text{mm}$$

$D = 561.3$ 为正值，因此 O 点在道岔中心右侧。

（2）求碹岔角 θ。

$$\theta = \arccos\frac{H - b_2 - 500}{R + b_3} = \arccos\frac{15800 - 1425 - 500}{15000 + 1425} = \arccos 0.83 = 34°$$

（3）从碹垛面到岔心的距离 l_1。

$$l_1 = (R + b_3)\sin\theta \pm D = (15000 + 1425) \times 0.52 + 561.3 = 9102.3\text{mm}$$

（4）求碹岔最大断面处宽度。

$$\overline{TN} = B_2 + 500 + B_3\cos\theta = 3900 + 500 + 2350 \times 0.84 = 6374\text{mm}$$

$$\overline{NM} = B_3\sin\theta = 2350 \times 0.52 = 1222\text{mm}$$

$$\overline{TM} = \sqrt{\overline{TN}^2 + \overline{NM}^2} = \sqrt{6374^2 + 1222^2} = 6490\text{mm}$$

（5）从碹垛面至基本轨起点的跨度 L_1。

$$L_1 = l_1 + a = 9102.3 + 3200 = 12302.3\text{mm}$$

（6）求碹岔断面变化部分长度 L_0。

选定斜率 $i = 0.3$，可求得 L_0 为：

$$L_0 = (\overline{TN} - B_1)/i = (6374 - 3900)/0.3 = 8246.7\text{mm}$$

（7）碹岔扩大断面起点 Q 至基本轨起点的距离 r。

$$r = L_1 - \overline{NM} - L_0 = 12302.3 - 1222 - 8246.7 = 2833.6\text{mm}$$

所得碹岔示意图如图 4 - 20 所示。

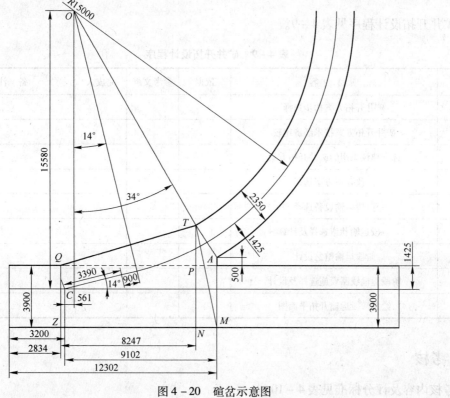

图 4 - 20　碹岔示意图

4.4.2.5　阶段开拓运输布置

富家矿深部开拓阶段（中段）运输采用型号为 ZK3 – 6/250 电机车牵引型号为 YGC1.2（6）矿车，轴距 600mm，转弯半径 15m，采用 4 号单开道岔。阶段开拓采用沿脉加穿脉布置，穿脉间距 50m，沿脉采用双轨布置，穿脉采用单轨布置，如图 4 – 21 所示，图中 $T = R\tan\dfrac{\alpha}{2}$，$K = \dfrac{\pi R\alpha}{180°} = 0.01745R\alpha$。

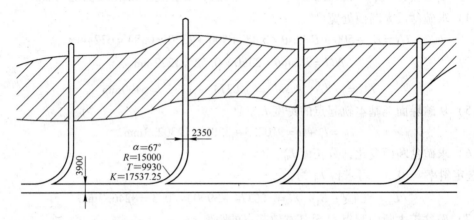

图 4 – 21　阶段开拓运输布置

4.5　矿井开拓设计程序

矿井开拓设计程序见表 4 – 9。

表 4 – 9　矿井开拓设计程序

序号	项目内容	依据	参考文献	完成人	备注
1	矿井开拓方案初步选择				
2	矿井开拓方案技术经济比较				
3	选定建议采用的矿井开拓方案				
4	阶段开拓方案选择				
5	阶段运输设备选择				
6	阶段运输巷道选择及计算				
7	阶段运输碹岔设计				
8	阶段运输线路设施选择及设计				
9	绘制阶段运输开拓平面图				

4.6　考核

考核内容及评分标准见表 4 – 10。

表 4 - 10　矿井开拓设计考核表

学习领域	地下采矿设计			
学习情境	矿井开拓设计		学时	12 ~ 18
评价类别	子评价项	自评	互评	师评
专业能力	资料查阅能力（15%）			
	图表绘制能力（10%）			
	语言表达能力（15%）			
	技术经济指标选择合理程度（10%）			
	开拓方案选择准确程度（10%）			
	中段开拓运输设备选择（10%）			
	运输线路计算准确程度（10%）			
社会能力	团结协作（5%）			
	敬业精神（5%）			
方法能力	计划能力（5%）			
	决策能力（5%）			
合　计				
评价信息栏	班级	组别	姓名	学号
	自我评价：			
	教师评语： 教师签字：　　　　日期：			

项目 5　竖井井底车场设计

5.1　任务书

本项目的任务信息见表 5 – 1。

表 5 – 1　竖井井底车场设计任务书

学习领域	地下采矿设计						
项目 5	竖井井底车场设计	学时	12	完成时间	月　　日至　　月　　日		
布　置　任　务							
学习目标	(1) 熟悉常用井底车场的类型； (2) 能根据围岩及生产要求选择井底车场的类型； (3) 学会井底车场各种线路的长度计算； (4) 能进行马头门施工设计； (5) 能选择矿车的推进设备； (6) 能选择井底车场的安全设施； (7) 能根据用途选择硐室的类型及规格； (8) 能计算井底车场各种线路长度； (9) 熟悉井底车场长度闭合计算方法； (10) 熟悉井底车场高程闭合计算方法； (11) 能完成井底车场长度闭合计算； (12) 能完成井底车场高程闭合计算						
任务条件	教师根据实际情况给定提升井的类型、提升设备、提升生产能力、主副井布置方式、井底车场布置处岩石稳固程度、井底车场各种硐室的功能及设计需要的参数						
任务描述	(1) 根据提升方式、车场用途、运输方式及设备、围岩稳固程度选择井底车场类型； (2) 绘制井底车场简图（标明：空车线、重车线、储车线、调车场、材料线、硐室）； (3) 计算空车线、重车线、储车线、调车场、材料线长度； (4) 设计马头门规格； (5) 选择矿车推进方式、推进设备或矿车卸车方式及设备； (6) 选择井底车场其他设备设施（摇台、门、阻车器、挡车器等）； (7) 设计硐室规格； (8) 进行长度闭合计算； (9) 进行高程闭合计算； (10) 绘制平面图						
参考资料	(1)《金属矿地下开采》（第 2 版），陈国山主编，冶金工业出版社； (2)《采矿设计手册》（地下开采卷、井巷工程卷、矿山机械卷），建筑工业出版社； (3)《采矿设计手册》（五、六册），冶金工业出版社； (4)《采矿学》（第 2 版），王青主编，冶金工业出版社； (5)《采矿技术》，陈国山主编，冶金工业出版社； (6)《井巷工程》，赵兴东主编，冶金工业出版社						

学习领域	地下采矿设计				
项目 5	竖井井底车场设计	学时	12	完成时间	月　日至　月　日
布 置 任 务					
任务要求	（1）发挥团队协作精神，以小组形式完成任务； （2）以对成果的贡献程度核定个人成绩； （3）展示成果要做成电子版； （4）按时按要求完成设计任务书； （5）学生应该遵守课堂纪律不迟到、不早退				

5.2　支撑知识

5.2.1　井底车场的基本概念

井底车场是井筒附近各种巷道、硐室的综合体，如图 5 – 1 所示，由若干连接和环绕井筒的巷道及辅助硐室组成，是地下运输的枢纽站。它的作用就是将井筒与主要运输巷道连接起来，把由运输巷道运来的矿石和废石经此进入主（副）井提至地表，并将地表送下来的材料和设备经由此处进入运输巷道，送至各工作地点。它承担井下矿车卸货、调车、编组等任务。

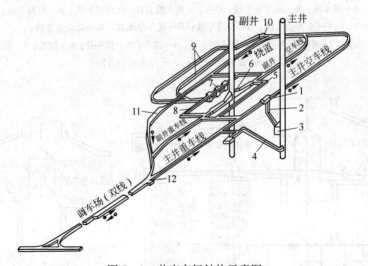

图 5 – 1　井底车场结构示意图

1—翻笼硐室；2—矿石溜井；3—箕斗装载硐室；4—回收撒落碎矿的小斜井；5—候罐笼；6—马头门；
7—水泵房；8—变电站；9—水仓；10—清淤绞车硐室；11—机车修理硐室；12—调度室
➡ 重车运行方向；➡ 空车运行方向

组成井底场的路线和硐室如图 5 – 2 所示。主、副井均设在井田中央，主井为箕斗井，副井为罐笼井，两者共同构成一双环形的井底车场。

（1）储车路线：在其中储放空、重车辆，包括主井的重车线与空车线、副井的重车线与空车线以及停放材料车的材料支线。

（2）行车路线：即调度空、重车辆的行车路线，如连接主、副井的空、重车线的绕道，调车支线。行车线还包括供矿车出进罐笼的马头门的线路（见图5-3），以及一些辅助线路，如通达各硐室的线路以及硐室内的线路等。

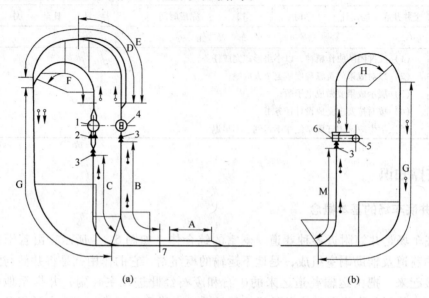

图5-2　斜井井底车场

（a）罐笼井井底车场；（b）箕斗井井底车场

A—调车线；B—副井重车线；C—主井重车线；D—副井空车线；E—材料车线；

F—主井空车线；G—绕道车线；H—箕斗空车线；M—箕斗重车线；

1—主井；2—单车阻车器；3—复式阻车器；4—副井；5—箕斗井；6—翻笼；7—警冲标

➤ 重车运行方向；⟶ 空车运行方向

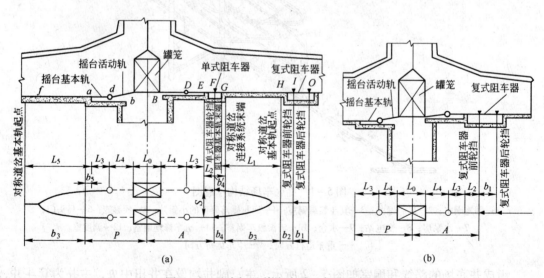

图5-3　马头门及其线路平面布置示意图

（a）双罐时的线路布置；（b）单罐时的线路布置

（3）井底车场的硐室：与主井有关的硐室有翻笼硐室、箕斗装载硐室、清理撒矿硐室和斜巷等。与副井系统有关的硐室有马头门、水泵房、变电室、水仓及候罐室等。另外还有调度室、电机车库及机车修理硐室等。

5.2.2　井底车场的形式、选择及其影响因素

5.2.2.1　井底车场形式及其选择

A　竖井车场的基本形式

按矿车运行系统，井底车场可分为尽头式井底车场、折返式井底车场和环形井底车场三种，如图 5-4 所示。根据主、副井储车巷道垂直、平行或斜交主要运输巷道（或主要运输石门），环形式车场又可分为"立式"，"卧式"及"斜式"三种类型。刀把式车场是立式车场的一种特殊形式。井底车场还可按使用的提升设备分为罐笼井底车场、箕斗井底车场和罐笼-箕斗混合井井底车场三种。

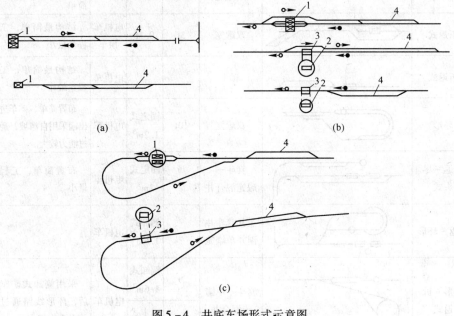

图 5-4　井底车场形式示意图
(a) 尽头式；(b) 折返式；(c) 环形
1—罐笼；2—箕斗；3—翻车机；4—调车线

（1）尽头式井底车场。尽头式井底车场用于罐笼提升，其特点是井筒单侧进、出车，空、重车的储车线和调车厂均设在井筒的一侧，从罐笼拉出来空车后，再推进重车。其通过能力小，故尽头试车场适用于小型矿井或副井。

（2）折返式井底车场。它是在井筒或卸车设备（如翻车机）的两侧均敷设线路。一侧进重车，另一侧出空车，空车经过另外敷设的平行线路或从原线路变头（改变矿车首尾方向）返回。当岩石稳固时，可在同一条巷道中敷设平行的折返线路，否则，需另行开设平行巷道。

（3）环形井底车场。它也是由一侧进重车，另一侧出空车，但由井筒或卸车设备出来的空车是经由出车线和绕道不变头（矿车车尾方向不变）返回。

生产能力大的选择通过能力大的形式。生产量为 30 万吨以上的可采用环形或折返式

车场；年产量为 10 万 ~ 30 万吨的可采用折返式车场；年产量为 10 万吨以下的可采用尽头式车场。

在选择井底车场形式时，在满足生产能力要求的条件下，应尽量使结构简单，节省工作量，管理方便，生产操作安全可靠，并且易于施工与维护。车厂通过能力要大于设计生产能力的 30% ~ 50%。

竖井的井底车场实例见表 5 - 2。

表 5 - 2　竖井井底车场实例

序号	井底车场形式	井底车场简图	提升方式	运输设备		调车方式	优缺点	使用矿山
				电机车	矿车			
1	尽头式		副井、单罐笼				提升量小时使用，工程量最小结构最简单	河北铜矿
2	折返式		双罐笼	3t	0.7t	电机车顶车	结构最简单，工程量最小	
3	折返式		箕斗			电机车	结构最简单，工程量最小	铜山铜矿
4	环形		双罐笼	10t	固定式 1.2m³	电机车	布置简单，矿车进出罐采用自溜坡，通过能力较大	黄沙坪铅锌矿
5	折返 - 尽头式		箕斗—罐笼混合井		固定式 2m³	电机车	布置简单，工程量小	河北铜矿
6	折返 - 环形		主井箕斗井副井单罐笼		侧卸式 1.6m³	电机车	布置简单，工程量小	凡口铅锌矿
7	环形 - 折返式		箕斗—单罐笼混合井	7t	侧卸式 1.6m³	电机车	采用侧卸式矿车后，环形线路通过能力大大提高	红透山铜矿
				10t	固定式 0.7m³			
8	双环形		箕斗—单罐笼混合井	10t	固定式 2m³	电机车	通过能力大，工程量大	杨家杖子矿
9	三个环形		主井箕斗—双罐笼，副井双罐笼	10t	固定式 2m³	电机车	工程量大，结构复杂，通过能力大	弓长岭铁矿

B　井底车场形式选择

井底车场形式选择应力求做到：

（1）线路结构简单，巷道平直，弯道曲率半径大，调车方便安全，调车时间短。

（2）当用罐笼作主、副提升时，一般多采用环形车场。如围岩不稳固运输量较小，能直接在靠近竖井外侧铺设绕道时，可以考虑采用折返式车场。

（3）当采用箕斗提升矿石，用侧卸式矿车运输，运量较小时，常用折返式车场；当运输量较大，为减少摘挂时间，可采用环形车场。当采用双卸式矿车双机牵引，而运量不大时，则多采用折返式车场。用固定式矿车运输并利用机车调头推、顶车组卸载时，可采用尽头式车场。

（4）辅助提升的罐笼井专用车场，如废石量不大，按提升休止时间考虑能满足提升要求时，可采用尽头式单位车场。

（5）罐笼–箕斗混合提升井的井底车场，如井旁卸载线采用环形，在开凿工程增加不大时，可以考虑将罐笼的出车线与上述线路连成环形运输系统。

（6）对于斜井提升，环形车场一般适用于箕斗或胶带提升的大、中型斜井中。金属矿山，特别是中、小型矿山的斜井多用串车提升，串车提升的车场均采用折返式车场。

5.2.2.2 影响确定井底车场形式的主要因素

（1）矿井开拓方式对选择井底车场形式影响甚大。例如，井筒距运输大巷较近时可采用卧式车场；距离较远时可选用立式环形、刀把式或尽头式车场；地面出车方向受限制时可采用斜式车场；斜井环形车场一般适用于多水平的串车斜井开拓。

（2）矿井生产能力的大小直接影响提升井筒的数目、提升容器类型以及井底车场的调车方式等。

设计能力很小的矿井，一般只有一个提升井筒，并用罐笼作主、副提升，井底车场的调车可以用自溜或其他调车设备，因此可采用尽头式或刀把式车场。大型矿井往往采用箕斗提升矿石，当用侧卸式矿车运输时，常采用折返式车场；当用双机牵引底卸式矿车运输时，也可采用折返式运输系统。大型矿井辅助提升用的罐笼井底车场，废石量不大时，可采用尽头式单面车场；运输量大时，可采用环形车场。

（3）主要运输平巷和井底车场的运输方式和调车方式。

（4）运输设备的类型和井口机械化、自动化程度。

（5）主要硐室的位置，防水门、自动风门的布置要求。

（6）井底车场所处位置的地质、水文地质及矿井涌水情况。

（7）矿井地面生产系统的布置方式。

（8）矿体赋存位置、通风系统及排水系统。

（9）巷道围岩的稳固性。

总之，影响井底车场形式的因素很多，选用时必须全面考虑，必要时应进行方案比较。

5.2.3 竖井井底车场设计

5.2.3.1 竖井车场设计的一般要求

（1）设计的井底车场要留有一定的富余通过能力，一般情况下应大于矿井或阶段生产能力的20%～30%，对于具有发展远景矿山的矿井或阶段，应根据具体情况适当放大，以满足扩大生产的要求。

（2）车场的路线应包括存车线、行车线和通往坑内各主要硐室的辅助线路。副井车场当采用人车向采区运送人员时，应设置人车专用停车线；同时在长度上还应考虑防水门和风门布置的要求。

（3）主井提升的罐笼前（或卸载站前）重车存车线，其长度一般不小于2.0列车长；罐后（或卸载站后）的空车存车线可取1.5倍列车长。副井提升的空、重车线，可分别取1.0和1.5列车长。对中、小型矿井，材料库存车线长度一般应可容纳5~10辆材料车；对于大型矿井，应按实际需要考虑。

（4）当采用罐笼提升时，重车应走直线。

（5）车场内的调车方式，应优先采用拉车，尽量少用顶车，以避免过弯道时发生矿车掉道事故，同时可缩短运行时间。

（6）采用平硐竖井联合开拓时，平硐车场要考虑提升容器进出、吊装和检修的可能性。

（7）当罐笼井的空车线是采用自溜滑行时，线路的坡度既要使空车出马头门时获得的动能足以克服的阻力，直接滑行到存车线，又要保证矿车滑行到存车线路终点时的速度趋于零，到达阻车器时的速度在0.75~1.00m/s范围内。

（8）设计井底车场纵断面坡度时，需注意排水沟的流向及低洼处排除积水的可能性。

（9）调车线长度通常为1列车长。

5.2.3.2　竖井井底车场设计

A　储车线长度的确定

（1）箕斗井重车储车线长度。

$$L = mnl_1 + Nl_2 + l_3$$

式中　L——重车储车线长度，一般$L = 1.5 ~ 2.0$倍的列车长（包括车头在内），m；

　　m——列车数；

　　n——每列列车的矿车数；

　　l_1——矿车长度，m；

　　N——牵引电机车台数；

　　l_2——电机车长度，m；

　　l_3——制动距离，m，一般取5~8m。

（2）箕斗井空车储车线长度。一般取空车储车线为1.5~2.0倍的列车长（包括车头在内）。

（3）采用曲轨卸载或矿车不摘钩的翻笼卸载时，箕斗井的空、重储车线，按1.1~1.2倍的列车长计算。

（4）当采用罐笼兼作主、副提升时，罐笼前储车线一般不应小于1.5~2.0列车长，罐笼后不小于1.5倍列车。但矿井规模为年产矿石30万吨以下时，储车线可以按1.0~1.5倍列车长设计。

（5）副井井底车场除考虑废石所需线路（1.0~1.5倍列车长）外，还应考虑材料、设备等临时占用的线路，其长度为15~30m（5~10辆材料车）。用人车运送人员时，应设专用线（15~20m）。

（6）副井提升车场的线路，还需满足主要硐室（如变电硐室、调度候车室等）、防水门以及风门布置的要求。

　　B　井底车场线路坡度的确定

（1）箕斗井重车线及空车线坡度。

1）箕斗井提升时，重列车一般不摘钩通过翻车机（或卸载点），此时重车线取平坡。

2）矿车摘钩，用推车器进翻笼时，推车器至翻笼区段可以取 2‰~3‰坡度。

3）在翻车器口约一个矿车长度，取约 2‰左右的上坡，其余部分取 3‰~5‰的坡度（机车顶列车进翻笼时）。

4）箕斗井提升，空车线坡度：

①列车不摘钩通过翻车器（或卸载点）时，出翻笼后的坡度可以与重车储车线取相同的坡度。在翻车机硐室内，轨道时按水平铺设的。

②矿车摘钩翻转时，空车除翻笼后 10~15m 一段，取 15‰~20‰坡度（矿车容积 1.2~2.0m^3）。空车线其他部分坡度，应保证矿车自溜，一般可取 6‰~8‰。空车线末端应有一段平坡，以利于阻车。

③两翼来车时，重车线和空车线均取平坡。

（2）罐笼井空、重车坡度。

1）重车线坡度。采用电机车调车时，取 2‰~4‰的坡度；采用自溜车场时，启动坡度 $i \geqslant (2.5~3)W_J$（重车运行时的静阻力系数），其余坡度取 $i \geqslant (1.8~2.5)W_J$。

2）空车线坡度。矿车自溜时，一般取 13‰~18‰的坡度（0.75m^3 的矿车），此时空车线其他部分坡度可以取 6‰~8‰，弯道处坡度应加大 1‰~2‰。空车线后端最好取一段平坡，既可以作调整坡度用，又对电机车启动有利。

（3）绕道（回车线）坡度。

1）金属矿山采用 0.75m^3 矿车和 7t 电机车时，空车爬坡应控制在 10‰~13‰以内，否则应增加绕道的长度。

2）10t 电机车牵引空列车时，绕道坡度可以略加大，但应控制在 15‰左右。

3）拉或顶重车爬上坡时，坡度一般不要超过 6‰~7‰，回车线一般控制在 7‰~9‰之间。

（4）调车线坡度。调车线一般取 3‰的流水坡度。

　　C　井底车场纵断面闭合计算

当井底车场内各线路坡度确定后，应进行线路坡度闭合计算，否则应对线路坡度进行调整，或采取高度补偿器等方法来消除高差，使之达到整个线路纵断面各点闭合。

　　D　井底车场平面闭合计算

（1）平面闭合计算的原始条件。

1）井筒中心的坐标。

2）提升方式及提升容器在井筒中的位置。

3）储车线的方位。

4）车场与运输巷道之间的关系。

5）机车、矿车等车辆吨位、外形尺寸及列车的长度。

6）矿井日产量和小时产量。

（2）基本参数的确定和选取。

1）钢轨种类、道岔型号、弯道半径的确定。

2）主副井各段储车线长度的确定。

3）车场形式的确定。

4）井口机械布置方式的确定。

（3）平面闭合计算步骤及方法。

1）计算井筒的相互位置及主副井储车线之间的垂直距离；

2）利用投影法计算各段尺寸（即平面几何尺寸），最终进行平面尺寸闭合。

5.3　知识扩展

5.3.1　井底车场电机车调度图表的编制

在计算井底车场通过能力之前，应根据车场线路平面图编制出电机车在车场内的运行图表，以确定列车平均间隔时间，然后计算车场通过能力。

5.3.1.1　调车时间表的编制

（1）编制调车时间表的准备工作。

1）为了计算电机车在井底车场内的运行时间，需要先用 1∶1000 比例绘制一张井底车场轨道线路平面图（即井底车场电机车调度系统图），在图上应标出各主要线路的长度、道岔的位置与编号及其形式（转辙道岔用符号"φ"表示）。

2）按照下述原则把整个井底车场划分为若干"路段"：

①凡一台电机车未驶出之前，其他电机车不得驶入的"尽头"线路应划为一个路段。

②若某一线路能同时容纳数台互不妨碍的电机车（或列车），则线路就应划为数个路段。

（2）调度作业表的编制。电机车在各个路段内调度所需的时间应根据现行设计技术方面关于调车速度的规定进行计算。

根据电机车进行调度作业的顺序和各个路段所需的时间，即可计算出电机车从进入井底车场起至驶出车场为止的全部调车时间。

5.3.1.2　运行图表的编制

已知电机车在井底车场内各阶段的运行时间以后，即可用透明坐标纸编制单个电机车的运行图表。运行图表的水平坐标表示时间，垂直坐标分为与井底车场路段数目相等的格子。格内的水平线表示电机车在该路段内停留的时间。其运行图表格式如图 5-5 和图 5-6 所示。

5.3.1.3　调度图表的编制

把所有电机车的运行图表重叠起来，对准相同路段左右移动，使同一路段内各个水平线，在任何情况下都彼此不重合，即是在任何时候都不能有两台及以上的电机车同时在一

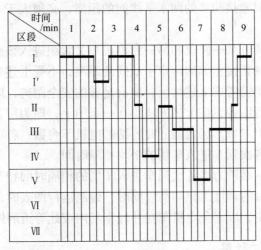

图 5-5　运行图表 1

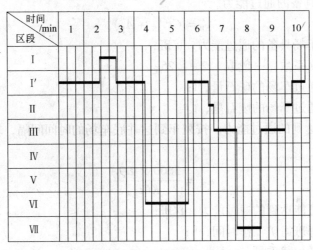

图 5-6　运行图表 2

条路上运行。同一路段上，紧接相邻的两水平线是表示某一台电机车刚离开路段时，另一台电机车又紧跟即时进入该路段。若前一台离开该路段和后一台进入该路段都在路段的一端，则两水平线间必须留有一定的距离，此距离大小需分别按下属不同情况确定：

（1）当一台单独运行或推列车运行的电机车刚离开某一路段时，另一台单独运行或拉列车运行的电机车又即时进入该路段。此时紧接相邻的两水平线间的距离，应小于 20s。

（2）当一台单独运行或推列车运行的电机车刚离开某一路段时，另一台推列车运行的电机车又紧跟及时进入该路段。此时紧接相邻的两水平线间的距离，必须大于一列车的长度与电机车运行速度的比值。

（3）当一台拉列车运行的电机车刚离开某一路段时，另一台单独运行或拉列车运行的电机车又紧跟及时进入该路段。此时紧接相邻的两水平线间的距离，必须大于一列车的长度与电机车运行速度的比值。

（4）当一台拉列车运行的电机车刚离开某一路段时，另一台推列车运行的电机车又紧跟即时进入该路段。此时紧接相邻的两水平线间的距离，必须大于一列车的长度与电机车运行速度的比值的 2 倍。

若前一台电机车刚离开某一路段和另一台电机车又紧跟进入该路段，且是分别各在该路段的一端和另一端，则紧接相邻的两水平线间的距离，不受上述条件的限制。但若路段短于一列车的长度时，仍需考虑上述情况，留有足够的安全距离，以免发生碰车。

把所有电机车的运行图表，按上述方法绘在一张图上，即为所要求的井底车场电机车调度图表。由表中可看出井底车场内能同时容纳的电机车台数；各次列车进入车场的相隔时间，从而可最后求出各次列车进入车场的平均相隔时间。

在编制调度图表时，必须力求各次列车进入车场的相隔时间相等。这样可以使提升和装载工作以及电机车本身的调度工作均衡。同时，编制运行图表时，也应力求电机车在井底车场内消耗的时间最少，以避免电机车在井底车场内彼此等道的停顿现象。

5.3.2　井底车场通过能力计算

（1）要求车场具备的通过能力。

$$A'_B = C(A_K + A_F)$$

式中　A'_B——要求车场具备的通过能力，t/班；

　　C——不均衡系数，一般取 1.2 ~ 1.25；

　　A_K——每班通过车场的矿石量，t；

　　A_F——每班通过车场的废石量，t。

（2）车场可能达到的通过能力。按列车到达井底车场的时间间隔，求车场可能达到的通过能力。

$$A_B = \frac{3600 \times TQ_L}{KCt_p} \tag{5-1}$$

式中　A_B——车场可能达到的通过能力，t/班；

　　T——车场每班运矿工作时间，h；

　　Q_L——列车平均载重量，t；

　　K——车场储备系数，取 $K = 1.2 ~ 1.3$；

　　t_p——各次列车进入车场的平均间隔时间，s。

$$t_p = \frac{t_{1-2} + t_{3-4} + \cdots + t_{(n-1)-n}}{n}$$

式中　t_{1-2}——1 号与 2 号列车进入车场的间隔时间，s；

　　t_{3-4}——3 号与 4 号列车进入车场的间隔时间，s；

　　n——每班进入车场的列车数，列。

为了保证井底车场有足够的能力，应满足：

$$A_B > A'_B$$

一般情况下，设计的车场通过能力应大于矿井或阶段生产能力的 20% ~ 30%。

（3）井底车场通过能力计算图。根据式（5-1），绘制出图 5-7 所示的井底车场通过能力计算图。图中半径表示列车进入井底车场的平均间隔时间 t_p；各同心圆线表示每一列车平均载重 Q_L，各半径线与同心圆线交点的数值表示井底车场最大可能的通过能力。

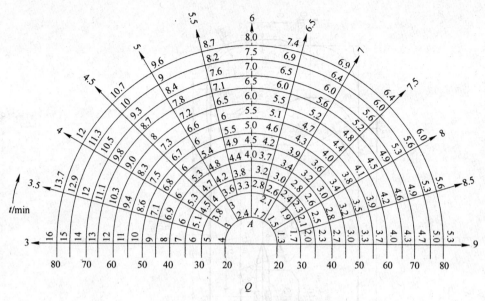

图 5 – 7　井底车场通过能力计算图

Q—列车有效载重量，t/列；A—百吨/h；$t = t_p$

5.4　竖井井底车场设计实例

（1）原始条件。

1）井筒坐标。

主井：$X_1 = 279.795$，$Y_1 = 740.524$；

副井：$X_2 = 282.943$，$Y_2 = 770.358$。

2）提升方式。主井提升用 5 号双罐笼；副井用 5 号单罐笼。

3）提升方位角。储车线与坐标线的夹角即提升方位角 α，α = N45°10′E。

4）井底车场形式，为竖井井底车场，如图 5 – 8 所示。

5）运输设备。10t 电机车牵引 $2m^3$ 固定式矿车和 $0.5m^3$ 翻斗车。列车总长度均为 43.8m。$2m^3$ 矿车轴距 $S_{Bmax} = 1100mm$。

6）矿石产量。阶段日产量 2000t/d；小时产量 72t/h。

7）运行车辆最大宽度 $B = 1200mm$。

（2）基本参数的确定。

1）采用 18kg/m 钢轨。

2）采用 618 – 1/4 – 11 单侧道岔、618 – 1/4 – 11.5 渡线道岔、618 – 1/3 – 11.65 自动分配对称道岔，其参数如图 5 – 9 所示。

3）弯道半径 $R = 15m$；缓和直线段 $d = 2m$。

弯道双轨线路中心距加宽值 Δ：

$$\Delta = \frac{S_{Bmax}^2}{8R} = \frac{1.1^2}{8 \times 15} = 134mm$$

取 $\Delta = 200mm$。

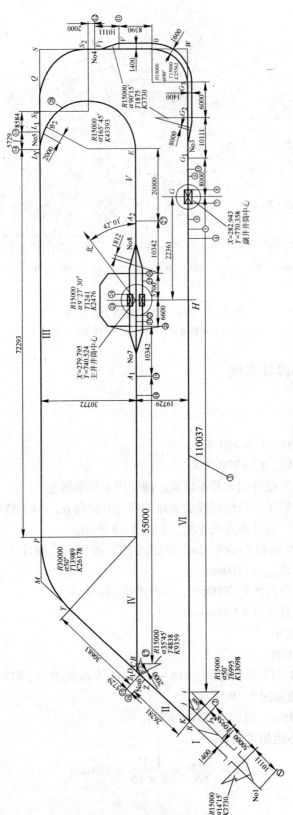

图5-8 井底车场线路平面布置实例

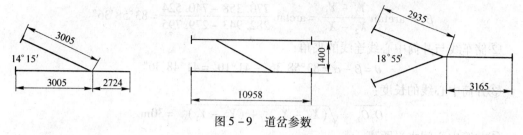

图 5 - 9　道岔参数

4）储车线长度。

主井重、空车线长度　$L_z = 1.5 \times 43.8 = 65.7\text{m}$

副井重车线长度　$L_{f_1} = 1.2 \times 43.8 = 52.56\text{m}$

副井空车线长度　$L_{f_2} = 1.1 \times 43.8 = 48.18\text{m}$

5）主井马头门线路布置方式见图 5 - 3（a），其有关尺寸如下：

罐笼底板长度 $L_0 = 3.2\text{m}$；摇台活动轨长度 $L_4 = 1.5\text{m}$；摇台基本轨长度 $L_3 = 0.6\text{m}$；罐笼中心线间距 $A = 1.968\text{m}$；单式阻车器轮挡至摇台基本轨末端的长度 $L_2 = 1.4\text{m}$；复式阻车器轮挡至对称道岔连接系统末端的长度 $b_4 = 1.5\text{m}$；对称道岔连接系统长度 $b_3 = 10.342\text{m}$；复式阻车器阻爪间距 $b_1 = 2.4\text{m}$；复式阻车器前轮挡至对称道岔基本轨起点 b_2，一般取 1.5 ~ 2.5m。出车侧摇台基本轨末端至对称道岔连接系统末端距离 b_5，一般取 1.5 ~ 2.5m。本例 $b_5 = 2\text{m}$，$b_2 = 2.4\text{m}$。

6）副井马头门线路布置见图 5 - 3（b），其有关尺寸如下：

罐笼底板长度 $L_0 = 3.2\text{m}$；摇台活动轨长度 $L_4 = 1.5\text{m}$；

摇台基本轨长度 $L_3 = 0.6\text{m}$；复式阻车器阻爪间距 $b_1 = 2.4\text{m}$；

插入段长度 $L_2 = 0.51\text{m}$。

（3）平面闭合计算。

1）井筒相互位置和储车线的垂直距离。

参照图 5 - 10 对以下参数进行计算。

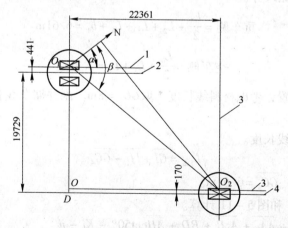

图 5 - 10　井筒相互位置

1—主井井筒中心线；2—主井储车线中心线；3—副井中心线；4—副井储车线

①井筒中心线与坐标间的夹角：

$$\beta = \arctan \frac{Y_2 - Y_1}{X_2 - X_1} = \arctan \frac{770.358 - 740.524}{282.943 - 279.795} = 83°58'36''$$

②储车线与井筒中心线连线的夹角：

$$\theta = \beta - \alpha = 83°58'36'' - 41°10' = 41°48'36''$$

③井筒中心线的长度：

$$\overline{O_1 O_2} = \sqrt{(X_2 - X_1)^2 + (Y_2 - Y_1)^2} = 30 \text{m}$$

④井筒中心间水平距离：

$$\overline{O O_1} = \overline{O_1 O_2} \cos\theta = 30 \times \cos 41°48'36'' = 22.361 \text{m}$$

⑤井筒中心垂直距离：

$$\overline{O O_2} = \overline{O_1 O_2} \sin\theta = 30 \times \sin 41°48'36'' = 20 \text{m}$$

⑥储车线间垂直距离：

$$\overline{CD} = \overline{O O_2} - \overline{O_2 C} + \overline{OD} = 20 - 0.441 + 0.17 = 19.729 \text{m}$$

2）求连接系统尺寸。利用投影法计算各段尺寸。

①主井马头门线路尺寸。据图 5 - 8 和图 5 - 11 及井口设备布置求得：

$$\overline{A A_1} = 10.342 + 6.6 = 16.942 \text{m}$$

$$\overline{A A_2} = 10.342 + 5.7 = 16.042 \text{m}$$

$$6.6 = \frac{L_0}{2} + L_2 + L_3 + L_4 + b_4$$

$$5.7 = \frac{L_0}{2} + L_3 + L_4 + b_5$$

②主井重车储车线尺寸。根据储车线长度的要求，$\overline{A_1 C_1} > 65.7 \text{m}$；同时为了保证有一系列以上矿车在直线段上启动滑行，取$\overline{A_1 B} = 55 \text{m}$。

③主井空车储车线尺寸。根据储车线长度的要求，$\overline{A_2 B} > 52.56 \text{m}$；同时为了保证空车出罐后获得所必需的自溜能量以达到其弯道的坡度终点，自溜直线段长度$\overline{A_2 E} = 20 \text{m}$。

④副井马头门线路尺寸。

$$重车侧 = \frac{L_0}{2} + L_2 + L_3 + L_4 + b_1 = 6.61 \text{m}$$

$$空车侧 = \frac{L_0}{2} + L_3 + L_4 = 3.7 \text{m}$$

根据井口设备布置，考虑材料线长度，取$\overline{G G_1} = 8 \text{m}$。副井储车线长度在平面闭合后再复核。

⑤副井重车储车线长度。

$$L_{Fzh} = \overline{GI} + \overline{I J_1} - \overline{G G_4}$$

式中，$\overline{I J_1} = 13.098 \text{m}$，$\overline{G G_4} = 6.61 \text{m}$。

$\overline{GI}$值根据图 5 - 8 和图 5 - 11 计算。

$$\overline{GI} = \overline{GH} + \overline{A A_1} + \overline{A_1 B} + \overline{BD} + \overline{AH} \cot 50° - Kj - ji$$

$$= 22.361 + 16.942 + 55 + 7.551 + 19.729 \times \cot 50° - \frac{1.4}{\sin 50°} - 15 \tan \frac{50°}{2}$$

$$= 109.547 \text{m}$$

式中，角 50° 由运输阶段的石门方向而定，$\overline{GH} = \overline{OO_1} = 22.361\text{m}$。

$$L_{\text{Fzh}} = 109.547 + 13.098 - 6.61 = 116.035\text{m}$$

大于要求的 52.56m。

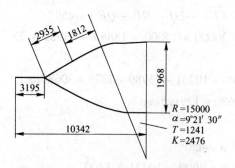

图 5-11　图 5-8 中⑲~⑳间对称
道岔双分支计算参数

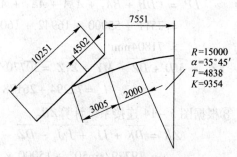

图 5-12　图 5-8 中⑯~⑰单向单开
有转角道岔计算参数

⑥副井空车储线长度。

$$L_{\text{FK}} = 1.787(\text{从警冲标算起}) + 6(\text{交岔点支护要求}) + 25.562 +$$
$$\overline{OV} + 10.111 + 2 + 25.562 + S_1L_1 - 2.595(\text{到警冲标})$$

式中，$\overline{OV}$ 是根据主、副井储车线间距 HA 以及主井和绕道间距 $\overline{FQ}$ 计算，即

$$\overline{OV} = \overline{HA} + \overline{FQ} - (\overline{SS_2} + \overline{OW} + \overline{S_2V_1} + \overline{VV_1})$$
$$= 19729 + 30770 - (15000 + 15000 + 2000 + 10111) = 8388\text{mm}$$
$$\overline{FQ} = 15000 + 15000 \times \sin75°45' + (2000 + 3005) \times \sin15°15'$$
$$= 15000 + 14538 + 1232 = 30770\text{mm}$$

$\overline{L_1S_1}$ 值根据图 5-13 和图 5-14 计算。

$$\overline{L_1S_1} = (\overline{GH} + \overline{GG_1} + \overline{G_1G_2} + \overline{G_2G_3} + \overline{G_3W}) - (\overline{AA_2} + \overline{A_2E} + \overline{EF}) - \overline{SS_1} + (\overline{LQ} - \overline{LL_1})$$
$$= (22.361 + 8 + 10.111 + 6 + 15) - (16.042 + 20 + 15) - 15 + (18.883 - 5.729)$$
$$= 8.584\text{m}$$

式中，$\overline{G_2G_3} = 6\text{m}$，是根据交岔点支护和巷道间岩柱安全要求确定的。

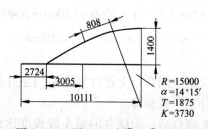

图 5-13　图 5-8 中①~②间单开
有转角道岔计算参数

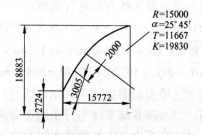

图 5-14　图 5-8 中㉘~⑭单向单开
有转角道岔计算参数

$$\overline{LQ} = 2724 + (3005 + 2000\cos14°15' + 15000 - 15000 \times \cos75°45' = 18883\text{mm}$$

将 $\overline{OV}$、S_1L_1 代入 L_{FK} 的计算式中，得：

$$L_{\text{FK}} = 68427 + 8388 + 8584 = 85399\text{mm}$$

副井空车储车线超过要求的长度为 $85399 - 61000 = 24399\text{mm}$，多余 24m。

⑦绕道长度。

$$L_g = \overline{LP} + \overline{PY} + \overline{YZ_1}$$

式中
$$\begin{aligned}
\overline{LP} &= (\overline{DB} + \overline{BA_1} + \overline{A_1A} + \overline{AA_2} + \overline{A_2E} + \overline{EF}) - \overline{LQ} - \overline{MP} - \overline{QF} \cdot \cot 50° \\
&= 7511 + 55000 + 16942 + 16042 + 20000 + 15000 - 18883 - 13989 - 25 \\
&= 71804\text{mm}
\end{aligned}$$

$$\overline{YZ_1} = \overline{MD} + \overline{DZ} - \overline{MY} - \overline{Z_1Z} = 30770/\sin 50° + 10231 - 13989 - 5279 = 30680\text{mm}$$

$$L_g = 72294 + 26178 + 30680 = 129125\text{mm}$$

⑧根据图 5 – 14 连接系统计算 $\overline{ZR}$。

$$\begin{aligned}
\overline{ZR} &= \overline{DK} + \overline{JJ_1} + \overline{J_1J_2} - \overline{DZ} - 1400 \times \cot 50° \\
&= 19729/\sin 50° + 15000 \times \tan 25° + 2000 - 10231 - 1400 \\
&= 23343\text{mm}
\end{aligned}$$

（4）为了检查计算中有无错误，可用投影法进行平面闭合检查，在本例中可沿储车线方向和垂直储车线方向进行检查。

沿储车线方向可按三条线路，即主副井储车线和绕道进行计算。

1）主井储车线投影长度（在 DF 区间）。

$$\overline{DB} + \overline{BA_1} + \overline{A_1A} + \overline{AA_2} + \overline{A_2E} + \overline{EF}$$

$$= 7511 + 55000 + 10342 + 6600 + 5700 + 10342 + 20000 + 15000 = 130495\text{mm}$$

2）副井储车线投影长度（在 DF 区间）。

$$\overline{KJ} + \overline{JI} + \overline{IG_4} + \overline{G_4G} + \overline{GG_1} + \overline{G_1G_2} + \overline{G_2G_3} + \overline{G_3W} - \overline{AH} \cdot \cot 50° - \overline{SQ}$$

$$= 1400/\sin 50° + 6995 + 102927 + 6610 + 8000 + 10111 + 6000 + 15000 - 19729 \times \cot 50° - 10430$$

$$= 130495\text{mm}$$

3）绕道投影长度（在 DF 区间）。

$$\begin{aligned}
\overline{QS_1} &+ \overline{S_1L_1} + \overline{L_1L} + \overline{LP} + \overline{PM} + \overline{FQ} \cdot \cot 50° \\
&= 4570 + 8584 + 5729 + 71804 + 13989 + 25819 \\
&= 130495\text{mm}
\end{aligned}$$

其次在垂直储车线方向进行检查：

1）$\overline{WO} + \overline{OV} + \overline{VV_1} + \overline{V_1S_2} + \overline{S_2S} = 15000 + 8388 + 10111 + 2000 + 15000 = 50499\text{mm}$

2）$(\overline{MY} + \overline{YD} + \overline{DK})\sin 50° = (13989 + 26178 + 25754) \times \sin 50° = 50498\text{mm}$

3）$\overline{AH} + \overline{FQ} = 19729 + 30770 = 50499\text{mm}$

根据上述检查证明主、副井储车线与行车绕道全闭合。上述计算也可用主井储车线与行车绕道，以及副井储车线与行车绕道分两个环形单独验算。

由上述计算看出，主井的重车线与空车线长度合适，而副井的储车线长度比设计要求超出较多，重车线超出 55m，空车线超出 24m。若是主、副井相互位置允许调整时，则改变主井或副井的位置，可是主、副井储车线长度完全符合设计要求。

5.5 竖井井底车场设计程序

竖井井底车场设计程序见表 5 – 3。

表 5 – 3　竖井井底车场设计程序

序　号	项目内容	依　据	参考文献	完成人	备　注
1	选择车场形式				
2	选择车场推进阻车安全设备设施				
3	计算各种线路长度				
4	选择或计算线路坡度				
5	长度闭合计算				
6	高程闭合计算				
7	硐室规格确定				
8	绘制车场平面图				

5.6　考核

考核内容及评分标准见表 5 – 4。

表 5 – 4　竖井井底车场设计考核表

学习领域	地下采矿设计			
学习情境	竖井井底车场设计		学时	12
评价类别	子评价项	自评	互评	师评
专业能力	资料查阅能力（10%）			
	图表绘制能力（10%）			
	语言表达能力（10%）			
	车场形式选择是否合理（10%）			
	设备选择是否符合安全规程（10%）			
	车场平面布置是否合理（10%）			
	线路长度坡度是否符合安全规程要求（10%）			
	高程长度闭合计算是否正确（10%）			
社会能力	团结协作（5%）			
	敬业精神（5%）			
方法能力	计划能力（5%）			
	决策能力（5%）			
合　计				

班级	组别	姓名	学号

评价信息栏

自我评价：

教师评语：

教师签字：　　　　　　日期：

项目6　井下采矿排水变电设计

6.1　任务书

本项目的任务信息见表6-1。

表6-1　井下采矿排水变电设计任务书

学习领域	地下采矿设计				
项目6	井下采矿排水变电设计	学时	12	完成时间	月　日至　月　日
布置任务					
学习目标	(1) 熟悉矿井排水的方式及要求； (2) 能正确选择排水方式、主要设备设施； (3) 能正确选择水泵房的类型； (4) 能正确选择变电设备设施； (5) 能完成排水系统的设计； (6) 能完成变电系统的设计； (7) 布置排水变电系统，制定安全要求				
任务条件	分阶段涌水量、涌水含泥沙情况、井底车场平面图、井底车场围岩稳固情况、井下变电设备型号规格				
任务描述	(1) 根据涌水量、开拓系统选择排水方式； (2) 计算水仓规格； (3) 选择水泵型号及数量； (4) 选择水泵房等排水工程（分水小井、斜巷等）规格、形式； (5) 设计变电硐室规格、支护方式； (6) 选择其他排水材料； (7) 绘制排水系统图				
参考资料	(1)《金属矿地下开采》（第2版），陈国山主编，冶金工业出版社； (2)《采矿设计手册》（地下开采卷、井巷工程卷、矿山机械卷），建筑工业出版社； (3)《采矿设计手册》（五、六册），冶金工业出版社； (4)《采矿学》（第2版），王青主编，冶金工业出版社； (5)《采矿技术》，陈国山主编，冶金工业出版社				
任务要求	(1) 发挥团队协作精神，以小组形式完成任务； (2) 以对成果的贡献程度核定个人成绩； (3) 展示成果要做成电子版； (4) 按时、按要求完成设计任务； (5) 学生应该遵守课堂纪律，不迟到、不早退				

6.2　支撑知识

6.2.1　排水方式

地下采矿排水方式根据开采深度有直接排水和接力排水两种。直接排水系统如图6-1

（a）、（b）、（e）所示，接力排水系统如图6-1（c）、（d）所示。其中直接排水系统又分单水平直接排水系统和多水平直接排水系统。

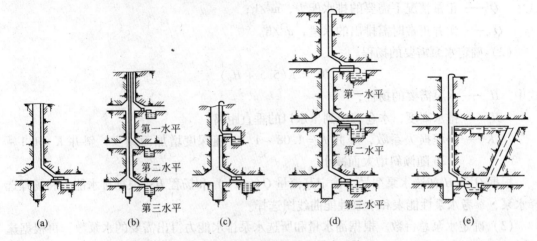

图6-1　直接排水和接力排水系统

（a）单水平直接排水系统；（b）多水平直接排水系统；（c）设有辅助排水设施的接力排水系统；
（d）接力排水系统；（e）有泄水管（孔）的直接排水系统

一般开采初期因同时工作阶段数不多、开采深度较浅，通常采用下部水平—段直接排水的方案，而将上部各阶段的涌水引入该水平。当开采日久，阶段向下延深，排水水平下降时，才考虑分段接力排水方案。

直接排水适用于涌水量不大、矿井深度较浅、开采水平不多的情况。其特点是基建投资少，泵站运行相对独立，不相互影响；但上部涌水自流到下部阶段排除增加了排水费用。

接力排水适用于矿井深度大、涌水量大的情况。其特点是排水设施布置灵活，排水费用低，但基建投资大，泵站相互影响，增加了管理难度。

根据同一水平泵站数量排水系统分为集中排水和分区排水。集中排水是将同一水平的涌水集中到一起排出到地表；分区排水是在矿井（区）内的各个分区由几个排水系统分别排出涌水。分区或集中排水方案的选择应根据矿山具体地质、水文地质条件、开拓和开采顺序等，通过多方案比较后确定。

一般情况下都采用集中排水；矿井较深、水量较大时，采用接力排水；矿井水文地质复杂、涌水量大时，初期的主排水泵站不宜设在最低水平。

集中排水适用于涌水量不大、矿区范围小的矿井，其基建投资少、经营费用较低、管理相对容易；对涌水量大，矿床规模大的矿山要预先开掘较大的巷道及水沟。分区排水适用于矿床规模大、水量大、走向长、井筒个数多、矿区内水文地质复杂以及水质变化大的矿山，其排水独立性强、疏干排水效果好，但泵站分散管理不便、工程量较大。

6.2.2　排水设备设施的选择

6.2.2.1　按正常涌水量计算排水设备的排水能力

（1）确定水泵的排水能力。

$$Q' = \frac{Q_{zh}}{20}$$

式中　Q'——正常情况下需要的排水能力，m^3/h；

　　　Q_{zh}——矿井正常时需排出的水量，m^3/h。

（2）确定水泵需要的扬程。

$$H' = K(5.5 + H_p)$$

式中　H'——水泵需要的扬程；

　　　H_p——排水高度，水仓底板到出水口的垂直距离；

　　　K——扬程损失系数，竖井 $K = 1.08 \sim 1.1$，随深度增加而减少，斜井 $K = 1.1 \sim$
　　　　　1.26 随倾斜增大而减小。

根据 Q' 和 H' 初选水泵型号，确定其流量 $Q(m^3/h)$ 和扬程 H；根据排水能力和扬程选择水泵，参考水泵性能表和水泵性能曲线图选择。

（3）确定水泵总台数。根据涌水量和所选水泵排水能力得出需要的水泵数，再根据选择原则确定水泵总台数。

（4）选择水泵的一般规定。

1）一般水泵应由同类型三台组成，一台工作，一台检修，另一台备用，其中一台能在 20h 内排出 24h 正常涌水，两台能在 20h 排出 24h 最大涌水。中小型矿山涌水量较小时可安放两台同类型的水泵，其中一台能在 20h 排出 24h 涌水。水泵的总台数不宜太多，一般 2 ~ 6 台，井筒内应装设两条相同的排水管，其中一条工作，一条备用。

最大涌水量超过正常涌水量一倍以上的矿井，除备用水泵外，其余水泵应能在 20h 内排出一昼夜最大涌水量。

2）对于水泵，应根据流量、扬程和水质情况，优先选用水平中开式多级泵。当涌水量较小或水平中开式多级泵的扬程不能满足要求时，可选用普通多级泵。

3）对于 pH 值小于 5 的酸性水，要进行酸性水处理或选择性能良好的耐酸泵，也可采取在排水管道内衬塑料管、涂衬水泥浆或其他防腐涂料等防酸措施，还可采用耐酸材料制成的管道

4）确定水泵扬程时，应计入水管断面淤泥后的阻力损失。对于较混浊的水，应按计算管路损失的 1.7 倍选取。对于清水，可按计算管路损失选取。水泵吸入扬程应按水泵安装地点的大气压力和温度进行验算。

5）井筒内应装设两条排水管，其中一条工作，一条备用。排水管全部投入工作时，应能在 20h 内排出 24h 的最大涌水量。排水管应选用无缝钢管或焊接钢管。管壁厚度应根据压力大小来选择。排水管中水流速度可按 1.2 ~ 2.2m/s 选取，但不应超过 3m/s。

6）在竖井中，管道应敷设在管道间内，并应按法兰尺寸留有检修及更换管子的空间。

7）在管子斜道与竖井相连的拐弯处，排水管应设支承弯管。竖井中的排水管长度超过 200m 时，每隔 150 ~ 200m 应加支承直管。

6.2.2.2　排水管的选择

（1）排水管径的选择确定。

$$D'_{P} = \sqrt{\frac{4nQ}{3600\pi v_{ji}}}$$

式中　D'_{P}——排水管直径，m；

　　　n——输送水的水泵台数；

　　　Q——一台水泵的流量，m^3/h；

　　　v_{ji}——水管水流的经济流速，$v_{ji} = 1.2 \sim 2.2 m/s$。

表 6 - 2 列出了管径、流速与流量的关系。

表 6 - 2　管径、流速与流量的关系

流速 /m·s⁻¹	管径/mm							
	75	100	125	150	200	225	250	300
	流量/m³·h⁻¹							
1.5	24	43	67	95	170	216	265	383
1.75	28	50	78	110	198	252	310	446
2	32	57	89	128	227	288	364	510
2.2	35	63	98	140	249	317	390	562

（2）吸水管径。

$$d'_{c} = d_{ch} + (25 \sim 50) mm$$

式中　d'_{c}——吸水管直径，mm；

　　　d_{ch}——水泵出口直径（即排水管直径），mm。

根据计算从产品明细选择标准管。

（3）排水管管壁厚度的计算。

$$\delta = 0.5D_{g}\left(\sqrt{\frac{[\sigma] + 0.4P_{g}}{[\sigma] - 1.3P_{g}}} - 1\right) + a$$

式中　δ——排水管管壁厚度，mm；

　　　$[\sigma]$——许用应力，对于铸铁管取 25MPa，焊接钢管取 80MPa，无缝钢管取 100MPa；

　　　P_{g}——管路最低点的压力，$P_{g} = 0.11H_{P}$，MPa；

　　　a——考虑管路受腐蚀及管路制造有误差时的附加厚度，对于无缝钢管取 2～9mm，
　　　　　其他钢管取 2～3mm。

（4）水泵扬程损失。

$$H_{at} + H_{st} = \lambda \frac{L_{j}}{D_{g}} \frac{v_{d}^{2}}{2g}$$

式中　H_{at}——排水管路扬程损失，m；

　　　H_{st}——吸水管路吸程损失，m；

　　　L_{j}——管路计算长度，等于实际长度加上底阀、异形管、逆止阀、阀闸及其他部分
　　　　　补充损失的等值长度，m，管件折合成直线管路的等值长度，见表 6 - 3；

　　　λ——水与管壁摩擦的阻力系数，见表 6 - 4；

　　　v_{d}——计算管段的水流速度，m/s；

g——重力加速度，m/s^2；

D_g——计算管段的内径。

表 6 - 3　管件等值长度

管件名称	管件内径/mm										
	75	100	125	150	200	250	300	350	400	450	500
	管件的等值长度 L_s/m										
带滤网的底阀	15	18	23	27	34	39	41	45	50	52	53
闸阀	0.45	0.66	0.87	1.31	1.64	2.20	2.78	3.40	4.00	4.67	5.34
逆止阀（开启40°）	25	31	36	43	48	52	56	60	64	68	72
逆止阀（开启50°）	20	21	24	29	36	39	41	45	50	54	58
弯头	0.45	0.66	0.89	1.31	1.64	2.20	2.78	3.40	4.00	4.67	5.34
异径管	1.79	2.63	3.55	4.52	6.58	8.80	11.10	13.60	16.00	18.70	21.40
合流三通	5.38	7.89	10.65	13.55	19.73	26.41	33.30	40.70	48.00	56.00	64.10
单流一通	3.59	5.26	7.10	9.04	13.16	17.61	22.20	27.10	32.00	37.30	42.30
分流三通	2.69	3.95	5.33	6.78	9.83	13.20	16.70	20.40	24.00	28.00	32.00
直流三通	1.79	2.63	3.55	4.52	6.58	8.80	11.10	13.60	16.00	18.70	—

注：$L_s = \dfrac{\psi D_g}{\lambda}$。

表 6 - 4　水和管壁摩擦的阻力系数 λ 值

管路直径/mm	50	75	100	125	150	175	200	225
λ	0.0455	0.0418	0.0380	0.0352	0.0332	0.0316	0.0304	0.0293
管路直径/mm	250	275	300	325	350	400	450	500
λ	0.0284	0.0276	0.0270	0.0263	0.0258	0.025	0.0241	0.0234

（5）排水管中扬程损失 H_{at} 与排水管总长 L_d。

$$H_{at} = (\psi_1 + \psi_2 + n_3\psi_3 + n_4\psi_4 + \psi_5)\frac{v_d^2}{2g}$$

式中　ψ_1——速度压头系数，取 $\psi_1 = 1$；

ψ_2——直管阻力系数，$\psi_2 = \lambda L_d/D_g$；

ψ_3——弯管阻力系数，见表 6 - 5；

n_3——弯管数量，个；

ψ_4——闸阀阻力系数，见表 6 - 5；

n_4——闸阀数量，个；

ψ_5——逆止阀阻力系数，见表6-5。

表6-5 局部阻力系数

异形管件与零件名称	图例	阻力系数	异形管件与零件名称	图例	阻力系数
单流三通管		2.0	弯管		0.76~1.0
合流三通管		3.0	弯头		0.88~1.22
分流三通管		1.5	急胀		0~0.81
直流三通管		0.05~0.1	急缩		0~0.5
斜下支流三通管		0.5	闸阀		0.25~0.5
斜上支流三通管		1.0	旋转阀		1.0
斜下锐角支流三通管		3.0	逆止阀		5~14
斜直流三通管		0.05~0.1	底阀（带格阀）		5~10
锐边进入管		0.5	球形阀		3.9
圆滑锐边进入管		0.25	弯角阀		2.5
扩张异径管		0.22~0.91	直角阀		0.5~1.6
收缩异径管		0.16~0.36	伸缩节		0.21
锐边突出进入管		0.25	管子的焊缝		0.03
进入水槽管		1.0	无底阀的滤水网		2~3

$$L_d = H_h + L_1 + L_2 + L_3 + h_1 + h_2$$

式中 H_h——井筒深度或斜井长度，m；

L_1——水泵房长度，m；

L_2——地面上的排水管长，m；

L_3——斜巷道长度，m；

h_1——从井底车场至支承弯管间的高度，m；

h_2——管子超出井口水平高度，m。

（6）吸水管中吸程损失 H_{st}。

$$H_{st} = \left(\psi_2' + n_3'\psi_3' + \psi_4' \right) \frac{v_d^2}{2g}$$

式中 ψ_2'——吸水管直管阻力系数，$\psi_2' = \lambda L_s / d_s$；

L_s——吸水管长度，m；

ψ_3'——吸水管弯管阻力系数，见表 6-5；

n_3'——吸水管上的弯管数量，个；

ψ_4'——逆止阀和滤网的阻力系数，见表 6-5。

在实际设计中可以通过查设计手册，查取 100m 钢管扬程损失。

（7）吸水高度。受海拔高度影响，海拔高度越高，吸水高度越小。地处高山地区，应按式（6-1）求出水泵的几何吸水高度 H_s。

$$H_s = H_{st} - (10 - H_w) - H_{sf}' - \frac{v_s^2}{2g} + (0.24 - H_0) \tag{6-1}$$

式中 H_{st}——水泵样本中的最大允许吸上真空高度，m；

H_w——水泵安装地点的大气压力水头，m，见表 6-6；

H_0——饱和蒸气压力水头，m，其值与水温有关，见表 6-7；

H_{sf}'——吸水管路及局部水头损失之和，m；

0.24——水温为 20℃时的饱和蒸气压力水头，m。

表 6-6　按海拔高度而定的大气压力

海拔高度/m	-600	0	100	200	300	400	500	600	700
大气压力/kPa	11.3	10.3	10.2	10.1	10.0	9.8	9.7	9.6	9.5
海拔高度/m	800	900	1000	1500	2000	3000	4000	5000	—
大气压力/kPa	9.4	9.3	9.2	8.6	8.4	7.3	6.3	5.5	—

表 6-7　按水温而定的饱和水蒸气压力

水温/℃	0	5	10	15	20	30	40	50	60	70	80	90	100
饱和水蒸气压力/kPa	0.06	0.09	0.12	0.17	0.24	0.43	0.75	1.25	2.0	3.17	4.8	7.1	10.33

（8）水泵总扬程。运行水泵的总扬程 H 可用式（6-2）计算。

$$H = H_a + H_s + H_{af} + H_{sf} \tag{6-2}$$

式中 H_a——水泵轴中心至排水管地面出水口的高差，m。

（9）选择水泵。选择水泵的扬程应比计算值大 5% ~ 8%，这是考虑水泵经过磨损使扬程降低以及管壁积垢、阻力增加时所需的余量扬程。新泵的工作工况点最好在水泵最高效率点的右侧。工况点效率不应低于最高效率的 0.85。

6.2.3　水仓

水仓是矿井涌水的贮仓，起着存水和沉淀与澄清的作用。

6.2.3.1　水仓的类型及适用条件

水仓的类型及适用条件见表 6-8。目前国内矿山井下排水工程中常用的水仓为普通型和混合型两种，对于缺乏水力资源的地区，为综合利用地下水力资源，清水仓将发挥重要作用。

表 6-8　水仓的类型及适用条件

类型	特　征	优　点	缺　点	适用条件
普通型	人工清泥或采用机械清泥（清泥机、铲运机、电耙等）	(1) 布置简单； (2) 工程量小，施工方便	(1) 清泥作业条件差； (2) 污染较严重； (3) 水质难以达到排放标准	含泥砂量小的矿山
清水仓	(1) 沉淀池沉淀泥砂； (2) 残留泥砂用压气罐打入沉淀池或泥库	(1) 清泥砂效果好，操作简单； (2) 无污染，水质可达到排放或使用标准	(1) 工程量大、施工复杂； (2) 基础资料要求准确、严格	(1) 含泥砂量较大； (2) 涌水量较大的矿山
混合型	仓内安装压气排泥罐，潜污泵或水抽子将泥浆打入泥库或集泥池	(1) 效率高，劳动强度低； (2) 无污染，水质可达到排放标准	(1) 工程量大、施工复杂； (2) 管路易磨损； (3) 基础资料要求严格	(1) 含泥量较大； (2) 涌水量较大的矿山
混水仓	(1) 泥浆直接排至地表； (2) 设置仓底高压风、水管或起浪泵，不使泥浆沉淀	(1) 工程量小，施工简单； (2) 无污染； (3) 工艺简单，劳动强度低	(1) 泥浆泵及管路易磨损； (2) 需要建设地表清水工程	(1) 泥砂含量较大，以 0.1mm 粒径以下为主； (2) 设备容易解决

6.2.3.2　水仓设计的一般规定

(1) 水仓的布置形式应根据井底车场形式、泵站位置及围岩稳定条件确定，水仓入口应靠近井底车场或运输巷道的最低点。

(2) 水仓应由两个独立的巷道系统组成。水仓长度及断面大小应根据水仓容量、围岩条件和清仓设备外形尺寸确定。涌水量较大、水中含泥量多的矿井，可设置多条水仓。每条水仓的断面和长度，应能满足最小泥砂颗粒在进入吸水井前达到沉淀的要求。水仓的容积在涌水量小于 $1000m^3/h$ 时，按 8h 正常涌水量计算；当涌水量大于 $1000m^3/h$ 时，按 4~6h 正常涌水量计算。

(3) 水仓顶板标高应低于水泵硐室底板 1m 以上，并应低于水仓入口水沟底板标高，当清仓采用矿车运输时，水仓通道内应能存放一定数量的矿车。

(4) 水仓的起始段应有 8°~12° 下坡，水仓的坡度采用 2‰~3‰，向吸水井方向上坡，水仓最低点应设在清理斜巷的下部，并应设置集水窝，以便清泥时排除仓内积水。水仓进水口应设置算子。水仓的平曲半径一般为 8~10m，清理斜巷的倾角一般为 10°~20°。

(5) 两条水仓之间的岩柱不应小于 8m，且不得漏水。水仓宜采用喷锚网联合支护或混凝土支护；在稳固围岩中，服务年限不长的水仓可不支护。水仓清泥量大，底板松软时，水仓底板应铺设混凝土。

（6）水砂充填和水力采矿的矿井，在进入水仓之前，应设置沉淀池。沉淀池和水仓中的淤泥要定期清理。当岩层条件好及施工方便时，水仓可设计成一条大巷中间隔以钢筋混凝土墙，使之分成两个独立水仓的形式。

（7）水仓顶板标高应低于普通式水泵硐室地面标高 1m 以上。水仓断面大小，应根据容量、围岩、布置条件和清仓设备的需要确定，并应使水仓顶板标高不高于水仓入口水沟底板。水仓高度一般不应小于 2m，容量大的水仓，应适当加大断面，以缩短水仓长度。

（8）泥砂大的矿井，其水仓应采用机械清理，设计中应予充分考虑，如清理设备硐室、水仓坡度、宽度、弯道半径等，必要时应设沉淀池，沉淀池应设两个（组），以便交替使用。

6.2.3.3　水仓的布置

水仓的布置形式分单侧和双侧两种。单侧布置一般应用于侧翼开拓，双侧布置应用于中央开拓。

（1）单侧布置。水仓均布置在水泵房一侧，两条独立的水仓相互平行，一般相距 10 ~ 20m。这种形式在清仓时，对运输作业影响小，一般用于尽头车场，或在矿井水从泵房一侧流入水仓时采用。

（2）双侧布置。双侧布置是水仓设在水泵房的两侧。这种布置形式在一条水仓清仓时，车场易有积水，卫生条件较差。为防止清仓时水淹车场，可采取开平水沟或开进水小巷处理。一般用于水从两侧流入水仓和水仓可能扩建的情况。现在大多数矿山的竖井水仓都采用单侧布置。

水仓的布置形式、特征及适用条件见表 6-9。

表 6-9　水仓的布置形式、特征及适用条件

形　式	图　例	特　征	适用条件
单侧布置	1，2—内、外水仓；3—水泵硐室；4—管子斜道；5—通道；6—绞车硐室；7—中央变电硐室；8—井底车场巷道；9—副井	（1）水仓入口在井底车场的同一侧； （2）水仓进水和清泥容易控制； （3）清泥时影响大巷运输	（1）中央竖井开拓的环形车场； （2）侧翼竖井开拓
双侧布置	1，2—左、右水仓；3—水泵硐室；4—管子斜道；5—通道；6—绞车硐室；7—中央变电硐室；8—井底车场巷道；9—副井；10—绕道	（1）水仓入口分别设在井底车场巷道的两侧； （2）两水仓入口和清泥控制较复杂； （3）清泥的影响大巷运输	中央竖井开拓的菱形车场

6.2.3.4　水仓容积的确定

大水矿山，且最大涌水量与正常涌水量相差 5 倍以上时，水仓容积可参考以下计算式计算取其大值。

水力充填法开采的矿山按式（6-3）计算：

$$\begin{cases} V = 6(Q_2 + Q_3 + Q_4)/K \\ V \geqslant 2Q_1/K \end{cases} \quad (6-3)$$

大水矿山或露天转地下开采且有较厚垫层的矿山，按式（6-4）计算：

$$\begin{cases} V = 4Q_2/K \\ V \geqslant 2Q_1/K \end{cases} \quad (6-4)$$

露天转入地下开采，且大气降水与井下直接连通的矿山，可参考式（6-5）计算：

$$\begin{cases} V = Q_n - nqt_n \\ n = C_2Q_n/(C_1 + C_2qt_n) \end{cases} \quad (6-5)$$

式中　V——水仓容积，m^3；

Q_1——最大涌水量，m^3/h；

Q_2——正常涌水量，m^3/h；

Q_3——平均通风防尘用水及其他井下用水量，m^3/h；

Q_4——井下最大充填水量，m^3/h；

K——水仓容积利用系数，按泥高 0.6m，$K = 0.75 \sim 0.85$；

Q_n——出现最大水量时间内的水量，m^3；

n——正常工作水泵台数，台；

q——每台水泵排水能力，m^3/min；

t_n——出现最大水量时间，min；

C_1——每台水泵综合投资（包括水泵、机械、电器、管件、泵房变电所及硐室费用等），元；

C_2——施工每立方米水仓的投资费用，元。

大气降水与井下直接连通的矿山，采用上述计算公式确定井下水仓容积，有时误差较大。因此，条件适合时，应通过贮排平衡方法计算贮水容积和排水设备，并配合相应的措施。

6.2.3.5　水仓规格

（1）水仓的长度。水仓平面应根据车场最低点和水泵硐室的平面关系确定。首先进行平面闭合计算，由于仓底坡度 i 很小，一般可用平面长度为水仓长度的近似计算方法：

$$l = \frac{(4 \sim 8)Q}{nbh_1}$$

式中　l——每条水仓的长度，m；

Q——矿井正常涌水量，m^3/h；

n——水仓的条数，一般取 $n = 2$；

b——水仓的净宽度，一般取 $2 \sim 3m$；

h_1——有效水深，一般取 $1.5 \sim 2m$。

（2）水仓断面计算。首先根据沉淀要求计算水仓断面：

$$S = \frac{Q}{v} \times \frac{5}{18}$$

式中　S——水仓断面面积，m^2；

　　　Q——单位时间涌水量，m^3/h；

　　　v——水仓水流允许速度，$5 \sim 7mm/s$；

　　　$\dfrac{5}{18}$——单位换算常数。

然后根据水仓有效利用确定水仓断面。水仓容积分为有效容积 V_1 和无效容积 V_2。当取水仓长度的中点断面计算，则水仓有效断面为 S_1、无效断面 S_2、总断面为 S。

$$S = S_1 + S_2$$
$$S_1 = (6 \sim 8)Q/l$$
$$S_2 = \left(\frac{1}{2} \times h_4 + h_3\right)b$$
$$h_4 = il$$
$$h = h_1 + h_2$$

式中　h_2——水仓无效高度，m；

　　　h_3——水仓与吸水井连接处分水闸阀底面至水仓底板的距离，m；

　　　h_4——水仓两端的坡度高差值，m；

　　　i——水仓的坡度，一般取 $2‰ \sim 3‰$；

　　　h——水仓的净高度，m。

　　　其余符号意义同前。

水仓有效存水高度用式（6-6）校核。

$$H \geqslant h_1 + \frac{1}{2}li \quad (6-6)$$

式中　H——最大有效存水高度，m。

　　　其余符号意义同前。

最后根据施工需要确定最终的水仓断面。确定最终断面时，只能扩大不能缩小。

矿床涌水量很大或很小时，根据涌水量大小设计水仓容积。当涌水量很大时，可增大水仓断面或增加水仓长度来设计；当涌水量很小时，只在井底或适当中段布置一水坑作为永久性小水仓。

6.2.4　水泵房

水泵硐室应布置在靠近铺设排水管的井筒，并与中央变电硐室毗邻。水泵硐室均应采用混凝土地面，并向吸水井或排水井（沟）做散水坡。

当配置成无配水井、配水巷时，吸水井直接与内、外水仓相连接。此时吸水井一般为矩形断面，可几台水泵共用一口吸水井，采用分水闸阀控制水量。当配置成有配水井、配水巷形式时，吸水井通过配水巷、配水井与内、外水仓相连接。此时吸水井一般为直径

1.2m 的圆形，配水井为矩形，吸水井底标高应低于配水巷底板 1m 左右，一般为一台水泵设一口吸水井。水仓与吸水井或配水井之间应设置不小于 300mm 厚的钢筋混凝土挡土墙，配水井上部为拱形壁龛，其净高应大于 1.8m，配水巷宽度不小于 1.5m，高度不小于 1.8m。

　　电缆沟底应有 1% 的排水坡度，坡向吸水井或集水井，并与其相通。水泵硐室必须设置排水沟，通至吸水井。潜没式水泵硐室还应设置集水井，水沟坡向集水井并与其相通。

6.2.4.1　水泵房的形式

　　(1) 普通式。普通式水泵房（见图 6-2）水从水仓进入配水井，通过配水巷进入吸水小井，水泵从吸水小井吸水，通过排水斜巷进入排水井，排往地表或上阶段。

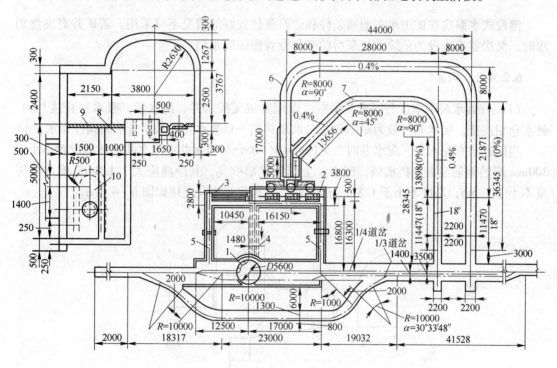

图 6-2　某矿井下水泵房硐室、中央变电所硐室、水仓平面
1—副井；2—水泵硐室；3—中央变电所；4—排水管斜道；5—通道；
6—外水仓；7—内水仓；8—吸水井；9—分水井；10—分水巷道

　　普通式水泵房可用于任何条件下的井下排水。水泵房与变电硐室及井底车场的高差较小，水泵采用吸水井吸水，易产生气蚀现象，对水泵及管道磨损较严重；吸水高度较高，水泵效率低，经营费用高，但水泵房与井底车场连接简单，硐室工程量较小，可以采用简易防水闸门，通风条件较好。

　　(2) 潜没式。潜没式水泵房（见图 6-3）优点是压力进水，提高了水泵工作的可靠性，可以采用效率高、吸水高度低的水泵；因无底阀，阻力小，电耗较少；自动灌水，自动控制简单，没有气蚀现象。其缺点是通风条件较一般水泵房要差，同时需增加设备搬运的斜道、辅助卷扬硐室和水量分配阀的通道等工程量，故开凿费用较高。

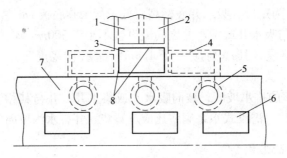

图 6－3　有配水井、配水巷的吸水井布置
1，2—内、外水仓；3—配水井；4—配水巷；5—吸水井；
6—水泵基础；7—水泵硐室；8—配水闸阀

潜没式水泵房在矿山水文地质条件和岩石条件较好的情况下可采用。若矿井有突然涌水时，泵房就有淹没的危险，故泵房前必须设置密闭防水门。

6.2.4.2　硐室

（1）普通水泵硐室。普通水泵硐室可以配置成无配水井、配水巷，吸水井直接与内、外水仓相连接。吸水井一般为矩形，几台水泵共用一口吸水井，采用分水闸阀控制水量。

当配置成有配水井、配水巷时，见图 6－3，水仓与吸水井或配水井之间应设置不小于300mm 厚的钢筋混凝土挡水墙，配水井上部为拱形壁龛，其净高应大于 1.8m，配水巷宽度不小于 1.5m，高度不小于 1.8m。进水巷、分水巷与水仓连接如图 6－4 所示。

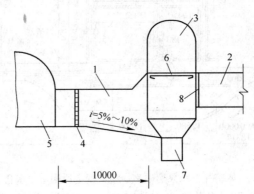

图 6－4　进水巷、分水巷与水仓的连接结构
1—进水巷；2—水仓；3—分水巷闸阀硐室；4—挡水墙；5—水泵硐室；
6—操作平台；7—排泥设施；8—分水闸阀

（2）潜没式水泵硐室。潜没式水泵硐室采用分水巷、进水巷直接向水泵供给压力水（见图 6－5）。分水巷设置分水闸阀硐室，安装操作平台，高度一般不低于 4.5m。进水巷应设置钢筋混凝土挡水墙，并采取防渗漏措施。

（3）真空泵硐室。普通水泵硐室的水泵为解决水泵启动灌水和防止气蚀现象应配置真空泵，设真空泵硐室（见图 6－6）。真空泵硐室一般采用平顶式壁龛结构，其宽度为2.5m，高度不低于 1.8m。

图 6－7 为某矿潜没式水泵房布置及剖面图。

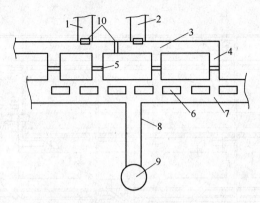

图6-5 潜没式水泵硐室进水巷

1—外水仓；2—内水仓；3—分水巷；4—进水巷；5—挡水墙；6—水泵基础；
7—水泵硐室；8—管子道；9—井筒；10—分水闸阀

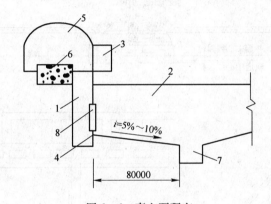

图6-6 真空泵硐室

1—吸水井；2—水仓；3—真空泵硐室；4—挡泥墙；5—水泵硐室；
6—水泵基础；7—排泥设施；8—分水闸阀

6.2.4.3 水泵房设计的一般规定

（1）水泵房宜设在副井筒附近，并应与井下主变电所联合布置。井底主要泵房的通道不应少于两个。其中一个通往井底车场，出口处应装设密闭防水门；另一个应用斜巷与井筒连通，斜巷宜布置在水泵硐室端部，倾角不应大于30°，潜没式水泵硐室倾角应小于45°斜巷断面宽度应根据排水管数量、规格、布置形式安装要求及人行踏步的宽度确定。斜巷断面高度不应低于2m，斜巷上口应高出泵房地面7m以上。

（2）水泵硐室地面应比入口处的井底车场巷道轨面高出0.5m，并应低于变电硐室地面0.5m；斜井井底车场水泵硐室通道与设有高低道的储车线相连接时，水泵硐室应设于高道一侧，其地面应高于高道轨面0.5m；当为潜没式水泵硐室时，其硐室地面应低于井底车场巷道轨面4~5m。

（3）水泵宜顺轴向单列布置；当水泵台数6台，泵房围岩条件较好时，也可采用双排布置。水泵机组之间的净距离应取1.5~2m，并应能顺利抽出水泵主轴和电动机转子。基础边缘距离墙壁的净距离，吸水井侧一般为0.8~1m，人行道侧一般为1.5~2m。

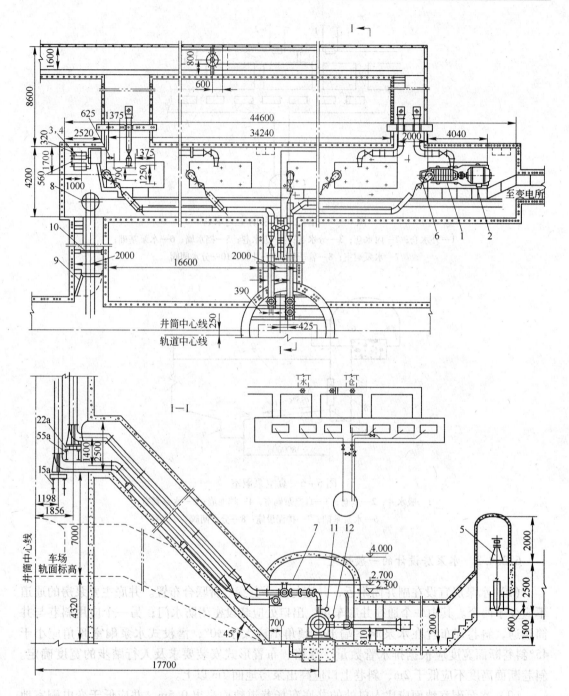

图 6-7　某矿潜没式水泵房布置及剖面图

1—水泵；2—电动机；3，4—水泵及电动机；5—φ750 分水阀；6—电动闸门；
7—手动葫芦；8—转盘；9—防水门；10—栅门；11，12—电力表

（4）水泵电动机容量超过 100kW 时，泵房内应设起重梁或手动单梁起重机，水泵硐室应敷设轨道，并在硐室内设置转盘。硐室内的轨道轨面应与水泵硐室混凝土地面标高一致。硐室应设与井底车场连通的通道，通道的断面应满足设备最大件的运输要求。

（5）水泵硐室的吸水井、配水井应采用混凝土砌碹。硐室地面应铺设厚度为 0.1m 的混凝土，电缆沟应用混凝土砌筑，沟底纵向坡度为 0.3%，坡向集水坑或吸水井。泵房地面应向吸水井或排污井有 0.3% 的排水坡度。潜没式泵房内应设排污井和排污泵，并考虑泵房内的排水管破裂时的事故排水。

（6）管道沿斜井敷设，管径小于 200mm 时，可用支架固定于巷道壁上。当架设在人行道一侧时，净空高度不应小于 1.8m；管径大于 200mm 时，宜安装在巷道底板专用的管墩上。

（7）每台水泵应能分别向两条或两条以上排水管输水。排水管道最低点至泵房地面净空高度不应小于 1.8m，并应在管道最低点设放水阀。

6.2.4.4　水泵房的设计

水泵应顺着泵房的长轴方向排列，泵房轮廓尺寸应根据安装设备的最大外形尺寸、通道宽度和安装检修条件等确定。

（1）硐室宽度 B。

$$B = b_1 + b_2 + b_3$$

式中　b_1——水泵基础宽，m；

　　　b_2——基础到轨道侧墙的距离，$b_2 = 2.0 \sim 2.5$m；

　　　b_3——基础到吸水井侧墙的距离，$b_3 = 0.8 \sim 1.2$m。

水泵基础的长和宽应比水泵底座最大外形尺寸每边大 $200 \sim 300$mm。大型水泵基础应高于泵房地板 200mm，小型水泵可以固定于岩石上。

（2）硐室长度 L。

$$L = nl + A(n + 1)$$

式中　n——水泵总台数；

　　　l——机组长度，m；

　　　A——设备间距，$A = 1.5 \sim 2.0$m。

（3）硐室高度。硐室高度根据水泵及排水管的高度、起吊水泵要求高度确定，一般为 $3 \sim 5$m。

（4）配水井一般为 2.7m $\times 3$m $\times 5$m 的矩形，吸水井为 $\phi 1.2$m $\times 5$m 的圆形，配水巷的宽度应为 1.5m。

（5）管子斜巷的宽应为 $2 \sim 3$m，高为 2m，倾角为 $25° \sim 30°$。

6.3　知识扩展

6.3.1　排水管

排水管的选择应遵循以下原则：

（1）井筒内应装设两条排水管，其中一条工作，一条备用。排水管全部投入工作时，应能在 20h 内排出 34h 的最大涌水量。

（2）排水管应选用无缝钢管或焊接钢管。管壁厚度应根据压力大小来选择。排水管中水流速度可按 $1.2 \sim 2.2$m/s 选取，但不应超过 3m/s。

（3）在竖井中，管道应敷设在管道间内，并应按法兰尺寸留有检修及更换管子的空间。

（4）在管子斜道与竖井相连的拐弯处，排水管应设支承弯管。竖井中的排水管长度超过200m时，每隔150～200m应加支承直管。

（5）对于pH值小于5的酸性水，应采取在排水管道内衬塑料管、涂衬水泥浆或其他防腐涂料等防酸措施，也可采用耐酸材料制成的管道。

（6）管道沿斜井敷设，管径小于200mm时，可用支架固定于巷道壁上。当架设在人行道一侧时，净空高度不应小于1.8m；管径大于200mm时，宜安装在巷道底板专用的管墩上。

（7）每台水泵应能分别向两条或两条以上排水管输水。排水管道最低点至泵房地面净空高度不应小于1.8m，并应在管道最低点设放水阀。

6.3.2　防水门和分水闸阀

设有管子斜巷通道的水泵房和潜没式水泵房，在与井底车场连通的出入口，应设置密闭的防水门，防水门所承受的压力由该阶段的水压大小来定。

防水门在发生突然涌水时应能迅速关闭，如需拆轨道时，通过防水门段的钢轨连接采用活动接头为宜。

在一般情况下，设有管子斜巷通道的水泵房和潜没式水泵房，在水仓和泵房内分配水井之间应设分配闸阀，以控制水的流量和便于清理水仓和分水井。

6.3.3　中央变电硐室

中央变电硐室应布置在矿井主排水阶段，并与水泵硐室毗邻。地面应高于该处运输巷道轨面0.5m，高于水泵地面0.3m。

电缆沟与水泵硐室相通，其结构及规格与水泵硐室的电缆沟一样。

6.3.3.1　中央变电硐室的一般规定

（1）中央变电硐室与水泵硐室不毗邻时，其地面应高出井底车场运输巷道与硐室通道交点轨面0.5m。中央变电硐室与水泵硐室毗邻时，其地面应高出水泵房地面0.5m。

（2）中央变电硐室长度超过6m时，应在两端各设一个出口并装有外开的铁栅栏门。当与中央水泵硐室联合布置时，则一个出口通井底车场，另一个出口通中央水泵硐室。

（3）中央变电硐室与中央水泵硐室之间，应设置防火门或栅栏门。

（4）硐室电缆沟应用混凝土砌筑，沟底纵向坡度应为0.3%左右，坡向集水坑或吸水井。

（5）中央电硐帘在通往井底车场的通道中，应设密闭防水门和不妨碍防水门关闭的铁栅栏门。防水门外5m范围内巷道应采用混凝土砌碹或用其他非燃烧材料支护。通道断面应能通过变电硐室内最大设备。通道底板应有坡向出口的0.3%坡度。

（6）变电硐室通风要良好，室温应小于30°。

6.3.3.2　中央变电硐室尺寸

中央变电硐室（见图6-8）由变压器硐室、配电硐室（高压配电、低压配电）和安全通道组成。

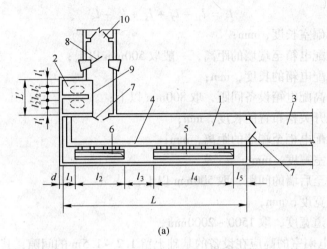

(a)

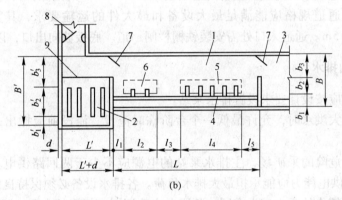

(b)

图6-8　中央变电硐室平面布置

（a）L形布置；（b）一字形布置

1—配电硐室；2—变电硐室；3—水泵硐室；4—电缆沟；5—高压开关柜；

6—低压配电箱；7—防火门；8—防水密闭门；9—安全隔栏；10—栅栏门

（1）变电硐室。

长度：
$$L' = 2l'_1 + nl'_2 + (n - 1)l_2$$

宽度：
$$B' = b'_1 + b'_2 + b'_3$$

式中　L'——变电硐室长度，mm；

l'_1——变压器到端墙的距离，一般取500mm以上；

l'_2——变压器的宽度，由变压器型号确定；

l_2——两变压器之间的距离，一般取800mm以上；

B'——变电硐室宽度，mm；

b'_1——变压器至后墙的距离，一般取500mm以上；

b_2'——变压器的长度，由变压器型号确定；

b_3'——人行道侧通道的宽度，一般取 1500mm 以上。

（2）配电硐室。

宽度：
$$B = b_1 + b_2 + b_3$$
长度：
$$L = l_1 + l_2 + l_3 + l_4 + l_5$$

式中　L——配电硐室长度，mm；

l_1——低压配电箱至端墙的距离，一般取 500mm 以上；

l_2——低压配电箱的长度，mm；

l_3——低、高配电箱设备间距，取 800mm 以上；

l_4——高压开关柜布置的长度，mm；

l_5——高压配电柜至端墙的距离，mm；

B——配电室宽度，mm；

b_1——设备至后墙的间距，取 500mm 以上；

b_2——设备宽度，mm；

b_3——人行道宽度，取 1500 ~ 2000mm。

（3）中央变电硐室的高应在设备的基础上留 1.2 ~ 1.5m 的间隙，其高度应大于 5m。

（4）通道。通道规格应能满足最大设备和最大件的运输要求，其宽度一般为 2 ~ 2.5m，高度为 2.5m。通道入口处需安装铁栅栏闸一道。底板坡向出口，以便排水。

6.3.4　露天矿山排水

（1）露天矿应按设计要求设置排水泵站。

（2）当遇特大洪水时，允许最低一个台阶临时淹没，淹没前应撤出一切人员和重要设备。

（3）有淹没危险的采矿场，主排水泵站的电源应不少于两回路供电。任一回路停电时，其余线路的供电能力应能承担最大排水负荷。各排水设备必须保持良好的工作状态。

（4）降雨量较小的露天矿山在同一阶段上应选用同一规格的水泵。降雨量很大的露天矿山，可选用两种不同规格的水泵。

（5）大型露天矿确定排水能力时，应进行储排平衡计算。在暴雨期间，采用露天排水时，坑底淹没时间应小于 7d，采用井巷排水方式时应小于 5d，其淹没高度均不得超过两个阶段。

（6）正常工作的水泵能力，应能在 20h 内排出露天坑 24h 正常降雨径流量与地下涌水量之和，备用和检修水泵的能力不应小于正常工作水泵能力的 50%。所用水泵全部开动，应能在设计预定淹没深度下在允许的时间内排出坑内暴雨时的涌水量。

（7）移动泵站水泵的扬程，不宜超过 100m。

（8）露天排水泵站的阶段水池或底部水池的最小容积，应能容纳 0.5h 以上的水泵排水量。

（9）露天排水管不得少于两条，其中一条检修，另一条应能够满足正常排水的要求；全部排水管投入工作时，应能满足排出暴雨时最大排水量的要求。

（10）管路埋设时，非冰冻地区管顶埋深不应小于 0.7m；冰冻地区应埋在冻土层以下，当埋深超过 1m 时，应采用其他防冻措施。管路坡度大于 15°时，管道下面应设挡墩支承。当排水管路很长，且沿地形起伏敷设时，在管路最高点应设排气阀，最低点应设泄水阀。

（11）水位变化幅度为 10～35m、水位变化速度不大于 2m/s 的一、二类露天矿，宜采用浮船泵站。

6.3.5 井下供水

6.3.5.1 供水的一般要求

（1）大肠杆菌不超过 500 个/L。

（2）pH 值应在 6.5～8.5 之间。

（3）固体悬浮物不大于 150mg/L。

（4）地面供水池应保有 100m³ 防火用水。

（5）各地点水压应满足相应的用水设备对水压的要求。

（6）一般均采用地表水池自流集中供水。

6.3.5.2 井下供水的用处

（1）防尘用水，如凿岩用水、洒水润湿，冲洗巷道，洒水降尘，冲洗矿车等。

（2）灭火用水，在各巷道内每隔 50～100m 安设接头。

6.3.5.3 供水管径的选择

$$d = (4 \sim 5)\sqrt{\frac{Q}{v}}$$

式中　d——供水管直径；

　　　Q——水管流量；

　　　v——水管流速，竖井中立管 $v = 1.0 \sim 2.0$m/s，其他 $v = 0.5 \sim 1.2$m/s。

管径最小应为 100mm，计算得到的管径要选用标准的钢管。

6.3.5.4 调压措施

当自流供水不符合井下用水设备对水压的要求需调整水压，以满足用水设备的要求。

（1）减压方法：可以使用减压阀减压、减压水箱减压和孔板减压。

（2）增压方法：可以采用气压水箱加压和水泵加压。

6.4 排水系统设计实例

某矿山的某个中段需要排水高度 350m，需要完成的排水能力是 2000m³/d，最大涌水量 3000m³/d。

（1）选择水泵。

1）水泵需要的排水能力。

正常时期排水能力为：

$$Q_{正常} = \frac{Q_{zh}}{20} = \frac{2000}{20} = 100 \text{m}^3/\text{h}$$

最大涌水量排水能力为：

$$Q_{最大} = \frac{Q_{max}}{20} = \frac{3000}{20} = 150 \text{m}^3/\text{h}$$

2）水泵扬程。

$$H' = K(5.5 + H_p) = 1.1 \times (5.5 + 350) = 391.05 \text{m}$$

根据计算的水泵排水能力和需要的扬程查采矿设备手册，选择型号为 MD155 − 67 × 6 的水泵，型号含义如下：

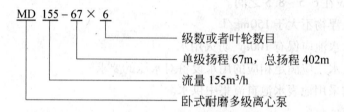

配套电动机型号 Y355L1 − 2，功率 280kW，转速 2950r/min，轴功率 229.5kW，效率 74%，气蚀余量 5.0m，叶轮直径 235mm，进口口径 150mm，出口口径 150mm，泵带底座体积 1.6358958m³，泵带单底重量 1435kg，泵带电动机总长 3219mm、宽（含泵进口突出部分）655mm、高 420mm。

3）水泵台数确定。一般水泵应有同类型三台组成，一台工作，一台检修，另一台备用，其中一台能 20h 内排出 24h 正常涌水，两台能在 20h 排出 24h 最大涌水的要求。因此选择型号为 MD155 − 67 ×6 的水泵 3 台。

（2）排水管的选择。

1）排水管直径。

$$D'_P = \sqrt{\frac{4nQ}{3600\pi v_{ji}}} = \sqrt{\frac{4 \times 155}{3600 \times 3.14 \times 2.2}} = 0.156 \text{m} = 156 \text{mm}$$

选择 "GB/T 8162—2008 直径 168 × 5 无缝钢管"，外径 168mm，内径 163mm，壁厚 5mm。

2）吸水管径。

$$d'_c = d_{ch} + (25 \sim 50) \text{mm} = 163 + 30 = 193 \text{mm}$$

选择 194 × 5 无缝钢管。

3）排水管管壁厚度。

$$\delta = 0.5 D_g \left(\sqrt{\frac{[\sigma] + 0.4 P_g}{[\sigma] - 1.3 P_g}} - 1 \right) + a = \frac{16.8}{2} \times \left(\sqrt{\frac{80 + 0.4 \times 3.85}{80 - 1.3 \times 3.85}} - 1 \right) + 0.1 = 0.4584 \text{cm}$$

符合要求。

（3）水仓选择。

1）水仓断面的确定。

$$S = \frac{Q}{V} \times \frac{5}{18} = \frac{2000 \times 5}{5 \times 18 \times 24} = 4.63 \text{m}^2$$

根据施工方便选择 3 × 2 的三心拱巷道，断面大约 6m²。

2）水仓容积。

$$V = 8 \times 2000 \div 24 = 666.67 \text{m}^3$$

3）水仓长度。

$$L = 666.67 \div 6 = 112 \text{m}$$

考虑水仓利用率，确定水仓长度为 125m。

4）其他工程。配水井为 2.7m × 3m × 5m 的矩形，吸水井为直径 1.2m × 5m 的圆形，配水巷的宽度为 1.5m。

（4）水泵房设计。

1）硐室净宽度。

$$B = b_1 + b_2 + b_3 = 0.655 + 2 + 1.2 = 3.855 \text{m}$$

取 4m。

水泵基础的长和宽应比水泵底座最大外形尺寸每边大 200 ~ 300mm。大型水泵基础应高于泵房地板 200mm，小型水泵可以固定于岩石上。

2）硐室净长度。

$$L = nl + A(n + 1) = 3 \times 3.219 + 1.8 \times 4 = 16.857 \text{m}$$

取 17m。

3）硐室净高度。硐室净高度根据水泵及排水管的高度、起吊水泵要求高度确定，一般为 3 ~ 5m。这里取 4.5m。

4）排水管子斜巷的宽应为 2 ~ 3m，高为 2m，倾角为 25° ~ 30°。

（5）变电硐室设计。根据变电部门设计，选用 KS7 - 315/6.3 变压器两台，高压开关柜为 KYN28 型，低压配电箱为 XFL - 21 型。

查 KS7 - 315/6.3 变压器外形尺寸是 1.6m(长) × 0.98m(宽) × 1.55m(高)，KYN28 型高压开关柜外形尺寸为 0.65m(宽) × 1.5m(深) × 2.3m(高)，XFL - 21 型低压配电箱外形尺寸为 1.9m(高) × 0.8m(宽) × 0.45m(深)。

中央变电硐室采用一字形布置。

1）变电硐室。

长度：$L' = 2l'_1 + nl'_2 + (n - 1)l_2$
         $= 2 \times 0.5 + 2 \times 0.98 + (2 - 1) \times 0.8 = 2.8 \text{m}$

宽度：$B' = b'_1 + b'_2 + b'_3$
         $= 0.5 + 1.6 + 1.5 = 3.6 \text{m}$

可以取 4m，与水泵房宽度相同。

2）配电硐室。

宽度：$B = b_1 + b_2 + b_3$
         $= 0.5 + 1.5 + 1.5 = 3.5 \text{m}$

可以取 4m，与变电硐室及水泵房宽度相同。

长度：$L = l_1 + l_2 + l_3 + l_4 + l_5$

$= 0.5 + 0.8 + 0.8 + 0.65 + 1.5 = 4.45m$

3）中央变电硐室的高应在设备的基础上留 1.2～1.5m 的间隙，其高度应大于5m。选取变电硐室高为5m。

4）通道。通道规格应能满足最大设备和最大件的运输要求，其宽度选为 2.5m，高度为 2.5m。通道入口处需安装铁栅栏闸一道。底板坡向出口，以便排水。

图 6 – 9 所示即为所设计的排水系统平面图。

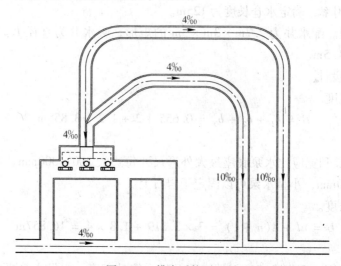

图 6 – 9　排水系统平面图

6.5　井下采矿排水变电设计程序

井下采矿排水变电设计程序见表 6 – 10。

表 6 – 10　井下采矿排水变电设计程序

序号	项目内容	依据	参考文献	完成人	备注
1	选择排水方式				
2	选择排水设备				
3	确定水泵数量				
4	确定水仓规格				
5	确定水泵房规格				
6	选择排水管				
7	确定变电硐室规格				
8	绘制排水变电平面图				

6.6　考核

考核内容及评分标准见表 6 – 11。

表 6-11 井下采矿排水变电设计考核表

学习领域	地下采矿设计			
学习情境	井下采矿排水变电设计		学时	12
评价类别	子评价项	自评	互评	师评
专业能力	资料查阅能力（10%）			
	图表绘制能力（10%）			
	语言表达能力（10%）			
	水仓规格选择是否合理（10%）			
	水仓布置与车场契合程度（10%）			
	水泵及水管选择合理程度（10%）			
	水泵房布置合理程度（10%）			
	变电硐室符合电力要求（10%）			
社会能力	团结协作（5%）			
	敬业精神（5%）			
方法能力	计划能力（5%）			
	决策能力（5%）			
合　计				
班级	组别		姓名	学号
评价信息栏	自我评价：			
	教师评语： 教师签字：　　　　日期：			

项目7　井下炸药库（爆破器材库）设计

7.1　任务书

本项目的任务信息见表 7 – 1。

表 7 – 1　井下炸药库（爆矿器材库）设计任务书

学习领域	地下采矿设计						
项目7	井下炸药库（爆破器材库）设计	学时	6	完成时间	月　日至　月　日		
布　置　任　务							
学习目标	（1）了解井下炸药库的形式、设计时选择原则及要求； （2）熟知井下炸药库设计的一般规定； （3）掌握殉爆距离的计算方法； （4）熟知炸药库各组成部分的功能和安全要求； （5）能够按要求选择确定井下炸药库的位置； （6）掌握井下炸药库的施工支护要求； （7）掌握井下炸药库设备设施的安全要求； （8）掌握井下炸药库爆破器材的储存摆放规定						
任务条件	授课教师根据教学要求给出井下某个中段水平平面图、中段围岩的稳固特性和水文地质情况、矿山生产能力、井下炸药库能够完成的功能，要求学生完成井下炸药库的设计						
任务描述	（1）根据炸药库位置选择的要求及中段实际情况选择炸药库的位置； （2）根据矿山生产能力、爆破器材种类确定井下炸药库的各种爆破器材的库存量； （3）根据爆破器材的库存指标、炸药库位置围岩性质和水文地质条件确定炸药库的形式； （4）画草图初步完成炸药库平面图，标定各组成硐室的功能； （5）计算各功能硐室间的殉爆距离； （6）根据各硐室的功能要求，确定各功能硐室断面尺寸、高度； （7）完成其他井巷及设备设施的设计； （8）根据炸药库要求编制炸药库施工支护方法、安全规定； （9）绘制炸药库平面图及断面图						
参考资料	（1）《金属矿地下开采》（第2版），陈国山主编，冶金工业出版社； （2）《采矿设计手册》（地下开采卷、井巷工程卷、矿山机械卷），建筑工业出版社； （3）《采矿设计手册》（五、六册），冶金工业出版社； （4）《采矿学》（第2版），王青主编，冶金工业出版社； （5）《采矿技术》，陈国山主编，冶金工业出版社						
任务要求	（1）发挥团队协作精神，以小组形式完成任务； （2）以对成果的贡献程度核定个人成绩； （3）展示成果要做成电子版； （4）按时按要求完成设计任务书； （5）学生应该遵守课堂纪律不迟到、不早退						

7.2　支撑知识

7.2.1　炸药库的形式

井下炸药库有硐室式（见图 7-1）和壁槽式（见图 7-2）两种。硐室式用于大中型矿山，炸药和雷管存放在库房一侧的专用硐室。硐室式炸药库的特点是：库容量较大，施工较容易，使用方便，通风条件好，相对来说安全性较差。壁槽式炸药库的特点是：库容量较小，施工方便，安全性较好，通风条件较差，使用不方便，一般应用在小型矿山。

7.2.2　井下炸药库设计的一般规定

（1）井下炸药库（也称爆破器材库）除存放炸药和其他爆破器材的硐室或壁槽外，还应设有雷管检查室、消防材料室、工具室、发放室、管理人员工作室及电器设备等辅助硐室。

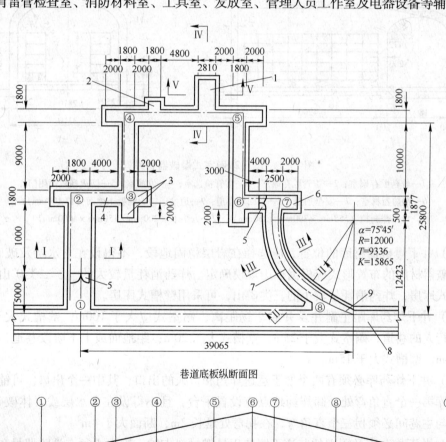

巷道底板纵断面图

相对标高 （m/m）	+0.000	+61	+83	+124	+188	+158	+143	+97	+0.000
距离（m/m）	16000	5800	10800	16640	11800	5800	18300		33535
坡度（‰）	3.8	3.8	3.8	3.8	2.5	2.5	2.5		3
高差（m/m）	61	22	41	64	30	15	46		97

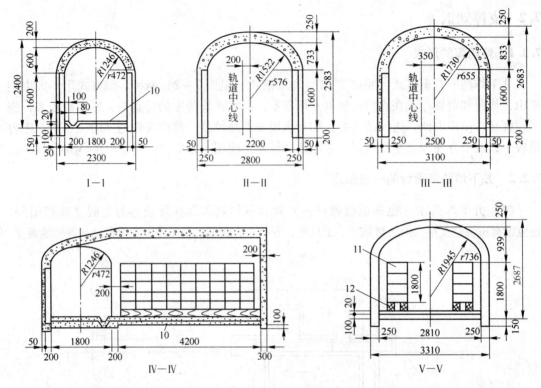

图 7 - 1　井下 2t 硐室式爆破器材库

1—炸药贮存硐室；2—雷管贮存硐室；3—雷管检选室；4—发放室；5—防火栅栏两用门；

6—消防器材室；7—安全通道；8—总回风巷道；9—道岔；10—混凝土地面（厚 100mm）；

11—炸药箱（555mm×390mm×250mm）；12—方垫木（200mm×150mm×4000mm）

（2）井下爆破器材库的位置，应选择在岩层稳固地段，不得设在含水层及破碎带内。井下爆破器材库的布置形式应根据矿山规模确定。炸药消耗量较大的一、二类矿山，宜采用硐室式库房；炸药消耗量较小的三类矿山，可采用壁槽式库房。

（3）井下炸药库距主副井及井底车场距离，硐室式应大于 100m，壁槽式大于 60m；距经常行人的巷道，硐室式大于 25m，壁槽式大于 20m；距地面或上下阶段巷道，硐室式大于 30m，壁槽式大于 15m。

（4）井下炸药库必须有两个便于运送炸药和行人的出口，其中一个出口，可铺设轨道至炸药库第一个直角弯处。卸炸药地点应设置平台，且不得设在含水层或岩体破碎带内。储藏室与主巷间必须拐三个直角弯，在拐弯处延长 2m，断面大于 4m^2。

（5）井下炸药库及周围的巷道不能使用易燃材料支护，库内必须有消防器材和高压水龙头，出口设防火门。

（6）炸药库必须有单独的通风风流，回风风流应直接进入矿山的回风巷道内，必须满足通风要求。

（7）井下炸药库的照明，必须采用防爆灯或矿用密闭灯，电线应用铠装电缆，电压为 36V。储存爆破器材的硐室或壁槽不得设置灯具，电源开关设在辅助硐室内

（8）井下炸药库的单个硐室储存炸药为 2t，壁槽为 0.4t，整个炸药库储存炸药量为三

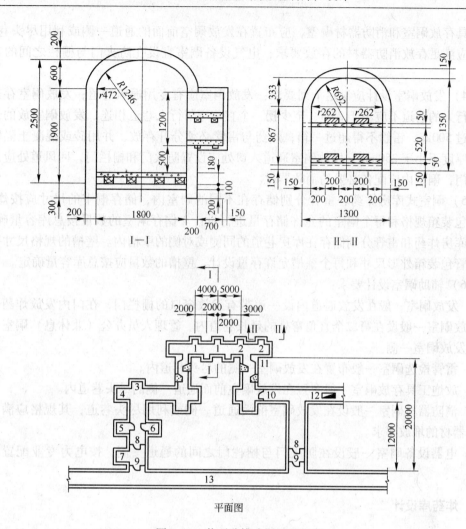

图 7-2　井下壁槽式爆破器材库

1—炸药贮存壁槽；2—雷管贮存壁槽；3—雷管检选室；4—消防材料室；5—发放室；
6—放炮工具存放室；7—电器设备室；8—防火门；9—铁栅栏门；10—调节风门；
11—混凝土挡墙；12—回风巷及天井；13—行人运输巷道

天的矿山正常炸药需要量，储存爆破器材为十天的正常需要量。

（9）井下炸药库内各硐室或壁槽间的距离应符合殉爆距离的要求。

（10）炸药库的地面比运输巷要高 100～200mm，储存炸药及雷管等硐室比通道要高 100～200mm。发放硐室及 15m 以内的连接巷道，应采用混凝土或非燃烧材料支护，库房内应采取防潮措施。库房地板应铺 0.1m 厚的混凝土，并应在其上铺设木地板或胶板。

（11）库房内必须备有足够数量的消防器材和高压水管。出入口处必须设置向外开的防火铁门。

（12）储存雷管及硝酸甘油类炸药的硐室或壁槽应设金属网门；储存爆破器材的硐室、壁槽之间应留有足够的殉爆安全距离。

（13）井下爆破器材库的辅助硐室布置，应符合下列要求：炸药发放硐室应在发放通道内加设一道带发放窗口的栅栏门；雷管检选硐室应布置在发放硐室一侧的尽头巷道内；

爆破工具存放硐室和消防器材硐室，应布置在发放硐空前面的通道一侧或利用尽头巷道，其规格应满足存放消防器材的存放要求；电气设备硐室宜设在防火门与栅栏之间的通道一侧。

（14）发放硐室设计应满足下列要求：发放硐室应有专用通风巷道；发放硐室存药室距经常行人的巷道不应小于25m，至少拐一个直角弯与行人巷道相连；发放硐室放的炸药不得超过500kg，雷管不得超过一箱；炸药与雷管必须分开存放，并用砖或混凝土隔墙隔开，墙厚度不小于250mm；发放硐室通道入口处应设置防火门和栅栏门，回风道处应设置调节风门，硐室内应配备必要的消防器材。

（15）硐室式库房炸药、雷管分别储存在不同的硐室内，储存硐室的尺寸应按炸药、雷管的包装箱规格和每个硐室的允许储存量进行设计。储存硐室的数量按总库容量确定。壁槽式库房炸药和雷管分别储存在库房巷道的同侧或对侧的壁槽内。壁槽的规格尺寸按炸药、雷管包装箱外形尺寸和每个壁槽允许存量设计。壁槽的数量应按总库容量确定。

（16）辅助硐室设计要求：

1）发放硐室一般在发放通道内设一道带有发放窗口的栅栏门，在门内发放炸药、雷管。发放硐室一般设在第二个直角弯处的延长巷道内。管理人员办公（兼休息）硐室一般布置在发放硐室一侧。

2）雷管检选硐室一般布置在发放硐室一侧的尽头巷道内。

3）放炮工具存放硐室一般布置在发放硐室前面通道一侧的尽头巷道内。

4）消防器材硐室一般设在发放硐室前面通道一侧或利用尽头巷道，其规格应满足存放消防器材的堆放要求。

5）电器设备硐室一般设在防火门与栅栏门之间的通道一侧，按电力专业配置要求设计。

7.2.3　炸药库设计

（1）类型的选择。首先根据矿山的生产规模、存放炸药及其他爆破器材的数量，确定井下炸药库的类型。其次根据全矿各中段的开拓设计和炸药库对地点的要求确定炸药库的位置。最后根据存放的炸药及其他爆破器材的种类、特点、数量布置主要硐室和各种辅助硐室的数量及位置。

（2）硐室断面。辅助硐室平面尺寸见表7－2。

表7－2　辅助硐室平面尺寸　　　　　　　　　　m

序号	辅助硐室名称	平面尺寸		
		宽　度	长　度	高　度
1	发放硐室	2	2~2.5	2.5~2.8
2	办公（兼休息）硐室	1.8~2	2~2.2	2.5~2.8
3	雷管检选硐室	1.8~2.2	2~2.5	2.5~2.8
4	爆破工具存放硐室	1.8~2.2	2~3	2.5
5	消防器材硐室	1.8~2	2~3	2.5
6	电器设备硐室	1.5~1.8	2	2.5
7	通道	1.8~2		2.5~2.8

（3）殉爆距离的计算。

1）存放炸药的壁槽或硐室之间殉爆距离。

$$S = \sqrt{q_1 k_1^2 + q_2 k_2^2 + \cdots + q_n k_n^2}$$

式中 S——殉爆安全距离，m；

$q_1, \cdots, q_n$——壁槽式硐室内各种炸药的最大储存量，kg；

$k_1, \cdots, k_n$——对应各种炸药的安全系数，见表 7 - 3。

表 7 - 3 炸药库之间殉爆安全系数 k

主爆库炸药		殉爆库炸药					
		硝铵炸药		硝酸甘油大于40%胶质炸药		梯恩梯	
		无土堤	有土堤	无土堤	有土堤	无土堤	有土堤
硝铵炸药，硝酸甘油小于40%胶质炸药	有土堤	0.15	0.10	0.25	0.15	0.30	0.20
	无土堤	0.25	0.15	0.35	0.25	0.40	0.30
硝酸甘油大于40%胶质炸药	有土堤	0.30	0.20	0.50	0.30	0.60	0.40
	无土堤	0.50	0.30	0.70	0.50	0.80	0.60
梯恩梯	有土堤	0.60	0.40	0.80	0.50	0.90	0.50
	无土堤	0.80	0.60	1.00	0.80	1.20	0.91

壁槽式硐室对称布置按双无土堤；交错布置按一方有土堤、一方无土堤；同侧布置时，按双有土堤选择 k 值。

2）雷管库和炸药库及雷管库与雷管库之间殉爆安全距离。

$$S = K\sqrt{n}$$

式中 K——安全系数（雷管为主爆），m，见表 7 - 4；

n——壁槽或硐室存放雷管最多时个数。

表 7 - 4 安全系数 K 值   （m）

矿 房 类 型	双方无土堤	一方无土堤	双方有土堤
雷管库与炸药库	0.06	0.04	0.03
雷管库与雷管库	0.10	0.067	0.05

7.3 知识扩展

7.3.1 爆破器材的存放规定

（1）装硝酸甘油、各种雷管箱（袋）必须放在货架上，装其他爆破器材的箱（袋）应堆放在垫木上，架、堆相互之间的通道宽度不小于 1.3m。

（2）存架上堆放硝化甘油和雷管时，禁止叠放。

（3）爆破器材箱（袋）上架板间距不得小于 4cm，架宽不得超过两箱（袋）的宽度。

（4）货架（堆）与墙壁的距离不小于 200mm，堆放导爆索和硝铵类炸药等的货架（堆）不能太高，高度不超过 1.6m，应易于搬运。

（5）雷管及炸药要分别放在硐室或壁槽内。

7.3.2　民用爆炸物品储存的规定

民用爆炸物品应当储存在专用仓库内，并按照国家规定设置技术防范设施。

（1）建立出入库检查、登记制度，收存和发放民用爆炸物品必须进行登记，做到账目清楚，账物相符。

（2）储存的民用爆炸物品数量不得超过储存设计容量，对性质相抵触的民用爆炸物品必须分库储存，严禁在库房内存放其他物品。

（3）专用仓库应当指定专人管理、看护，严禁无关人员进入仓库区内，严禁在仓库区内吸烟和用火，严禁把其他容易引起燃烧、爆炸的物品带入仓库区内，严禁在库房内住宿和进行其他活动。

（4）民用爆炸物品丢失、被盗、被抢，应当立即报告当地公安机关。

在爆破作业现场临时存放民用爆炸物品的，应当具备临时存放民用爆炸物品的条件，并设专人管理、看护，不得在不具备安全存放条件的场所存放民用爆炸物品。

民用爆炸物品变质和过期失效的，应当及时清理出库，并予以销毁。销毁前应当登记造册，提出销毁实施方案，报省、自治区、直辖市人民政府国防科技工业主管部门、所在地县级人民政府公安机关组织监督销毁。

7.3.3　矿区地面炸药库位置选择

矿山炸药库（加工厂）危险性较大，安全要求必须十分严格，选择其场地时，应认真遵守防爆、防火、防洪的有关规定，充分满足下述各项要求：

（1）厂、库场址宜选择在矿区边缘偏僻的荒山沟谷内，并要求该处工程地质条件好、地下水位低、不受山洪与泥石流威胁，应有山岭、岗峦作为天然屏障，以减少对外的安全距离。

（2）厂、库场址距离矿区、村镇、国家铁路、公路、高压输电线等建筑物、构筑物要达到规定的安全距离。

（3）应有布置其全部设施的场地面积，尽量减少土石方量。场地上应有良好的排水系统。

（4）与外部应有良好的运输条件，以便运出炸药成品及运入加工炸药用的原材料。

（5）炸药库和炸药加工厂是互相联系又互相影响的两个组成部分，既不应离得太远，又不能紧邻设置在一起，其间要求有一定的安全距离，通常选择在一个山沟内的两个沟岔里，或者选择在相距不远的两个独立的山沟内，使厂、库之间有天然的山峦隔开。

7.3.4　矿区地面炸药库设计的主要规定

（1）爆炸材料库区的设施应包括：炸药库，雷管库，爆炸材料准备室，消防水池和消防棚，防火沟，土堤及围墙，供电、照明、通讯和防雷设施，警卫室及岗亭，办公室，装卸站台，道路及排水沟。

（2）库区内布置各库房位置时，应符合库房之间的殉爆安全距离的要求。

（3）通往各库房应有规定宽度的通道，如用汽车接近库房取送炸药时，应于适当地点设置汽车用场与装卸站台。公路的纵向坡度不宜大于6%，手推车道路不宜大于2%，冬季应有防滑措施

（4）总库库区应设刺网和围墙，其高度不低于2m，距炸药库的距离不小于40m，在刺网10m外设宽1~3m、深不小于1m的防火沟。

（5）库区值班室布置在围墙外侧，距围墙不小于50m；岗楼布置于周围。库区办公室、生活设施等服务性建筑物应布置在安全地带。

（6）库区内库房多时，相邻库房不得长边相对布置；雷管库应布置在库区的一端。库房结构应为平房，房屋宜为钢筋混凝土梁柱承重，墙体应坚固、严密、隔热，应注意合理的方位。库房应具有足够的采光、通风窗，库房地面应平整、坚实、无裂缝、防潮、防腐蚀，不得有铁器之类出露于地面。

（7）库区对矿区、居住区、村镇、国家铁（公）路及高压输电线等建、构筑物的安全距离的起算点是库房的外墙根

7.3.5 发放站的规定

在多中段开采的矿井里，爆破器材库距工作面的距离超过2.5km或井下不设爆破器材库时，允许在各中段设置井下爆破器材发放站。发放站应设有专用通风巷道；发放站距经常行人的巷道应不小于25m，至少拐一个直角弯与行人道相连。发放站存放的炸药不得超过500kg；雷管不得超过一箱。炸药与雷管必须分开存放，并用砖或混凝土隔墙隔开，隔墙厚度不小于25cm。

井下爆破器材发放站应设置在围岩稳定、运输方便的回风巷道附近。可以利用废巷道按规定的要求改建，发放站应在进风巷道（通道）一侧设置炸药、雷管发放室。

发放站的形式有硐室式和壁槽式两种。硐室式发放站的库房用不小于25cm厚的隔墙将硐室分为炸药储存间、雷管储存间。当储存量较少时，可布置成壁槽式，炸药、雷管分别储存在壁槽内。

硐室式发放站如图7-3所示。

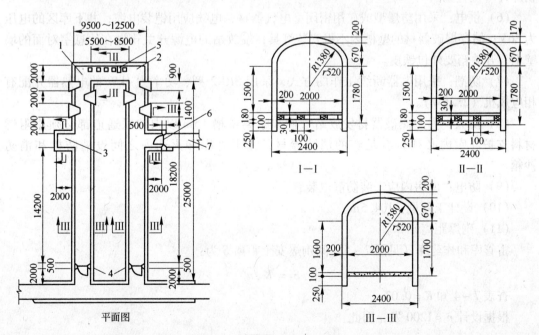

平面图

图7-3 井下爆破器材发放站

1—炸药储存间；2—雷管储存间；3—炸药发放间；4—防火栅栏两用门；

5—混凝土隔墙；6—铁调节风门；7—回风巷道

7.4　设计实例

下面是夹皮沟矿业公司北沟金矿井下爆破器材发放站的设计实例。

（1）设计目的：北沟矿原井下爆破器材发放站设在 0m 中段，距硐口 95m 处。因服务年限长，现发放站岩石有脱落现象，造成安全隐患。为安全生产，经公司有关部门同意，决定在 530m 中段重新施工井下爆破器材发放站。

（2）设计依据：《爆破安全规程》（GB 6722—2003）中有关井下火药库和爆破器材发放站的设计规定。

（3）本次设计为井下坑内壁槽式爆破器材发放站，共设两个壁槽。一个是雷管壁槽，一个是炸药壁槽。雷管储量为 1200 发，炸药储量为 500kg。火药箱之间留有不小于 30mm 的安全间隙，箱堆之间应留有不小于 1.3m 的通道，箱堆的高度不超过 1.8m，箱堆与墙之间安全距离不小于 20cm。储存室底板铺木地板和防潮材料，地板在硐室底板以上 0.3m 高度铺设。

（4）井下爆破器材发放站设计两个出口：第一安全出口设在 530m 中段南沿 001 川内，距 530m 中段盲井直线距离 137m，距 530m 中段南沿主巷 33.6m；第二安全出口布置在 530m 中段南沿 008 川内，距 530m 中段南沿 43m。出口设计应符合相关规定的要求，能保证发放站的两个行人安全出口和通风风流。008 川在设计位置用混凝土进行封堵，以形成三个缓冲直角弯。

（5）安全防护门设置：在石门与北沿岔口处设置一道栅栏门；在 008 川设两道栅栏门；在石门与南沿岔口处设置一道防盗门；在爆破器材发放处设一道栅栏门。所有的门均朝外开（位置见图 7 - 4）。

（6）供电：采用防爆型或矿用密闭型电气器材，电线应用铠装电缆；井下库区的电压为 36V；储存爆破器材的壁槽内不得安装灯具；发放站的电源开关箱设在休息室对面的墙壁上，开关箱要外包铁皮。

（7）防潮：采用电器断续工作的方式，采用 SRK2 型、功率为 4kW 的电热器并配有相应风机（2.2kW）。

（8）防火：井下爆破器材发放站壁槽和距离壁槽 15m 以内的联通道都必须用阻燃材料支护。库内必须备有足够的消防器材，在雷管库和火药库之间设消防栓和消防沙箱。

（9）防电：库房内应安装防静电装置。

（10）设计工程量：104.5m。

（11）殉爆距离计算。

雷管库和炸药库（见图 7 - 5）间殉爆安全距离 S 为：

$$S = K\sqrt{n}$$

查表 7 - 4 知 $K = 0.03$；

根据设计 $n = 1200$ 发，因此：

$$S = 0.03 \times \sqrt{1200} = 1.04\text{m}$$

实际距离为 6m，符合殉爆距离要求。

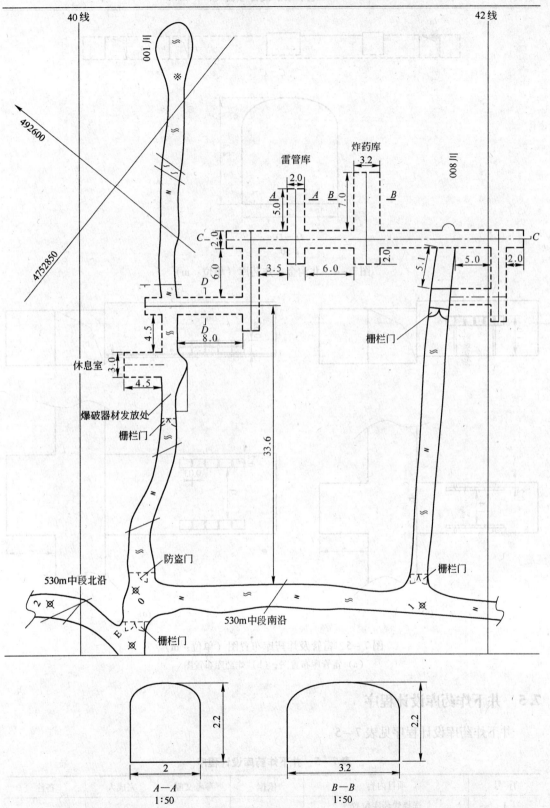

A—A
1:50

B—B
1:50

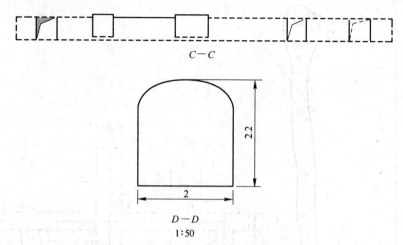

图 7-4　北沟金矿炸药库（单位：m）

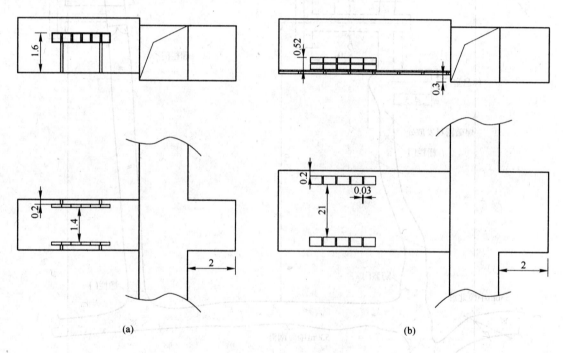

图 7-5　雷管及炸药库布置图（单位：m）
（a）雷管库布置图；（b）炸药库布置图

7.5　井下炸药库设计程序

井下炸药库设计程序见表 7-5。

表 7-5　井下炸药库设计程序

序　号	项目内容	依据	参考文献	完成人	备注
1	选择炸药库位置				
2	选择炸药库的形式				

序 号	项目内容	依据	参考文献	完成人	备注
3	确定炸药库各功能硐室				
4	确定各功能硐室位置				
5	确定各硐室规格				
6	计算硐室间殉爆距离				
7	制定炸药库安全运行要求				
8	绘制炸药库平面图				

7.6 考核

考核内容及评分标准见表 7 – 6。

表 7 – 6 井下炸药库（爆破器材库）设计考核表

学习领域	地下采矿设计			
学习情境	井下炸药库（爆破器材库）设计		学时	6
评价类别	子评价项	自评	互评	师评
专业能力	资料查阅能力（10%）			
	图表绘制能力（10%）			
	语言表达能力（10%）			
	炸药库位置选择是否合理（10%）			
	炸药库形式选择是否符合规程（10%）			
	炸药库功能硐室选择是否准确（10%）			
	参数选择及计算准确程度（10%）			
	安全要求制定全面正确（10%）			
社会能力	团结协作（5%）			
	敬业精神（5%）			
方法能力	计划能力（5%）			
	决策能力（5%）			
合 计				
	班级	组别	姓名	学号
评价信息栏	自我评价：			
	教师评语：			

教师签字： 日期：

项目 8　竖井提升设计

8.1　任务书

本项目任务信息见表 8 - 1。

表 8 - 1　竖井提升设计任务书

学习领域	地下采矿设计					
项目 8	竖井提升设计	学时	12 ~ 18	完成时间	月　日至　月　日	
布　置　任　务						
学习目标	(1) 熟悉竖井提升方式及提升设备； (2) 熟悉竖井提升辅助设备设施； (3) 会选择竖井提升方式及设备； (4) 会选择提升辅助设备设施； (5) 学会提升动力性、运动学计算方法； (6) 能完成主副井提升位置计算及布置					
任务条件	教师应该给定提升井的用途、提升设备类型、提升设备规格型号、提升量、装载卸载设备及方式、井底车场形式					
任务描述	(1) 根据运输设备、用途、生产能力选择提升方式； (2) 选择提升设备； (3) 选择其他辅助设备（天轮、钢丝绳、平衡锤、提升机、装载卸载设备）； (4) 绘制提升系统草图； (5) 计算各种规格、尺寸、距离； (6) 进行运动学计算； (7) 进行动力学计算； (8) 绘制提升系统图					
参考资料	(1)《金属矿地下开采》（第 2 版），陈国山主编，冶金工业出版社； (2)《采矿设计手册》（地下开采卷、井巷工程卷、矿山机械卷），建筑工业出版社； (3)《采矿设计手册》（五、六册），冶金工业出版社； (4)《采矿学》（第 2 版），王青主编，冶金工业出版社； (5)《采矿技术》，陈国山主编，冶金工业出版社					
任务要求	(1) 发挥团队协作精神，以小组形式完成任务； (2) 以对成果的贡献程度核定个人成绩； (3) 展示成果要做成电子版； (4) 按时按要求完成设计任务书； (5) 学生应该遵守课堂纪律不迟到、不早退					

8.2 支撑知识

8.2.1 提升机简介

提升机是矿山提升设备的主要组成部分，供缠绕和传动钢丝绳之用，以完成矿井提升或下放重物的任务。现在我国生产和使用的矿井提升机分为单绳缠绕式和多绳摩擦式两种。单绳缠绕式提升机是等直径的。它按卷筒个数多少可分为双筒和单筒提升机两种。

双筒提升机在主轴上装有两个卷筒，其中一个用键固定在主轴上，称为死卷筒（固定卷筒）；另一个套装在主轴上，通过调绳装置与轴连接，称为活卷筒（游动卷筒）。双筒提升机用作双钩提升，每个卷筒上固定一根钢丝绳，两根钢丝绳的缠绕方向相反，因此，当卷筒旋转时，其中一根向卷筒上缠绕，另一根则自卷筒上松放，此时悬吊在钢丝绳上的容器一个上升一个下放，从而完成提升重容器、下放空容器的任务。因双筒提升机有一个活卷筒，故更换中段、调节绳长和换绳都比较方便。

单筒提升机可用作单钩提升，也可用作双钩提升。双钩提升时，卷筒缠绕表面为两根钢丝绳所共用，下放绳空出卷筒表面时，上升绳即向该表面缠绕，这样，每次提升都得到了充分的利用。因此，它较双筒提升机具有结构紧凑、重量轻的优点。其缺点是当双钩提升时，不能用于多中段提升，且调节绳长、换绳也不太方便。

提升机由调绳装置、减速器、深度指示器组成。

（1）卷筒。

1）卷筒直径。卷筒直径 D 的确定是以保证钢丝绳在卷筒上缠绕时产生的弯曲应力较小为原则。

安全规程规定，卷筒直径 D 与钢丝绳直径 d 之比满足：

对于地面提升设备

$$\frac{D}{d} \geqslant 80$$

对于井下提升设备

$$\frac{D}{d} \geqslant 60$$

2）卷筒宽度。卷筒宽度 B 根据所需容纳的钢丝绳总长度来确定。钢丝绳总长度包括：提升高度（按最深中段计算）、供实验用的钢丝绳长度、为减少绳头在卷筒上固定处的张力而设的三圈摩擦圈。

（2）天轮。天轮安设在井架上，供引导钢丝绳转向之用。根据结构形式不同，天轮可分为铸造辐条式天轮和型钢装配式天轮两类。

天轮直径一般等于卷筒直径，或按安全规程规定：

对于地面提升设备 $D_t \geqslant 80d$

对于井下提升设备 $D_t \geqslant 60d$

（3）单绳缠绕式提升机与井筒相对位置。单绳缠绕式提升机安装地点的选择，主要考虑卸载作业的方便和尽可能简化地面运输系统。

一般双筒提升机用罐笼提升时，提升机房位于重车运行方向的对侧；用箕斗提升时，提升机房位于卸载方向的对侧。井架上的天轮，根据提升机的形式、容器在井筒中的布置以及提升机房的设置地点，可以装在同一水平轴线上，也可装在同一垂直水平面上或不同平面上。

提升机安装地点确定之后，其具体位置由下列因素决定：井架高度、卷筒中心至井筒提升中心线间的水平距离、钢丝绳弦长、钢丝绳偏角、钢丝绳仰角。

1）井架高度：是指从井口水平到最上面天轮轴线间的垂直距离。

2）卷筒中心至井筒提升中心线间的水平距离：此距离的大小主要应使提升机房的基础不与井架斜撑的基础相接触。若二者接触，由于井架斜撑的振动，可能引起提升机房以及提升机基础的损坏。

3）钢丝绳弦长。钢丝绳弦长为钢丝绳离开天轮的接触点到钢丝绳与卷筒的接触点间的距离。钢丝绳弦长有两个：上边出绳的弦长和下边出绳的弦长。

4）钢丝绳偏角：是指钢丝绳弦与天轮平面所成的角度，其值不应大于 $1°30'$。偏角的限制主要是防止钢丝绳与天轮轮缘彼此磨损。当钢丝绳作多层缠绕时，宜取 $1°10'$ 左右，以改善钢丝绳缠绕状况。偏角有外偏角和内偏角。

5）钢丝绳仰角：钢丝绳仰角是钢丝绳弦与水平线所成的仰角，应按提升机技术数据中的规定值检验，但一般不应小于 $30°$，以适应井架（或斜撑）建筑的要求。仰角有上出绳仰角和下出绳仰角。

8.2.2　提升容器选择

8.2.2.1　小时提升量

$$A_s = \frac{CA}{t_r t_s}$$

式中　A_s——小时提升量，t/h；

　　　　C——提升不均衡系数，箕斗提升取 1.15，罐笼取 1.2；

　　　　A——年提升量，t/a；

　　　　t_r——年工作日，d/a；

　　　　t_s——日工作小时数，h/d，对于箕斗提升，提一种矿石时取 19.5h，提两种矿石时取 18h；对于罐笼提升，作主提升时取 18h，兼作主副提升时取 16.5h；对于混合井提升，有保护隔离措施时按上面数据选取，若无保护隔离措施则箕斗或罐笼提升的时间均按单一竖井提升时减少 1.5h 考虑。

8.2.2.2　提升速度的确定

$$v = (0.3 \sim 0.5) \sqrt{H'}$$

式中　v——提升速度，m/s；

　　　　H'——加权平均提升高度，m。

式中系数 0.3~0.5 的选取，提升高度在 200m 以内时取下限，600m 以上时取上限。箕斗提升比罐笼提升取值可适当增大。

H' 值应该根据提升井所服务的各阶段矿量，以加权平均的方法求得。求出的 H' 值与初期投产时的提升高度相差很大时，应对初期若干生产阶段以加权平均法求提升高度，同时作有关技术经济比较。

$$H' = \frac{H_1 Q_1 + H_2 Q_2 + H_3 Q_3 + \cdots + H_n Q_n}{Q_1 + Q_2 + Q_3 + \cdots + Q_n}$$

式中 H_1，Q_1——第一阶段的提升高度和阶段矿量（对于箕斗提升则为第一装矿点的提升高度和矿量）；

H_2，Q_2——第二阶段的提升高度和阶段矿量（对于箕斗提升则为第二装矿点的提升高度和矿量）。

其他符号类推。

提升速度除按上述方法计算外，还必须符合下列要求：

（1）根据冶金矿山安全规程规定，竖井用罐笼升降人员，其最大速度不应超过式（8-1）的计算值，同时不得大于 12m/s。

$$v_{max} = 0.5 \sqrt{H} \tag{8-1}$$

式中 v_{max}——最大速度，m/s；

H——提升高度，m。

（2）根据冶金矿山安全规程规定，竖井升降物料时，提升容器的最大速度不得超过式（8-2）的计算值。

$$v_{max} = 0.6 \sqrt{H} \tag{8-2}$$

根据以上方法计算所得的提升速度，再按所选择提升机的绳速选取。

8.2.2.3 提升容器规格选择

A 主井箕斗规格选择

主井箕斗规格根据一次提升量选取。

双容器提升 $\qquad V' = \dfrac{A_s}{3600 \gamma C_m}(K_1 \sqrt{H'} + u + \theta)$

单容器提升 $\qquad V' = \dfrac{A_s}{1800 \gamma C_m}(K_1 \sqrt{H'} + u + \theta)$

式中 V'——容器的容积，m³；

H'——提升高度，m；

u——箕斗在曲轨上减速与爬行的附加时间，10s；

C_m——装满系数，取 0.85~0.9；

γ——松散矿石密度，t/m³；

θ——停歇时间，箕斗提升时见表 8-2，罐笼提升时见表 8-3；

K_1——系数，见表 8-4。

表 8-2 箕斗装载停歇时间表

箕斗容积/m³	<3.1		3.1~5	≤8
箕斗类型	计量	不计量	计量	计量
停歇时间/s	8	18	10	14

表 8 - 3　罐笼进、出车停歇时间表

罐　笼		推车方式				
		人工推车		推车机		
		矿车容积/m³				
层数/层	每层装车数/辆	≤0.75	≤0.75	≤0.75	1.2～1.6	2～2.5
		停歇时间/s				
		单面	双面	双面	双面	双面
单	1	30	15	15	18	20
双	1	65	35	35	40	45
双（同时进车）	2	—	20	20	25	—

表 8 - 4　系数 K_1 值

系　数	提升速度/m·s⁻¹				
	$v = 0.3\sqrt{H'}$	$v = 0.35\sqrt{H'}$	$v = 0.4\sqrt{H'}$	$v = 0.45\sqrt{H'}$	$v = 0.5\sqrt{H'}$
K_1	3.73	3.327	3.03	2.82	2.665

求出 V' 后，再选定提升容器，然后计算一次有效提升量。

$$Q = C_m \gamma V$$

式中　　Q——一次有效提升量，t；

　　　　V——提升容器的容积，m³，罐笼提升时以矿车的容积计算。

B　副井提升容器规格选择

所选的罐笼一般应考虑以下因素：

（1）提升废石使用的矿车应与罐笼配套。其计算方法与上述罐笼提升时的情况相同，只是在核算提升能力时，应按最大班提升量考虑。

（2）提升最大设备的外形尺寸和质量与罐笼相适应。尽可能考虑罐笼内能装载最大设备。特殊情况下可考虑在罐笼底部吊装。

（3）最大班提升井下生产人员的时间不超过 45min，特殊情况可取 60min。

（4）当罐笼作为主井提升时，可以参考箕斗公式计算，此时 $u = 0$，θ 按表 8 - 2 选取。

8.2.3　提升钢丝绳的选择

（1）安全系数的确定。提升钢丝绳在悬挂时的安全系数应符合下列规定：

1）单绳缠绕式提升钢丝绳：专作升降人员用的，不小于 9；升降人员和物料用的，升降人员时不小于 9，升降物料时不小于 7.5；专作升降物料用的，不小于 6.5。

2）多绳摩擦提升钢丝绳：升降人员用的，不小于 8；升降人员和物料用的，升降人员时不小于 8，升降物料时不小于 7.5；升降物料用的，不小于 7；作罐道或防撞绳用的，不小于 6。

使用中的钢丝绳，定期检验时安全系数为下列数值的，应更换：专作升降人员用的，小于 7；升降人员和物料用的，升降人员时小于 7，升降物料时小于 6；专作升降物料和悬挂吊盘用的，小于 5。

（2）钢丝绳悬垂长度。

$$H_0 = H_j + H_s$$

式中　H_0——钢丝绳悬垂长度，m；

　　　　H_j——井架高度，m，一般罐笼井取 15~25m，箕斗井取 30~35m；

　　　　H_s——竖井深度，m。

（3）单绳缠绕式提升负荷计算。

$$Q_{max} = Qg + Q_z g + pH_0$$

式中　Q_{max}——钢丝绳最大负载，N；

　　　　Q——一次提升载荷，kg；

　　　　Q_z——提升设备设施自重，kg；

　　　　p——钢丝绳每米重力，N/m。

计算后得钢丝绳每米重量 p 为：

$$p = \frac{Qg + Q_z g}{\dfrac{0.11\sigma_b}{m_a} - H_0}$$

式中　σ_b——钢丝绳抗拉强度，N/cm^2。

根据每米重量及提升要求选择钢丝绳，选择钢丝绳后要进行安全系数验算。

$$m_a = \frac{Q_d}{Qg + Q_z g + pH_0}$$

（4）多绳摩擦提升钢丝绳计算。由于多绳提升有多条钢丝绳，p 值计算如下：

$$p = \frac{\dfrac{1}{n}(Qg + Q_z g)}{\dfrac{0.11\sigma_b}{m_a} - H_0}$$

式中　n——钢丝绳条数。

$$m_a = \frac{Q_d}{\dfrac{1}{n}(Qg + Q_z g)pH_0}$$

8.2.4　卷筒宽度的选择

卷筒一般均采用单层缠绕，其宽度 B 为：

$$B = \left(\frac{H + L_s}{\pi D} + 3\right)(d + \varepsilon)$$

式中　H——提升高度，罐笼提升等于井筒深度 H_s，箕斗提升应该加上箕斗装矿和卸矿高度；

　　　　L_s——钢丝绳试验长度，20~30m；

　　　　3——钢丝绳缠绕摩擦圈数；

　　　　ε——钢丝绳缠绕绳圈间隙，2~3mm。

8.2.5　提升机与井筒相对位置

图 8-1 所示为影响缠绕式提升机安装位置的主要参数关系图。由图中可以看出，为了完成卸载任务，井架必须有一定高度。地面至天轮中心线的距离称为井架高度（H）。提升机卷筒轮缘至天轮轮缘的距离，称为弦长。弦长 L_x 与井架高度 H 及井筒提升中心至提升机卷筒中心线距离 L 成一定的几何关系。在绳弦所在平面内，从天轮轮缘作垂线使之垂直于卷筒中心线，绳弦与垂线所形成的角度称为偏角。下绳弦与水平线形成仰角 β。矿山安全规程对偏角、弦长等有严格的限制，一些提升机对仰角也有一定的要求。

在提升过程中，弦长、偏角是变化的，且相互制约。

为了防止运转时钢丝绳跳出天轮轮缘，L_x 不宜过大。L_x 过大时，绳的振动幅度也增大。因此将弦长 L_x 限制在 60m 以内。由图 8-1 可以看出，上、下两条绳弦长度不相等，但在计算中，近似地认为卷筒中心至天轮中心的距离即为弦长。

当右钩提升即将开始时，右钩钢丝绳形成最大外偏角 α，左钩钢丝绳形成最大内偏角 α_2；当左钩提升即将开始时，左钩钢丝绳形成最大外偏角 α_1，右钩形成最大内偏角 α_2。

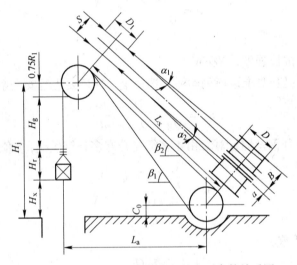

图 8-1　影响提升机安装位置的主要参数关系图

限制偏角的原因及具体规定是：

（1）偏角过大将加剧钢丝绳与天轮轮缘的磨损，降低了钢丝绳的使用寿命，严重时，有可能发生断绳事故。因此，安全规程规定，内外偏角均应小于 1°30′。

（2）某些情况下，当钢丝绳缠向卷筒时，会发生"咬绳"现象。由图 8-2 可见，若内偏角过大，绳弦的脱离段与邻圈钢丝绳不相离而相交，如图中 A 点所示，这就是"咬绳"。有时，虽然内偏角并不很大，但由于卷筒上绳圈间隙 ε 较小、钢丝绳直径 d 较大或卷筒直径 D 较大，也会"咬绳"。"咬绳"加剧了钢丝绳的磨损。

（1）由图 8-1 可以看出，外偏角与弦长 L_x 的关系式为：

$$\alpha_1 = \arctan \frac{B - \dfrac{S-a}{2} - 3(d+\varepsilon)}{L_x}$$

式中 B——卷筒宽度，m；

　　　S——天轮中心距，m，S 值取决于容器形式及其在井筒中的布置方式，与井筒所用罐道形式也有关系；

　　　a——两卷筒之间距离，m，不同形式的提升机，数值不同。

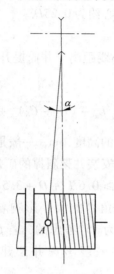

图 8 - 2　咬绳现象

将偏角最大允许值 $1°30'$ 代入上式，即可求出相应的最小弦长。

（2）内偏角 α_2 与弦长 L_x 的关系为：

$$\alpha_2 = \arctan \frac{\dfrac{S-a}{2} - \left[B - \left(\dfrac{H+30}{\pi D} \right) + 3(d+\varepsilon) \right]}{L_x}$$

式中 H——提升高度，m；

　　　30——钢丝绳试验长度，m；

　　　3——摩擦圈数。

同理，将内偏角最大允许角度代入上式，即可求出相应的最小弦长。

选择以上两种方法计算中的大值，定为最小弦长 L。若求出的 L 值不超过 60m，则所定偏角、弦长均合理；若 L 超过 60m，应设法解决

以上结论是适用于单层缠绕的。对于双层或多层缠绕的提升机，由于层与层之间已加剧钢丝绳的磨损，故一般不再考虑"咬绳"问题。

（3）井架高度的确定。由图 8 - 1 可知，H_j 应由下列各部分组成：

$$H_j = H_x + H_r + H_g + 0.25D_t$$

式中 H_j——井架高度，m；

　　　H_x——卸载高度，m，指井口水平至卸载位置的容器底座的距离，对于罐笼提升，若在井口装卸载，$H_x = 0$；对于箕斗提升，地面要装设矿仓，可根据实际取值；

　　　H_r——容器全高，m，指容器底部至连接装置最上面一个绳卡的距离，H_r 可从容器

规格表中查得；

H_g——过卷高度，m，指容器从正常的卸载位置自由地提升到容器连接装置上绳头，同天轮轮缘相接触的一段距离；

D_t——天轮直径，m，$0.25D_t$ 是一段附加距离，因为从容器连接装置上绳头与天轮轮缘的接触点到天轮中心约为 $0.25D_t$。

一般均将计算值圆整成整数值

（4）井筒提升中心线至卷筒中心线距离。井筒提升中心线至卷筒中心线距离 L_a 应按下式确定：

$$L_a = \sqrt{L_x^2 - (H_j - C_0)^2} + \frac{D_t}{2}$$

式中　C_0——卷筒中心线至井口水平的高度，m，一般是 $1.5 \sim 2$m。

对于需要在井筒与提升机房之间安装井架斜撑的矿井，对上述距离值要按下式检验：

$$L_a \geqslant 0.6H_j + D + 3.5$$

（5）下绳弦与水平线夹角。仰角 β 的大小影响着提升机主轴受力情况。JK 型提升机主轴设计时，是以下出绳角 β_1 为 15°考虑的，若 $\beta_1 < 15°$，钢丝绳有可能与提升机基础接触，增大了钢丝绳的磨损。一般考虑井架建筑和受力的要求，仰角应大于 $25° \sim 30°$。

$$\beta_1 = \arctan \frac{H_j - C_0}{L_a - \dfrac{D_t}{2}} + \arcsin \frac{D + D_t}{2L_x}$$

8.2.6　竖井提升运动学

8.2.6.1　提升速度图

（1）罐笼提升速度图。罐笼提升一般采用三阶段速度图，如图 8-3 所示，图中 t_1 为加速运行时间，t_2 为等速运行时间，t_3 为减速运行时间，T_1 为一次提升运行时间，T 为一次提升全时间，v_m 为最大提升速度。

当采用等加速度 a_1 和等减速度 a_3 时，加速和减速阶段中速度按直线变化，并与时间轴成 β_1 和 β_2 角，故三阶段速度图为梯形。交流电动机拖动的罐笼提升设备就是采用这种速度图。

（2）箕斗提升速度图。箕斗提升在开始阶段，下放的空箕斗在卸载曲轨内运行，为了减小曲轨和井架所受的动负荷，其运行速度及加速度受到限制。当提升将近终了时，上升重箕斗进入卸载曲轨，其速度及减速度同样受到限制，但在曲轨外箕斗则可以较大的速度和加减速度运行，故单绳提升非翻转箕斗一般采用对称五阶段速度图（见图 8-4）。翻转式箕斗因卸载距离较大，为了加快箕斗的卸载而增加一个等速（爬行）阶段，这样翻转式箕斗提升速度图便成为六阶段（见图 8-5）。对于多绳提升底卸式箕斗，当用固定曲轨卸载时用六阶段速度图，当用气缸带动的活动直轨卸载时可采用非对称的（具有爬行阶段）的五阶段速度图（见图 8-6）。

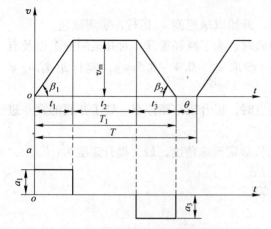

图 8-3　三阶段梯形速度图

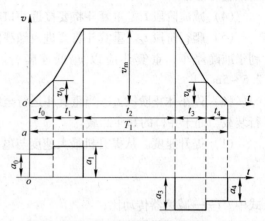

图 8-4　对称五阶段速度图

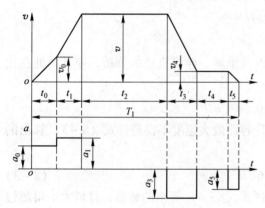

图 8-5　六阶段速度图

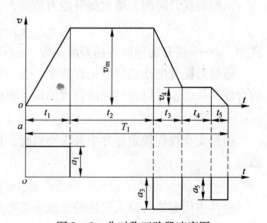

图 8-6　非对称五阶段速度图

对于罐笼提升，为了补偿容器在减速阶段的误差，提高停车的准确性，也需要有一个低速爬行阶段，故目前罐笼提升特别是自动化罐笼提升多采用非对称五阶段速度图。此外，对于采用钢绳罐道的提升设备，为了保证容器在提升终了时以较低的速度由钢绳罐道平稳地进入刚性罐道，也需要有一个低速爬行阶段，在此种情况下，罐笼提升也应采用非对称的五阶段速度图。

8.2.6.2　提升速度的计算

速度图表达了提升容器在一个提升循环内的运动规律，现以箕斗提升图 8-5 为例简述如下：

（1）初加速度阶段 t_0。提升循环开始，处于井底装载处的箕斗被提起，而处于井口卸载位置的箕斗则沿卸载曲轨下行。为了减少容器通过卸载曲轨时对井架的冲击，对初加速度 a_0 及容器在卸载曲轨内的运行速度 v_0 要加以限制，一般取 $v_0 \leqslant 1.5\text{m/s}$。

（2）主加速阶段 t_1。当箕斗离开曲轨时，应以较大的加速度 a_1 运行，直至达到最大提升速度 v_m，以减少加速阶段的运行时间，提高提升效率。

（3）等速阶段 t_2。箕斗在此阶段以最大提升速度 v_m 运行，直至重箕斗将接近井口开始减速时为止。

（4）减速阶段 t_3。重箕斗将要接近井口时，开始以减速度 a_3 运行，实现减速。

（5）爬行阶段 t_4。重箕斗将要进入卸载曲轨时，为了减轻重箕斗对井架的冲击以及有利于准确停车，重箕斗应以 v_4 低速爬行。一般取 $v_4 = 0.4 \sim 0.5\mathrm{m/s}$，爬行距离 $h_4 = 2.5 \sim 5\mathrm{m}$。

（6）停车休止阶段 t_5。当重箕斗运行至终点时，提升机抱闸停车。处于井底的箕斗进行装载，处于井口的箕斗卸载。

（1）提升速度。从提升机最大速度与电动机额定转速角度，最大提升速度为：

$$v_\mathrm{m} = \frac{\pi D n_\mathrm{e}}{60i}$$

式中　i——减速器传动比；

　　　n_e——电动机额定转速，$\mathrm{r/min}$。

从缩短提升时间、增大提升能力角度，最大提升速度为：

$$v_\mathrm{m} = \sqrt{aH}$$

式中　a——提升加速度或提升减速度，$\mathrm{m/s^2}$。

通过对提升电动机的容量和效率、提升有效载重量、卷筒直径的分析，使其均处在比较合理的状态，可以得出经济合理的提升速度：

$$v_\mathrm{m} = (0.4 \sim 0.5)\sqrt{aH}$$

但是安全规程规定竖井中升降物料时，提升容器最大速度不得超过式（8-3）算出的数值

$$v_\mathrm{m} \leqslant 0.6\sqrt{H} \qquad\qquad (8-3)$$

竖井中用罐笼升降人员的最大速度不得超过式（8-4）算出的数值，且最大不得超过 $16\mathrm{m/s}$。

$$v_\mathrm{m} \leqslant 0.5\sqrt{H} \qquad\qquad (8-4)$$

（2）提升加速度和减速度。当进行提升运动学计算时，即计算速度图各参数时，应已知提升高度及最大速度。同时还应该已知加速度 a_1 及减速度 a_3。通常加速度及减速度是根据矿井提升设备在最有利的运转方式下求出，减速度是在比较各种减速方式之后确定。当不作精确计算时，加速度及减速度可以在下列范围内选定：罐笼提升人员时不能大于 $0.75\mathrm{m/s^2}$，提升货载时不宜大于 $1\mathrm{m/s^2}$；一般对较深矿井采用较大的加减速度，浅井采用较小的数值；箕斗提升一般不得大于 $1.2\mathrm{m/s^2}$，斜井提升不得大于 $0.5\mathrm{m/s^2}$。

（3）提升时间和距离。

1）罐笼提升（见图8-3）各段时间和距离的计算。

加速运行时间 t_1 和距离 h_1：

$$t_1 = \frac{v_\mathrm{m}}{a_1}; \ h_1 = \frac{1}{2}v_\mathrm{m}t_1$$

减速运行时间 t_3 和距离 h_3：

$$t_3 = \frac{v_\mathrm{m}}{a_3}; \ h_3 = \frac{1}{2}v_\mathrm{m}t_3$$

等速运行时间 t_2 和距离 h_2：

$$t_2 = \frac{h_2}{v_m}; \quad h_2 = H - h_1 - h_3$$

一次提升运行时间：　　　　$T_1 = t_1 + t_2 + t_3$

一次提升全部时间：　　　　$T = T_1 + \theta$

2）箕斗提升（见图 8-5）各段时间和距离的计算。

初加速阶段运行时间 t_0 和初加速度 a_0：

$$t_0 = \frac{2h_0}{v_0}; \quad a_0 = \frac{v_0}{t_0}$$

式中　h_0——卸载高度，一般取 2.35m；

　　　v_0——箕斗在卸载曲轨段运行的最大速度，一般取 1.5m/s。

主加速阶段运行时间 t_1 和运行距离 h_1：

$$t_1 = \frac{v_m - v_0}{a_1}; \quad h_1 = \frac{v_m + v_0}{2}t_1$$

减速阶段运行时间 t_3 和运行距离 h_3：

$$t_3 = \frac{v_m - v_4}{a_3}; \quad h_3 = \frac{v_m + v_4}{2}t_3$$

式中　v_4——爬行速度一般取 0.4~0.5m/s。

爬行阶段运行时间 t_4：

$$t_4 = \frac{h}{v_4}$$

式中　h_4——爬行阶段运行距离，一般取 2.5~5m，自动控制取小值，手动控制取大值。

等速运行阶段距离 h_2 和时间 t_2：

$$h_2 = H - h_0 - h_1 - h_3 - h_4; \quad t_2 = \frac{h_2}{v_m}$$

抱闸停车阶段减速度 a_5 和距离 h_5：

$$a_5 = \frac{v_4}{t_5}; \quad h_5 = \frac{v_4}{2}t$$

式中　t_5——抱闸停车时间，取 1s。

距离 h_5 在计算中忽略不计。

一次提升时间：

$$T = t_0 + t_1 + t_2 + t_3 + t_4 + t_5$$

8.2.7　竖井提升动力学

图 8-7 所示是竖井提升系统示意图。

提升电动机必须给出恰当的拖动力，系统才能以设计速度图运转。上节研究的速度及加速度代表着提升容器、钢丝绳的速度和加速度，也就是卷筒圆周处的线速度和线加速度。为此，研究电动机作用在卷筒圆周处的拖动力，将使问题较为简便。

电动机作用在卷筒圆周处的拖动力 F，应能克服提升系统的静阻力和惯性力。其表达式为：

$$F = F_j + F_d$$

式中　F_j——提升系统静阻力，N；

　　　F_d——提升系统各运动部分作用在卷筒圆周处的惯性力之和，N。

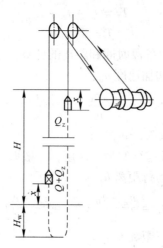

图 8 - 7　竖井提升系统示意图

$$F_d = \sum ma$$

式中　$\sum m$ ——提升系统所有运动部分变位到卷筒圆周处的总变位质量，kg；

　　　a——卷筒圆周处的线加速度，m/s^2。

8.2.7.1　提升系统静阻力 F_j

提升系统静阻力是由容器内有益载荷、容器自重、钢丝绳重以及矿井阻力等组成的。矿井阻力是指提升容器在井筒中运行时，气流对容器的阻力、容器罐耳与罐道的摩擦阻力以及提升机卷筒、天轮的轴承阻力等。

经过分析和简化计算：

$$F_j = kQg + (p - q)(H - 2x)$$

式中　k——矿井阻力系数，罐笼提升 $k = 1.2$，箕斗提升 $k = 1.15$；

　　　Q——一次提升量，kg；

　　　p——钢丝绳单位长度的重力，N/m；

　　　q——尾绳单位长度的重力，N/m；

　　　H——提升高度，m；

　　　x——提升开始到某瞬间的距离，m。

通过上式可以看出 F_j 是 x 的线性函数，当选用 $q = 0$（无尾绳提升）的静力不平衡提升系统时，提升开始时的 F_j 最大。若矿井很深，H 的增大也导致 p 值增大，这时提升开始所需拖动力必定很大，只能选择大容量的电动机。但在提升接近终了时，由于 F_j 很小，再计入惯性力，提升机必须产生较大的制动力矩才能安全停车。这是静力不平衡提升系统的缺点。如不用尾绳，将使系统简单且设备费降低。我国中等深度的矿井和浅井都采用这种系统，这时采用缠绕式提升机。

目前，大产量或较深矿井均优先选择多绳摩擦提升系统。为了防止摩擦提升机与提升钢丝绳产生滑动，均带有尾绳。

选择多绳摩擦提升系统时，应优先考虑选用 $p = q$ 的系统，有特殊需要时才选用重尾绳系统。采用尾绳，增加了井筒开拓量和尾绳费用，同时也增加了设备维修工作量。由于是有尾绳系统，所以多绳摩擦提升系统不能应用于多水平同时提升的矿井。

尾绳一般多选用不旋转钢丝绳或扁钢丝绳。利用悬挂装置，将尾绳两端分别接在两个容器的底部。为了防止尾绳扭结，可在绳环处安装挡板或挡梁。

8.2.7.2　变位重量

提升设备在工作时，提升容器及其所装货载、未缠在卷筒上的钢丝绳做直线运动，它们的速度和加速度都相等；而卷筒及缠于其上的钢丝绳、减速齿轮、电动机转子和天轮做旋转运动，它们的旋转速度和旋转半径各不相同，因此提升设备是一个复杂的运动系统。为了简化提升系统惯性力的计算，用集中在卷筒圆周（缠绕圆周）上的质量来代替提升系统所有运动部分的质量，该集中质量的动能等于提升系统所有运动部分的动能之和。这种集中的代替质量称为提升系统的变位质量。提升系统做直线运动部分的速度和加速度等于卷筒圆周上的线速度和线加速度，因而这部分的变位质量就等于它们的实际质量，所以仅需将旋转运动部分的质量变位。

变位重量的计算是非常繁琐复杂的，一般设备的变位重量可以直接从设备的技术性能表查出。现在说明电动机转子的计算，原则是保持变位前后的动能相等。经分析推导得：

$$G_d = \frac{(GD^2)_d}{D^2} i^2$$

式中　　G_d——电动机转子的变位重力，N；

$(GD^2)_d$——电动机的回转力矩，N·m²；

D——卷筒直径，m；

i——减速比。

通常，$(GD^2)_d$ 与电动机的结构及形式有关，可以从电动机规格表中查到，所以需要初选电动机。提升系统其他旋转部分的变位质量虽也可以利用上述方法计算，但提升机制造厂、天轮制造厂都已给出这些设备变位到卷筒圆周处的变位重力。

电动机功率可用下式估算：

$$P = \frac{kQgv_m}{1000\eta_j}\rho$$

式中　　P——预选电动机的功率，kW；

ρ——动力系数，箕斗提升取 1.2~1.4，罐笼提升取 1.4；

η_j——减速器传动效率，一般取 0.85。

多绳摩擦提升系统需要计算变位质量时，必须根据多绳提升的布置方式（塔式或落地式）、有无导向轮、主绳和尾绳根数及长度等具体情况决定。

各种设备（罐笼、箕斗）提升时各个阶段拖动力的变化规律和计算方法可以参考设计手册或其他书籍。

8.3　知识扩展

　　提升容器是供装运货物、上下人员之用。它的合理选用直接关系着提升设备的能力及其他设备的选择。竖井提升采用罐笼和箕斗两种提升容器。

　　（1）罐笼。罐笼可供提升矿石、废石、人员、材料和设备之用，故罐笼既可用于主井提升，也可用于副井提升。

　　罐笼按提升方法有单绳和多绳两种；按层数有单层、双层两种。

　　罐笼由罐体、悬挂装置、导向装置、断绳防坠器组成。

　　1）罐体。罐体是罐笼的承载体，为金属结构，是罐笼的重要组成部分。罐体两侧焊有带孔的钢板，以防止淋水和石块掉入罐内；两端装有罐门，以保证提升人员的安全；顶部设有可开启的顶盖门，供放入长材料用；底部焊有花纹钢板并敷设有供推入矿车用的轨道；为避免提升过程中矿车在罐笼内移动，罐底还装有阻车器（罐挡）。

　　2）悬挂装置。悬挂装置是提升容器与提升钢丝绳之间连接部件的总称。其用途是将罐笼与钢丝绳连接起来。

　　3）导向装置。导向装置一般称为罐耳。罐笼借罐耳沿着井筒中的罐道运动。

　　4）断绳防坠器。安全规程规定：升降人员或升降人员和物料的罐笼，必须装置可靠的断绳防坠器。当钢丝绳或连接装置万一发生断裂时，防坠器可使罐笼卡在罐道上，以保证所运送人员的安全。

　　5）罐笼的承接装置。罐笼在井底、井口车场及中间中段时，为了便于矿车出入需使用承接装置。用于刚性罐道的承接装置有承接梁、罐座（托台）及摇台三种形式。承接梁只用于井底车场，罐座和摇台可用于井底和井口车场，中间中段规定使用摇台。钢丝绳罐道应用于多中段提升时，为保证罐笼进出车时的稳定，必须设置中间中段的稳罐装置。稳罐装置有钩式稳罐器和活动平台稳罐器两种。钩式稳罐器是在摇台前端设两个稳罐钩，当罐笼到达中间中段，在摇台放下接轨的同时，稳罐钩钩住罐笼底板两边的滚子，进而稳住罐笼。活动平台稳罐器装在出车侧，平时平台翘起，不会影响罐笼运行。当罐笼在中段停罐时，由装在平台底部的气缸带动，使平台放下，平台前端的两组滚轮卡住罐笼的两个角，与此同时，另一侧的滚轮式稳罐器落下卡住罐笼的另外两个角。

　　（2）箕斗。箕斗只能供提升矿石和废石之用。

　　目前我国冶金矿山竖井使用的箕斗，按结构形式可分为翻转式箕斗和底卸式箕斗两大类。在一般情况下，翻转式箕斗适用于单绳提升，底卸式箕斗多用于多绳提升。

　　（3）平衡锤。平衡锤用于单罐笼或单箕斗提升系统中，其作用是平衡提升载荷，减小卷筒上提升钢丝绳的静张力差，以减小电动机容量。

　　（4）提升钢丝绳。提升钢丝绳的用途是悬吊提升容器并传递动力。提升钢丝绳是由数个有相同数目钢丝捻成的绳股绕一绳芯捻制而成，一般由六个绳股组成。安全规程规定，安全系数为钢丝绳所有钢丝破断力之和与最大静负荷之比，并规定提升钢丝绳的安全系数为：

　　1）专为升降人员用的不得低于9。

　　2）升降人员和物料用的不得低于7.5。

　　3）专为升降物料用的不得低于6.5。

4）摩擦轮提升用的不得低于8。

多绳摩擦轮提升，设计单位一般按以下数据选取安全系数：

1）升降人员、升降人员和物料的不得低于8；

2）专为升降物料的不得低于7。

8.4　竖井提升设备选型实例

某矿副井单绳平衡锤单罐笼提升设备选型设计实例如下。

（1）设计依据。

1）矿井地面高 +15m，采矿中段标高 -245m，采准中段标高 -305m。

2）井下运输设备。

①YFC - 0.7 - （6）型矿车：容积 $V = 0.7m^3$，自重 $q_1 = 500kg$，矿石装载量 $Q_1 = 1330kg$，废石装载量 $Q_1' = 1260kg$；

②YLC - 1 - （6）型材料车：名义载重量 1000kg，自重 580kg，每车运送木材 $1m^3$；

③0.5t炸药车：载重 500kg，自重 720kg。

3）井底车场形式：双面。

4）每日提升工作量：见表 8 - 5。

表 8 - 5　每日提升工作量

项　目	中段/m	每天提升量	备　注
副产矿石	-305 ~ -245	70t	晚班
废石	-245	20t	晚班
废石	-305	170t	早、中班
人员	-245	600 人	早班270 人
木材	-245	$11m^3$	早、中班
钢轨及管子	-305	10 根	早班
炸药	-245	1200kg	三班
保健车	-245	7 次	三班
设备		6 次	三班
其他非固定任务		12 次	三班

（2）选择罐笼。根据矿车类型选择 5 号单层罐笼（YJGG - 4 - 1），其技术规格为：装载 $0.7m^3$ 矿车 2 辆，最大载重 5t，自重 $Q_{rg} = 4.5t$，乘人数 30 人，断面尺寸 4000mm × 1450mm，罐笼全高 7m（估）。矿石一次提升量 $Q = 2Q_1 = 2660kg$，废石一次提升量 $Q' = 2Q_1' = 2520kg$，一次提升矿车总量 $q = 2q_1 = 1000kg$。

（3）确定平衡锤。为使在各种提升情况下，系统的静张力差最小，平衡锤的重量应为：

$$Q_c = Q_{rg} + \frac{Q' + q}{2} = 4500 + \frac{2520 + 2000}{2} = 6760kg$$

平衡锤的规格（长×宽）为 1700mm×600mm。

（4）选择钢丝绳。

1）最大悬垂长度。

$$H_0 = h_{ja} + H_j = 15 + 320 = 335 \text{m}$$

式中　H_j——矿井最大深度，$H_j = 15 + 305 = 320 \text{m}$；

　　　　h_{ja}——井架高度，暂取 15m。

2）钢丝绳每米重量。

$$p' = \frac{Q + Q_{rg} + q}{1.1 \dfrac{\sigma_b}{m} - H_0} = \frac{2660 + 4500 + 1000}{1.1 \times \dfrac{17000}{7.5} - 335} = 3.78 \text{kg/m}$$

选择 6×19 钢丝绳，其技术规格为：绳径 $d = 34 \text{mm}$，每米绳重 $p = 4.1 \text{kg/m}$，钢丝破断力总和 $Q_d = 73600 \text{kg}$，钢丝绳公称抗拉强度 $\sigma_b = 170 \text{kg/mm}^3$。

3）验算安全系数。

$$m' = \frac{Q_d}{Q + Q_{rg} + q + pH_0} = \frac{73600}{2660 + 4500 + 1000 + 4.1 \times 335} = 7.74 > 7.5$$

（5）选择提升机。

1）卷筒直径。

$$D \geqslant 80d = 80 \times 34 = 2720 \text{mm}$$

初选标准直径 $D = 3 \text{m}$。

2）卷筒宽度。

$$B = \left(\frac{H + L_s}{\pi D} + 3\right)(d + \varepsilon) = \left(\frac{320 + 20}{\pi \times 3} + 3\right) \times (34 + 3) = 1447 \text{mm}$$

式中　H——最大提升高度，$H = H_j = 320 \text{m}$。

3）钢丝绳最大静张力（提升矿石时）。

$$T_{jmax} = Q + Q_{rg} + q + pH = 2660 + 4500 + 1000 + 4.1 \times 320 = 9470 \text{kg}$$

4）钢丝绳最大静张力差（提升废石时）。

$$\Delta T_j = Q' + Q_{rg} + q - Q_c + pH = 2520 + 4500 + 1000 - 6760 + 4.1 \times 320 = 2570 \text{kg}$$

5）合理提升速度。

$$v = 0.3\sqrt{H} = 0.3\sqrt{320} = 5.36 \text{m/s}$$

选择 2JK-3/20 型提升机，其技术规格为：卷筒直径 $D = 3 \text{m}$、宽度 $B = 1.5 \text{m}$，钢丝绳最大静张力 $T_{jmax} = 13000 \text{kg}$、最大静张力差 $\Delta T_j = 8000 \text{kg}$，减速器速比 $i = 20$，配套电动机转速 720r/min，标准速度为 5.6m/s，机器旋转部分变位重量 $G_{ij} + G_{ic} = 17000 \text{kg}$。

（6）选择天轮。选取 $D_t = D = 3 \text{m}$。

（7）确定提升机与井筒相对位置。

1）井架高度。

$$h_{ja} = h_r + h_{gj} + \frac{1}{4}D_t = 7 + 6 + \frac{1}{4} \times 3 = 13.75 \text{m}$$

取 $h_{ja} = 15 \text{m}$。

2）卷筒中心至井筒提升中心线间的水平距离。

$$b_{\min} \geqslant 0.6 h_{ja} + 3.5 + D = 0.6 \times 15 + 3.5 + 3 = 15.5 \text{m}$$

取 $b = 30$m。

3）钢丝绳弦长。

$$L_1 = \sqrt{\left(b - \frac{D_t}{2}\right)^2 + (h_{ja} - c)^2} = \sqrt{\left(30 - \frac{3}{2}\right)^2 + (15 - 1)^2} = 31.75 \text{ m}$$

$$L_2 = \sqrt{\left(b - \frac{D_t}{2}\right)^2 + (h_{ja} - c)^2 - \frac{1}{4}(D + D_t)^2}$$

$$= \sqrt{\left(30 - \frac{3}{2}\right)^2 + (15 - 1)^2 - \frac{1}{4} \times (3 + 3)^2}$$

$$= 31.61 \text{ m}$$

式中 c——卷筒轴中心线高出井口水平的距离，$c = 1$m。

4）钢丝绳偏角。

外偏角：

$$\tan\alpha_1 = \frac{B - \frac{S - a}{2} - 3(d + \varepsilon)}{L_2} = \frac{1.5 - \frac{1.6 - 0.128}{2} - 3 \times (0.034 + 0.003)}{31.61} = 0.0207$$

$$\alpha_1 = 1°11' < 1°30'$$

式中 S——两容器轴线之间的距离，$S = 1600$mm；

a——两卷筒内的距离，$a = 128$mm。

内偏角：

$$\tan\alpha_2 = \frac{\frac{S - a}{2} - \left[B - \left(\frac{H + L_s}{\pi D} + 3\right)(d + \varepsilon)\right]}{L_2}$$

$$= \frac{\frac{1.6 - 0.128}{2} - \left[1.5 - \left(\frac{320 + 20}{3\pi} + 3\right) \times (0.034 + 0.003)\right]}{31.61}$$

$$= 0.0216$$

$$\alpha_2 = 1°14' < 1°30'$$

5）钢丝绳仰角。

$$\varphi_1 = \arctan\frac{h_{ja} - c}{b - \frac{D_t}{2}} = \arctan\frac{15 - 1}{30 - \frac{3}{2}} = 26°10'$$

$$\varphi_2 = \varphi_1 + \arctan\frac{D + D_t}{2L_2} = 26°10' + \arctan\frac{3 + 3}{2 \times 31.61} = 31°35'$$

（8）提升运动学计算。罐笼提升采用三阶段梯形速度图。

1）选择加减速度。根据安全规程规定，升降人员时加、减速度应不大于 0.75m/s²。选取加速度 $a_1 = 0.7$m/s²，减速度 $a_3 = 0.7$m/s²。

2）速度图各参数的计算。计算结果见表 8 - 6。

表 8 – 6　速度图各参数的计算

提升中段	$-305m \sim -245m$	由 $-245m$ 至地面	由 $-305m$ 至地面
提升高度 H/m	60	260	320
加速时间 $t_1 = \dfrac{v_m}{a}/s$	8	8	8
加速距离 $h_1 = \dfrac{1}{2}v_m t_1/m$	22.4	22.4	22.4
减速时间 $t_3 = \dfrac{v_m}{a_3}/s$	8	8	8
减速距离 $h_3 = \dfrac{1}{2}v_m t_3/m$	22.4	22.4	22.4
等速距离 $h_2 = H - h_1 - h_3/m$	15.2	215.2	275.2
等速时间 $t_2 = \dfrac{h_2}{v_m}/s$	3	39	49
一次提升时间 $T_1 = t_1 + t_2 + t_3/s$	19	55	65

3）最大班（早班）提升时间平衡表（见表 8 – 7）。

（9）提升动力学计算。

1）预选电动机。

电动机近似容量　　　$N' = \dfrac{K\Delta T_j v_m}{102\eta}\rho = \dfrac{1.2 \times 3070 \times 5.6}{102 \times 0.85} \times 1.2 = 285 \text{ kW}$

选择 JRQ1410 – 8 型电动机，其技术规格为：额定容量 $N = 280\text{kW}$，额定转速 $n = 740\text{r/min}$，额定电压 $U = 600\text{V}$，最大过负荷系数 $\lambda = 2.4$，转子飞轮力矩 $(GD^2)_d = 180\text{kg/m}^2$。

表 8 – 7　提升时间平衡表

项　目		提升工作量	每次提升量	每班提升次数/次	一次提升运行时间 T_1/s	两次提升之间休止时间 θ/s	一次提升全时间 $T = 2(T_1 + \theta)/s$	每班提升时间/min
-245 中段	下降人员	270 人	30 人	9	55	40	190	28.5
	上升人员	135 人	30 人	5	55	40	190	15.9
	检修及技术人员			6	55	40	190	19
	木材	6m³	1m³	6	55	40	190	19
	炸药	500kg	500kg	1			300（估）	5
	保健车			3	55	65	240	12
	设备			2			1800（估）	60
	其他			4			360（估）	24
-305 中段	废石	85t	2.52t	34	65	20	170	96.4
	钢轨及管子	10 根		1			2400（估）	40
合　计					319.8min（5.33h）			

2）提升系统的变位质量。

①变位重量。

矿石重量：$Q = 2660 \text{kg}$

废石重量：$Q' = 2520 \text{kg}$

罐笼重量：$Q_{rg} = 4500 \text{kg}$

矿车重量：$q = 1000 \text{kg}$

平衡锤重量：$Q_c = 6760 \text{kg}$

钢丝绳重量：
$$2pL_p = 2 \times p\left(H_0 + \frac{1}{2}\pi D_t + L + L_s + 3\pi D\right)$$
$$= 2 \times 4.1 \times \left(335 + \frac{\pi}{2} \times 3 + 31.75 + 20 + 3\pi \times 3\right)$$
$$= 3445 \text{kg}$$

机器旋转部分的变位重量：$G_{ij} + G_{ic} = 17000 \text{kg}$

天轮的变位重量：$2G_{ij} = 2 \times 90D_t^2 = 2 \times 90 \times 3^2 = 1620 \text{kg}$

电动机转子的变位重量：$G_{id} = \dfrac{(GD^2)d}{D^2}i^2 = \dfrac{180}{3^2} \times 20^2 = 8000 \text{kg}$

②总变位质量。

提升矿石时：
$$\sum M_Q = \frac{\sum G}{g} = \frac{1}{g}(Q + Q_{rg} + q + Q_c + 2pL_p + 2G_{it} + G_{ij} + G_{ic} + G_{id})$$
$$= \frac{1}{9.8} \times (2660 + 4500 + 1000 + 6760 + 3445 + 1620 + 17000 + 8000)$$
$$= 5040 \text{kg} \cdot \text{s}^2/\text{m}$$

提升废石时：
$$\sum M_Q' = \sum M_Q - \frac{Q - Q'}{g} = 5040 - \frac{2660 - 2520}{9.8}$$
$$= 5025 \text{kg} \cdot \text{s}^2/\text{m}$$

提升平衡锤下放空矿车时：
$$\sum M_c = \sum M_Q - \frac{Q}{g} = 5040 - \frac{2660}{9.8} = 4765 \text{kg} \cdot \text{s}^2/\text{m}$$

3）力图计算。计算结果见表 8 – 8。

表 8 – 8　力图计算结果

项　　目	单位	–305m 中段提升废石至地面	–305m 中段提升平衡锤下放空矿车	–305m 中段提升矿石至 –245m 中段
提升高度 H	m	320	320	60
有效载重量 Q	kg	2520		2660
总变位质量 $\sum M$	kg · s²/m	5025	4765	5040
$F_1' = KQ + Q_{rg} + q - Q_c + pH + \sum Ma_1$	kg	6240		5355
$F_1' = (K-1)Q + Q_c - Q_{rg} - q + pH + \sum Ma_1$	kg		6060	

项　目	单位	-305m 中段提升废石至地面	-305m 中段提升平衡锤下放空矿车	-305m 中段提升矿石至 -245m 中段
$F_1'' = F' - 2ph_1$	kg	6055	5875	5170
$F_2' = F_1'' - \sum Ma_1$	kg	2890	2890	1990
$F_2'' = F_2' - 2ph_2$	kg	635	635	2365
$F_3' = F_2'' - \sum Ma_3$	kg	-1535	-2350	-1315
$F_3'' = F_3' - 2ph_3$	kg	-1720	-2530	-1500

提升速度图和力图如图 8 - 8 所示。

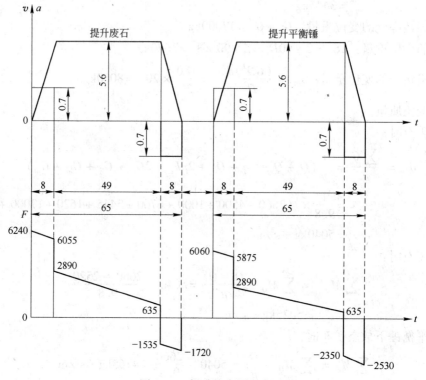

图 8 - 8　提升速度图和力图

（10）校验电动机。

1）校验等值功率（减速阶段采用动力制动）。

① -305m 中段提升废石至地面。

$$\int_0^T F^2 \mathrm{d}t = \frac{1}{2}(F_1'^2 + F_1''^2)t_1 + \frac{1}{3}(F_2'^2 + F_2'F_2'' + F_2''^2)t_2 + \frac{1}{2}(F_3'^2 + F_3''^2)t_3$$

$$= \frac{1}{2} \times (6240^2 + 6055^2) \times 8 + \frac{1}{3} \times (2890^2 + 2890 \times 635 + 635^2) \times 49 +$$

$$\frac{1}{2} \times (1535^2 + 1720^2) \times 8 = 4.97 \times 10^8$$

$$T_d = \frac{1}{2}(t_1 + t_3) + t_2 + \frac{\theta}{3} = \frac{1}{2} \times (8 + 8) + 49 + \frac{20}{3} = 64$$

$$\sqrt{\frac{\int_0^T F^2 dt}{T_d}} = \sqrt{\frac{4.97 \times 10^8}{64}} = 2786$$

$$N_d = \frac{v_m}{102\eta}\sqrt{\frac{\int_0^T F^2 dt}{T_d}} = \frac{5.6 \times 2786}{102 \times 0.85} = 179 kW < 280 kW$$

② -305m 中段提升废石至 -245m 中段。

$$\int_0^T F^2 dt = \frac{1}{2} \times (5355^2 + 5170^2) \times 8 + \frac{1}{2} \times (1990^2 + 1865^2) \times 3 + \frac{1}{2} \times (2350^2 + 2530^2) \times 8$$
$$= 2.8 \times 10^8$$

$$T_d = \frac{1}{2}(8 + 8) + 3 + \frac{20}{3} = 18$$

$$\sqrt{\frac{\int_0^T F^2 dt}{T_d}} = \sqrt{\frac{2.8 \times 10^8}{18}} = 3947$$

$$N_d = \frac{5.6 \times 3947}{102 \times 0.85} = 184 kW < 280 kW$$

2）校验过负荷能力。

①正常过负荷能力。

$$\lambda' = \frac{F_{max}}{F_e} = \frac{6240}{4330} = 1.44 < 0.75\lambda = 0.752 \times 2.4 = 1.8$$

式中 F_e——电动机的额定出力。

$$F_e = \frac{102\eta N_e}{v_m} = \frac{102 \times 0.85 \times 280}{5.6} = 4330 \ kg$$

②特殊过负荷能力。若平衡锤钢丝绳缠绕在死卷筒时，则单独提升平衡锤时的特殊力为：

$$F_t = 1.05(Q_c + pH) = 1.05 \times (6760 + 4.1 \times 320) = 8476 kg$$

$$\lambda'_t = \frac{F_t}{F_e} = \frac{8476}{4330} = 1.96 < 0.9\lambda = 0.92 \times 2.4 = 2.16$$

由以上验算可知预选电动机能满足要求。

（11）电能消耗。

1）-305m 中段提升废石至地面。

$$\int_0^T F dt = \frac{1}{2}(F'_1 + F''_1)t_1 + \frac{1}{2}(F'_2 + F''_2)t_2$$
$$= \frac{1}{2} \times (6240 + 6055) \times 8 + \frac{1}{2} \times (2890 + 635) \times 49$$
$$= 13.55 \times 10^4$$

$$W = \frac{1.02 v_m \int_0^T F dt}{102 \times 3600 \eta\eta_d} = \frac{1.02 \times 5.6 \times 13.55 \times 10^4}{102 \times 3600 \times 0.85 \times 0.91} = 2.7 kW \cdot h$$

式中，1.02 为考虑动力制动时向定子输送直流电所增加的电能消耗（估算）系数。

2）－305m 中段提升平衡锤（下放空矿车）。

$$\int_0^T F \mathrm{d}t = \frac{1}{2}\left(6060+5875\right)\times8 + \frac{1}{2}\left(2890+635\right)\times49 = 13.41\times10^4$$

$$W' = \frac{1.02\times5.6\times13.41\times10^4}{102\times3600\times0.85\times0.91} = 2.7\,\mathrm{kW\cdot h}$$

（12）提升设备效率。－305m 中段提升废石至地面的有益电耗：

$$W_y = \frac{Q'H}{102\times3600} = 2.2\,\mathrm{kW\cdot h}$$

提升废石时设备效率为：$\eta_s = \dfrac{W_y}{W+W'} = \dfrac{2.2}{2.7+2.7} \approx 41\%$

8.5　竖井提升设计程序

竖井提升设计程序见表 8 － 9。

表 8 － 9　竖井提升设计程序

序号	项目内容	依据	参考文献	完成人	备注
1	选择竖井提升方式				
2	选择提升设备设施				
3	计算选择钢丝绳				
4	计算选择提升机				
5	计算确定地面设施及位置				
6	提升运动学计算				
7	提升动力学计算				
8	绘制提升三视图				

8.6　考核

考核内容及评分标准见表 8 － 10。

表 8 － 10　考核表

学习领域	地下采矿设计			
学习情境	竖井提升设计		学时	12 ~ 18
评价类别	子评价项	自评	互评	师评
专业能力	资料查阅能力（10%）			
	图表绘制能力（10%）			
	语言表达能力（10%）			
	提升方式选择是否合理（10%）			
	提升设备选择是否正确（10%）			
	提升机选择是否正确（10%）			

专业能力	地面设施选择准确（10%）			
	运动学动力学计算是否正确（10%）			
社会能力	团结协作（5%）			
	敬业精神（5%）			
方法能力	计划能力（5%）			
	决策能力（5%）			
合　计				

班级	组别	姓名	学号

评价信息栏	自我评价：
	教师评语： 　　　　　　　　　　　教师签字：　　　　日期：

项目9 斜井甩车场及斜井提升设计

9.1 任务书

本项目的任务信息见表9-1。

表9-1 斜井甩车场及提升设计任务书

学习领域	地下采矿设计					
项目9	斜井甩车场及提升设计	学时	12~18	完成时间	月 日至 月 日	
布 置 任 务						
学习目标	(1) 了解斜井井底车场的形式; (2) 了解斜井与车场的连接方式; (3) 熟知斜井车场设计程序; (4) 熟知斜井提升方式和提升方法; (5) 应知安全规程对斜井提升的安全要求; (6) 能够按要求完成斜井提升设备的选择; (7) 掌握斜井提升运动学和动力学的计算; (8) 具备斜井车场及提升的设计能力					
任务条件	授课教师根据教学要求给出斜井的技术条件、提升任务、提升斜井的规格、提升安全条件、提升设备的型号和规格及技术参数、提升矿井围岩的地质条件、提升矿井周围的水文地质条件					
任务描述	(1) 根据提升任务要求选择提升方式; (2) 根据提升任务要求选择提升设备类型、设备规格; (3) 查询资料确定提升设备的技术参数; (4) 完成提升系统的设计; (5) 绘制提升系统平面图及系统图; (6) 根据提升方式选择甩车道的形式; (7) 计算甩车道主要技术参数; (8) 完成甩车道的设计任务; (9) 绘制甩车道结构图					
参考资料	(1)《金属矿地下开采》(第2版),陈国山主编,冶金工业出版社; (2)《采矿设计手册》(地下开采卷、井巷工程卷、矿山机械卷),建筑工业出版社; (3)《采矿设计手册》(五、六册),冶金工业出版社; (4)《采矿技术》,陈国山主编,冶金工业出版社					
任务要求	(1) 发挥团队协作精神,以小组形式完成任务; (2) 以对成果的贡献程度核定个人成绩; (3) 展示成果要做成电子版; (4) 按时按要求完成设计任务书; (5) 学生应该遵守课堂纪律不迟到、不早退					

9.2　支撑知识

9.2.1　斜井井底车场的基本形式

斜井环形车场分卧式和立式两类，其结构特点及优缺点大致与竖井环形式车场相同。

折返式车场分为吊桥式和甩车式两类。折返式车场的主井储车线多设于运输平巷内；甩车式车场的主井储车线设于井筒的一侧。

金属矿山一般采用折返式车场。

斜井的井底车场实例见表9－2。

9.2.2　斜井甩车场结构设计

甩车场包括甩车道和储车线两部分。甩车道是指从斜井分岔到落平点（起坡点）的一段线路；起坡点以外的双轨线路为储车场。

9.2.2.1　甩车场基本结构形式

甩车场的结构如图9－1所示。斜井线路在10处设甩车道岔（1号道岔），叉向甩车道。

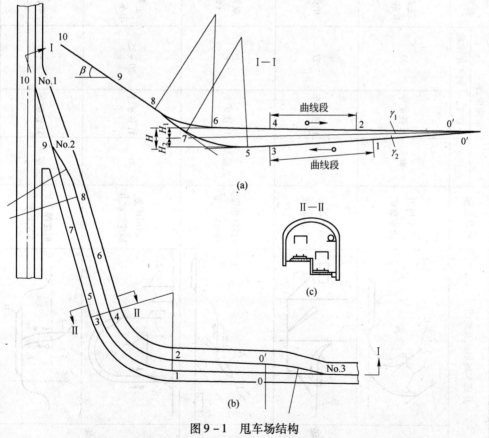

图9－1　甩车场结构

（a）平面图；（b）线路剖面图（平曲线部分展开）；（c）巷道（高低道）断面图

表 9－2　串车斜井井底车场实例

井底车场形式及简图	矿井名称	运输设备			提升方式	调车方式	支架形式	巷道工程量		车场优缺点
		电机车	矿车	列车矿车数				长度/m	体积/m³	
甩车场	广东梅田余家寨矿	8t	1t铁矿车	35	主井双钩串车（6个）	电机车顶车	料石三心拱	528	4600	铜室全布置在主、副井之间，布置紧凑，因此副井要求岩石条件好，副井双轨线路加长时，还可提高工作能力
	吉林通化八宝矿井	7t	1t铁矿车	27	单钩串车	电机车顶车	混凝土支架	—	4862	井筒与运输巷道的相关位置影响不大，通过能力较大
	江西新华煤矿徐府岭矿	人推车	1t铁矿车	—	双钩串车（6个）	人推车	料石三心拱	—	—	形式简单，工程量小，施工容易；车道转角过大（40°），钢丝绳磨损严重，车场内合理改成自溜坡
	四川矿务局轮院矿井	7t	1t铁矿车	20~25	主井双钩串车（6个）	电机车顶车	料石三心拱	216	2267	电机车顶车调车时间长，可改用甩车调车；井筒内合轨道岔改用对称道岔
平车场	福建漳平矿大坑四号井	人推车	1t铁矿车	—	单钩串车	人推车	梯形木支架	74	760	形式简单，工程量小，布置紧凑，适于人推车；应增大坡度，改为自溜坡

注：A—甩车道；B—调车场；1—道岔；2—储车线；3—绕道线路；4—空车线。

到位置9处设分车道岔（2号道岔），变成双轨，一般内侧为提重车线路，外侧为甩空车线路，即内提外甩。重车线经竖曲线75、空车线经竖曲线86落平。竖曲线是由斜变平的过渡线路，竖曲线的终点（6、5）即为线路的起坡点。起坡点至3号道岔的警冲标（或0-0′处）之间的线路为空、重车储车线。

在起坡点处设把钩房，摘空车，挂重车。当采用自溜坡时，摘下的空车背向斜井顺坡沿储车线6-0′自动滚行到电机车挂车地点；重车从电机车摘车地点向着斜井沿储车线0-5自动滚行到挂钩处。因此，储车场巷道底板形成高低台道（见图9-1c），空车道在高处，重车道在低处。从图9-1（c）中看出，空、重车线最大的高低差是两个起坡点的高差 H。在重车道起坡点处必须采取处理积水措施，可用排水道或钻孔将水引进斜井的水沟中。这也是将低道设在里侧的一个原因。大部分储车线中设有平曲线，用它来改变线路方向，以便同运输巷道（或调车场）连接。

（1）道岔—曲线—道岔双道起坡系统（见图9-2a）。其特点是在1号道岔和2号道岔之间的斜面上，加入一曲线段。由于设有曲线段使甩车道很快岔离斜井，并将2号道岔设在甩车道上，从而减小了交岔处的长度和跨度，有利于维护。这种布置使把钩人员来往于1号道岔和摘挂钩地点之间，既不便于操作，安全性也差。此外，又因增加了转角，使提升钢绳磨损加大，同时提升牵引角也随之加大，不利于安全行车。因此，只有岩石稳固性很差的条件下才采用这种布置方式。

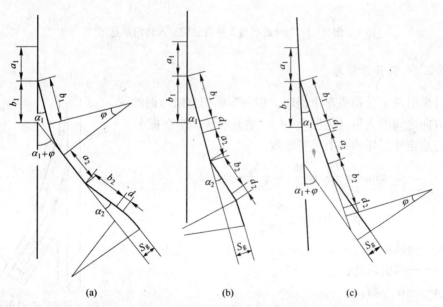

图9-2 甩车、提车线路布置方式
(a) 道岔—曲线—道岔系统；(b)，(c) 道岔—道岔系统

（2）道岔—道岔双道起坡系统（见图9-2b、c）。其特点是1号道岔与2号道岔在斜平面上直接连接。在斜井倾角较大时，在两个道岔之间加一缓和段。由于不设曲线段，根据生产实践经验，为了防止甩空车时矿车可能因碰撞2号道岔岔尖而掉道，可以在两个道岔之间设一较小的曲线段，使二号道岔向斜井方向转2°~3°（见图9-3），借以隐护2号道岔的岔尖，曲线半径可取12~15m。这样也使提升牵引角减少2°~3°。

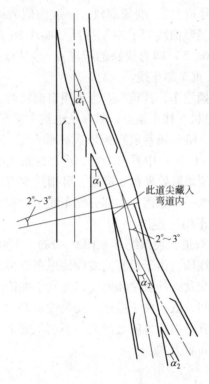

图 9 - 3　1 号道岔与 2 号道岔间加入转角示意图

9.2.2.2　提升牵引角

提升牵引角 φ 是指重车上提时，钩头车起钩方向与钢丝绳牵引方向之间的夹角（见图 9 - 4），它是有关矿车在提车线上运行稳定性好坏的一个重要参数。

$$\tan\varphi = \frac{P_2}{F} = \frac{W}{F} = \frac{S_p}{2hnw_z}$$

$$\varphi = \arctan\frac{S_p}{2hnw_z}$$

式中　S_p——轨距；

　　　　h——牵引高度；

　　　　n——矿车数；

　　　　w_z——总阻力系数（包括坡度阻力系数）。

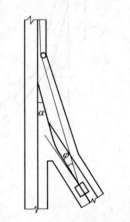

图 9 - 4　提升牵引角示意图

9.2.2.3　道岔选择

对于主斜井，为了保证矿车运行稳定和顺利，减小提升牵引角和选择岔心角较小的道岔是一项很重要的措施。特别是当斜井倾角较大时，由于车辆对轨面的正压力减小，加上钢丝绳抖动较大，矿车容易脱轨，所以选用岔心角较小的道岔为好。一般选择 1/5 号或再小些的 1/6 号道岔。当提升量不大时，也可采用 1/4 号道岔。

9.2.2.4 竖曲线半径

为使甩车道从斜面过渡到平面，必须设置竖曲线。在竖曲线终了的起坡点处，也就是摘挂钩的地方，为了便于摘挂钩工作，竖曲线半径应保证串车在竖曲线处，相邻两矿车的车厢上缘之间要保有一定的间隙（不小于 20cm）。但竖曲线半径也不宜过大，过大会使起坡点远离斜井，增加曲线段长度。

竖曲线最小曲线半径 R 可按图 9-5 所示的方法确定。

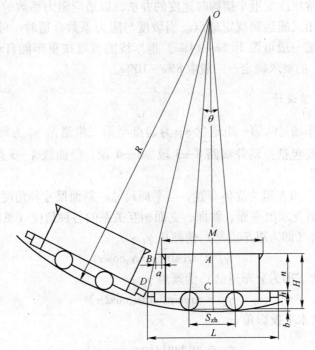

图 9-5 竖曲线半径的确定方法

$$R = \frac{Ln}{L - M - 2a} + h$$

式中　L——矿车长；

　　　M——车厢长；

　　　h——车厢底座高；

　　　a——相邻矿车上缘安全间隙；

　　　n——H 与 h 的差值，即 $n = H - h$，H 为从轨面算起的矿车重心高度。

以 1.2m³ 固定式矿车为例，$L = 1900$mm；$H = 1200$mm；$M = 1480$mm；$h = 320$mm；$n = H - h = 880$mm；两轴之间距离 $S_{zh} = 600$mm；取 $a = 100$mm，最小竖曲线半径为：

$$R = \frac{Ln}{L - M - 2a} + h = \frac{1.9 \times 0.88}{1.9 - 1.48 - 2 \times 0.1} + 0.32 \approx 8.0 \text{ m}$$

9.2.2.5 储车线坡度

储车线坡度 i 一般均按自溜坡设计，公式为：

$$i = w + \frac{v_m^2 - v_{eh}^2}{2gL}$$

式中　w——矿车运行时的阻力系数；

　　　v_m——末速度；

　　　v_{eh}——初速度；

　　　L——运行距离；

　　　g——重力加速度。

在生产实际中常用改变甩车摘钩时速度的办法，以适应阻力系数的变化，使空车自动滚行的距离既不超出又能达到规定地点。当坡度与阻力系数合适时，可以采用停车摘钩，空车线自溜坡的坡度一般可取 10‰ ~ 14‰。重车线的坡度按重车能自动滚行到起坡点处（重车储车线终点）的要求确定，一般取 8‰ ~ 10‰。

9.2.2.6　甩车道设计

一个完整的甩车场是从第一组道岔 γ_1 为起点至第三组道岔 γ_3 为终点，如图 9 - 6 所示。甩车场线路主要包括：斜井线路 8—3 段、8—4 段，竖曲线 1—3 段、2—4 段，平面线 1—0 段、2—0 段。

（1）角度计算。甩车道为立体布置，与平面尺寸、斜面尺寸和角度有密切关系。为求出各部尺寸，必须首先求出平面、斜面、立面相互关系的各种角度（见图 9 -7）。

1）第一组道岔（即为甩车道岔）伪倾角 γ_1：

$$\gamma_1 = \arcsin(\sin\alpha_0 \cos\alpha)$$

2）第二组道岔（即为分车道岔）伪倾角 γ_2：

$$\gamma_2 = \arcsin(\sin\alpha_0 \cos2\alpha)$$

3）第一组道岔水平投影角 φ_1：

$$\varphi_1 = \arctan\left(\tan\alpha_1 \frac{1}{\cos\alpha_0}\right)$$

4）第二组道岔水平投影角 φ_2：

$$\varphi_2 = \arctan\left(\tan2\alpha \frac{1}{\cos\alpha_0}\right)$$

式中　α_0 ——斜井倾角，（°）；

　　　α ——道岔辙叉角，（°）。

（2）斜面线路连接尺寸。斜面线路连接尺寸如图 9 - 8 及图 9 - 6 所示，其公式如下：

$$l_{8-A} = \frac{\Delta S}{\sin\alpha}$$

$$l_{7-8} = b_1 + d + a_2$$

$$l_{6-7} = S\cot\alpha$$

$$l_{5-6} = T_3 = R_3\tan\frac{\alpha_3}{2}$$

l_{4-5} 为缓和线段长，一般大于矿车轴距，取 1.5 ~ 2.0m。

$$l_{3-4} = \frac{l_{0-0}\sin\beta}{\sin(\gamma_1 - \beta)} + \frac{L_{0-0}\sin\beta}{\sin(\gamma_1 + \beta)} + T_2 - T_1$$

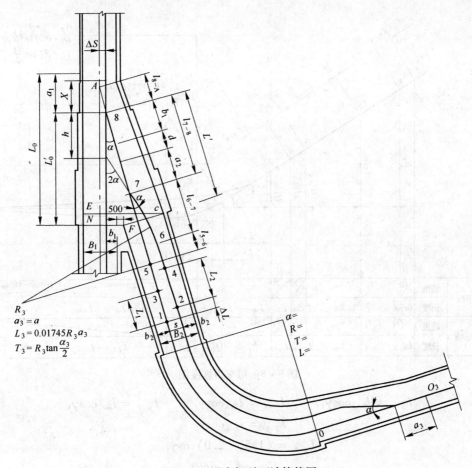

图 9 - 6　甩车场平面计算简图

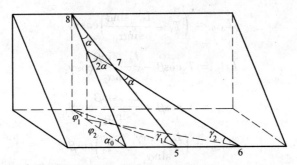

图 9 - 7　甩车道伪倾角计算图

$$l_{2-4} = L_2 = 0.01745 R_2 \alpha_2 \qquad l_{1-3} = L_1 = 0.01745 R_1 \alpha_1$$

式中，$\alpha_1 = \gamma_1 + \beta$ ；$\alpha_2 = \gamma_1 - \beta$ 。

$$l_{0-1} = \frac{l_{0-0} \sin \gamma_1}{\sin(\gamma_1 + \beta)} - T_1$$

$$l_{0-2} = \frac{L_{0-0} \sin \gamma_1}{\sin(\gamma_1 - \beta)} - T_2$$

（3）线路水平投影尺寸。线路水平投影尺寸（见图 9 - 8）如下：

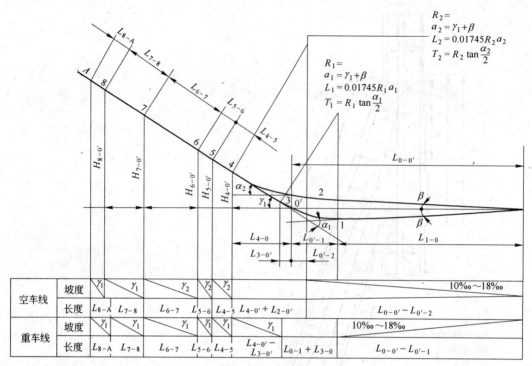

图 9 - 8　甩车道坡度图

$$L_{8-A} = l_{8-A}\cos\gamma_1 \qquad L_{7-8} = l_{7-8}\cos\gamma_1 \qquad L_{6-7} = l_{6-7}\cos\gamma_1$$

$$L_{5-6} = l_{5-6}\cos\gamma_1$$

$$L_{4-5} = (1.5 \sim 2.0)\cos\gamma_1$$

$$L_{4-0} = \left(T_2 + \frac{L_{0-0}\sin\beta}{\sin\alpha_2}\right)\cos\gamma_1$$

$$L_{3-0} = \left(T_1 - \frac{L_{0-0}\sin\beta}{\sin\alpha_1}\right)\cos\gamma_1$$

$$L_{0-2} = T_2\cos\beta - \frac{L_{0-0}\sin\beta}{\sin\alpha_2}\cos\gamma_1$$

$$L_{0-1} = T_1\cos\beta + \frac{L_{0-0}\sin\beta}{\sin\alpha_1}\cos\gamma_1$$

$$L_{1-0} = \left(\frac{L_{0-0}\sin\gamma_1}{\sin\alpha_1} - T_1\right)\cos\beta$$

L_{0-0} 为 1 ~ 1.5 倍列车长，对小矿车可取 15m。

(4) 垂直距离计算。垂直距离计算（见图 9 - 8）如下：

$$H_{8-0} = \left(l_{7-8} + l_{6-7} + l_{5-6} + l_{4-5} + T_2 + \frac{L_{0-0}\sin\beta}{\sin\alpha_2}\right)\sin\gamma_1$$

$$H_{7-0} = \left(l_{6-7} + l_{5-6} + l_{4-5} + T_2 + \frac{L_{0-0}\sin\beta}{\sin\alpha_2}\right)\sin\gamma_1$$

$$H_{6-0} = \left(l_{5-6} + l_{4-5} + T_2 + \frac{L_{0-0}\sin\beta}{\sin\alpha_2}\right)\sin\gamma_1$$

$$H_{5-0} = \left(l_{5-4} + T_2 + \frac{L_{0-0}\sin\beta}{\sin\alpha_2} \right) \sin\gamma_1$$

$$H_{4-0} = \left(T_2 + \frac{L_{0-0}\sin\beta}{\sin\alpha_2} \right) \sin\gamma_1$$

$$H_{3-0} = L_{3-0}\tan\gamma_1 = \left(T_1 - \frac{L_{0-0}\sin\beta}{\sin\alpha_2} \right) \sin\gamma_1$$

式中　ΔS——斜井井筒中心与轨道中心线的距离，当两中心线重合时，$\Delta S = 0$，m；

　　　d——两组道岔间插入直线段长，取值时不应小于所通过车辆的最大轴距，一般取
　　　　　$1.0 \sim 1.5$m；

　　　S——空、重车线（高、低道）路中心线间距，m；

　　　β——甩车场空、重车自溜坡度，一般为 $10‰ \sim 18‰$，当自溜坡度为 $10‰$ 时，则
　　　　　$\beta = 0°34'22''$。

根据以上计算结果，绘制出甩车场线路的斜面、平面和坡度图。

（5）交岔点的平面尺寸交岔点的平面尺寸计算（见图 9 – 6）如下：

$$L_0' = \frac{b_1 + 500 + \dfrac{b_2}{\cos\alpha}}{\tan\alpha} = \left(b_1 + 500 + \frac{b_2}{\cos\alpha} \right)\cot\alpha$$

$$L_0 = L_0' + a_1$$

$$L_0' = \frac{b_1 + 500 + \dfrac{b_2}{\cos\alpha}}{\sin\alpha} - b_2\tan\alpha$$

$$n = \frac{l_{7-8}\sin\alpha}{\sin2\alpha}$$

$$\overline{CE} = B_2\cos\alpha + 500 + B_1$$

$$\overline{EN} = B_2\sin\alpha$$

$$\overline{NC} = \sqrt{(\overline{EN})^2 + (\overline{CE})^2}$$

斜墙起点 x 为：

$$x = \frac{\overline{CE} - B_1}{i} + \overline{NE} - L_0'$$

在设计中一般取 x 值等于辙尖尖端至转辙中心的距离，或者 $x = a_1$。

斜墙斜率 i 根据道岔尺寸、斜墙起点至道岔岔心的距离 x 值的大小求得，一般 i 值为 0.2、0.25、0.3。

9.2.2.7　某矿山斜井车场

图 9 – 9 为斜井甩车道车场实例。主、副井均为单钩提升，生产能力为 30 万吨/年，井下运输用 8t 电机车，1t 铁矿车，每列车为 35 个矿车，调车方式为电机车顶推式调车。

该车场内坡度为自溜坡，但空车坡度过大，宜将变坡点 11—12 段坡度改为 $11‰$，12—13 段坡度改为 $0‰$（平坡），空车便不会滚行到运输巷道，并可使摘挂钩处高低道的高差减小 300mm。副井车场双轨线路再加长些，车场通过能力还可增大，井底车场布置紧凑。

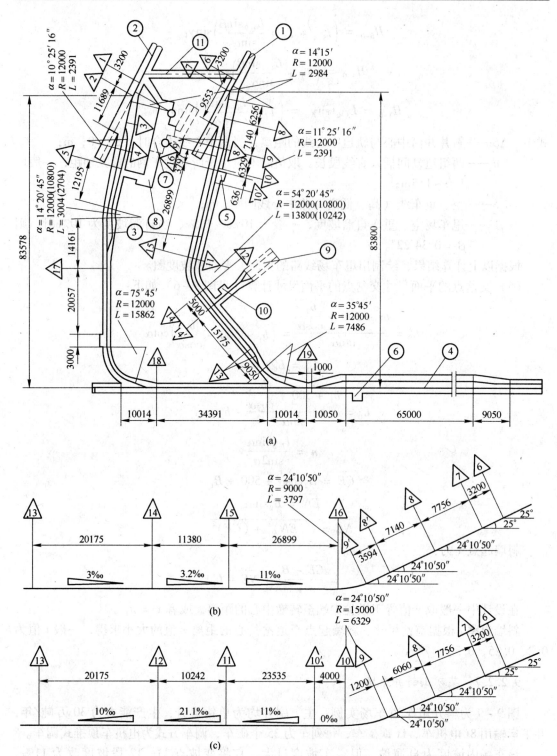

图 9-9　斜井甩车道车场（折返式）实例（符号△中之数码代表变坡点的序号）

（a）平面图；（b）主井重车线路坡度图；（c）主井空车线路坡度图

①—主井；②—副井；③—储车线；④—调车场；⑤—把钩房；⑥—调度室；⑦—水泵房；⑧—变电站；
⑨—水仓（未全部画出）；⑩—清淤绞车硐室；⑪—等候室

9.2.3　吊桥结构及设计

9.2.3.1　吊桥结构

吊桥结构如图 9 – 10 所示，主要由下列构件组成：

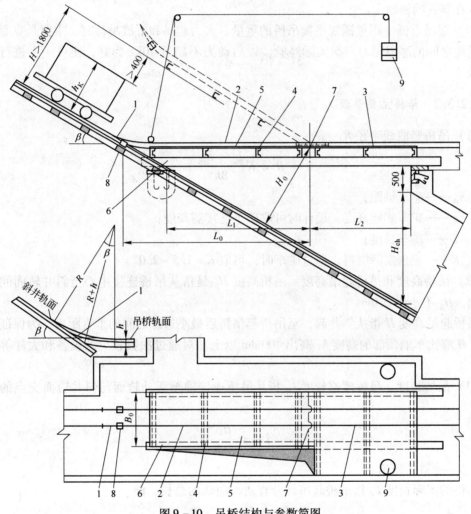

图 9 – 10　吊桥结构与参数简图

1—尖轨；2—活动轨；3—固定轨；4—吊桥横梁；5—吊桥板面；6—吊桥梁；

7—铰接点；8—斜井固定轨；9—重锤

（1）吊桥尖轨。其尖端为吊桥竖曲线的起点，故要弯成和竖曲线相同的弧度，使之与斜井轨道密切接合

（2）吊桥轨道。前部在竖曲线范围内，亦需弯成和竖曲线相同的弧度；后部为直轨，用连接轴与固定桥轨道连接。

（3）固定桥轨道。

（4）吊桥轨枕。吊桥轨枕可用型钢或木材，用螺栓与吊桥钢轨连接，以便共同起落。为了行人安全，在轨枕之上铺以铁板或木板 5。

（5）吊桥铺板。

（6）吊桥固定托梁。它是吊桥下放后的主要承重构件，一般用工字钢制成，亦可采用一侧设置托梁、另一侧建筑侧墙承托的形式。

（7）吊桥钢轨与固定桥钢轨的连接点。它有普通铰接式连接和插入铰接式连接。

（8）吊桥定位卡。它是一开口向下的 U 形槽，焊在吊桥尖轨部分的背面，当吊桥下放时卡在斜井的钢轨上。

（9）起吊重锤。用重锤来平衡吊桥的重量，人力起吊和下放吊桥时，主要是克服滑轮与钢丝绳之间的摩擦阻力。据实际经验，以启动力不超过 40kg 为好，便可一人进行起吊和下放。

9.2.3.2　吊桥主要参数

（1）吊桥竖曲线半径 R。

$$R = K \frac{L^2 - S_{zh}^2}{8h}$$

式中　S_{zh}——矿车轴距；

　　　h——矿车底座高度，设计时可取矿车连接器高度；

　　　L——矿车长度；

　　　K——根据实际资料，通过矿车时，可取 $K = 1.5 \sim 2.0$。

（2）吊桥高度和吊桥起吊高度。吊桥高度 H_0 是指从吊桥连接中心至斜井轨面间的垂直距离。H_0 不小于 2.0m。

吊桥起吊高度 H 指从斜井起，至吊桥起吊桥后最小边缘之间的垂直距离。为保证行车安全，H 应比车辆顶部的高度 h_k 高出 400mm 以上。对通过次数较少的设备和大件等可取小些。

（3）吊桥长度。吊桥理论长度 L_0 指从吊桥连接轴至活动轨面与斜井轨面交点的水平距离。

$$L_0 = \frac{H_0}{\sin\beta}$$

式中　β——斜井倾角。

吊桥的实际长度 L_{zh} 指吊桥起吊部分直轨与曲轨的总长，即

$$L_{zh} = L_0 + L - T$$

式中　L——吊桥竖曲线的曲轨长度；

　　　T——吊桥竖曲线的切线长度。

（4）吊桥宽度。吊桥宽度 B_0 要按矿车宽度 B 加上安全间隙 a（260～300mm）和枕木搭接纵梁上的长度计算，枕木搭接纵梁（或侧墙）上的长度 δ 不小于 100mm。

$$B_0 = B + 2a + 2\delta$$

（5）吊桥托梁最小长度。

$$L_t = L_1 + L_2 + 2L_3 = \frac{1}{\tan\beta}(H_{ch} + b) + 2l_3$$

式中　l_3——托梁支承部分长度，一般取 $l_3 = 200 \sim 300$mm；

　　H_{ch}——斜井垂直（下至轨面）；

　　b——三角部分支护厚度，一般取 $b=500mm$。

9.2.4　斜井提升的方式

斜井提升有斜井串车、斜井箕斗及斜井胶带输送机三种方式。

9.2.4.1　斜井串车提升

斜井串车提升有单钩及双钩之分，按车场形式不同又分为采用甩车场的串车提升及采用平车场的串车提升。

斜井串车提升具有投资少和建井速度快的优点。采用单钩串车提升时，井筒断面较小，建井工程量小，更能节约初期投资。但单钩串车提升能力较低，故年产量较大时（20 万吨），宜采用双钩串车提升。

（1）采用甩车场的单钩串车提升。采用甩车场的单钩串车提升如图 9 - 11（a）所示，在井底及井口均设甩车道。提升开始时，重车在井底车场沿重车甩车道运行。由于甩车道的坡度是变化的，而且又是弯道，为了防止矿车掉道，要求初始加速度小于 $0.3m/s^2$、速度小于 $1.5m/s$。其速度图如图 10 - 12 所示。当全部重串车提过井底甩车场进入井筒后，加速至最大速度 v_m，并以最大速度等速运行。在到达井口停车点前，重串车以减速度 a_3 减速。全部重串车提过道岔 A 后停车，重串车停在栈桥停车点。扳动道岔 A 后，提升机换向，重串车以低速 v_{sc} 沿井口甩车场重车道运行。停车后，重串车摘钩并挂上空串车。提升机把空串车以低速 v_{sc} 沿井口甩车场提过道岔 A 后在栈桥停车。搬过道岔 A 且提升机换向，下放空串车到井底甩车场。空串车停车后进行摘挂钩，挂上重串车后开始下一提升循环。整个提升循环包括提升重串车及下放空串车两部分。

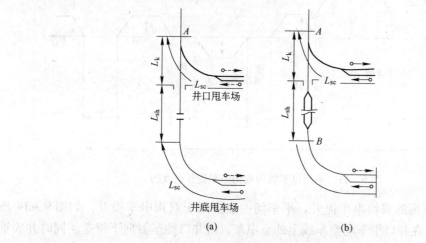

图 9 - 11　采用甩车场的串车提升系统

（a）单钩提升；（b）双钩提升

（2）采用甩车场的双钩串车提升。如图 9 - 11（b）所示，它采用的甩车场形式与单钩提升系统基本类似，所不同的是提升重串车和下放空串车同时进行。其速度图如图 9 - 13 所示。提升开始时，空串车停在井口栈桥停车点。当重串车沿井底甩车场以低速 v_{sc}

运行时，空串车沿井筒下放。重串车进入井筒后以最大速度 v_m 运行。当空串车到达井底甩车场前，提升机以减速度 a_3 减速到 v_{sc}，空串车沿井底甩车场运行。重串车通过道岔 A 后，在井口栈桥停车点停车，此时井底空串车不摘钩。提升机换向，重串车沿井口甩车场下放，此时空串车又沿井底甩车场向上运行。重串车停在井口甩车场进行摘挂钩，挂上空串车后，沿井口甩车场提升到井口栈桥停车点停车，此时井底空串车又回到井底甩车场，停车后摘钩挂上重串车，准备开始下一个提升循环。

另外应指出，井口可以采用两侧甩车，也可以采用单侧甩车。单侧甩车即将左右两钩串车都甩向一侧甩车场。为防止矿车压绳，单侧甩车场应设置压绳道岔。

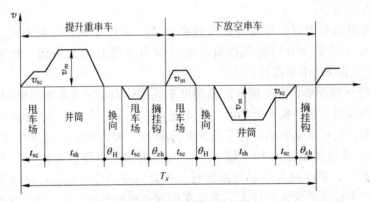

图 9 - 12　采用甩车场的单钩串车提升速度图

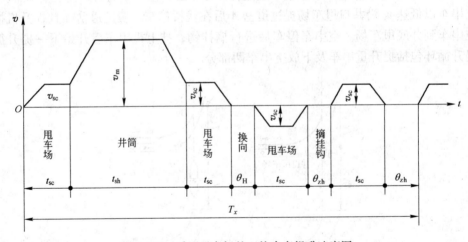

图 9 - 13　采用甩车场的双钩串车提升速度图

（3）采用平车场的双钩串车提升。平车场一般多用于双钩串车提升，如图 9 - 14 所示。提升开始时，在井口平车场空车线上的空串车，由井口推车器向下推送。同时井底重串车向上提升（与空串车运行相适应），此时加速度为 a_0，速度为 $v_{pc} \leqslant 1.0\text{m/s}$。当全部重串车进入井筒后，提升机加速到最大速度 v_m 并最大等速运行。重串车运行至井口，而空串车运行至井底时，提升速度减至 v_{pc}，空、重串车以速度 v_{pc} 在井下和井上车场运行，最后减速停车。井口平车场内重串车在重车线上借助惯性继续前进，当钩头行到摘挂钩位置时迅速将钩头摘下，并挂上空串车，与此同时井下也进行摘挂钩工作。

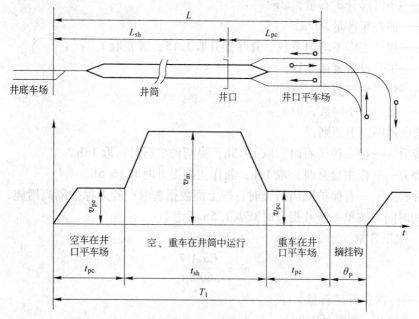

图9-14 采用平车场的双钩串车提升示意图及速度图

9.2.4.2 斜井箕斗提升

斜井箕斗提升具有生产能力大、装卸载自动化等优点，但需安设装卸载设备和矿仓，故较串车提升投资大、设备安装时间长。此外，为了解决废石、材料设备和人员的运送问题，还需设一套副井提升设备。因此产量较小的斜井多采用串车提升，但年产量在30万～60万吨的斜井、倾角在20°～35°时可考虑采用斜井箕斗提升。斜井箕斗多采用双钩提升系统，斜井箕斗提升速度图与竖井箕斗提升速度图相同。

9.2.4.3 斜井带式输送机提升

这种提升方式具有安全可靠、运输量大等优点，但初期投资较大，设备安装时间较长，年产量在60万吨以上、倾角小于18°的斜井，只要技术经济条件合理，可以选用带式输送机提升方式。

9.2.5 斜井提升主要参数计算

斜井提升设备选择计算一般需要矿井年生产量、井筒斜长倾角、矿井工作制度，年工作日数，每日工作小时数、矿车基本参数、提升方式、提升矿石堆密度等原始资料。

9.2.5.1 一次提升量和车组中矿车数的确定

A 根据矿井年产量要求计算矿车数

(1) 小时提升量。

$$A_s = \frac{C a_f A_n}{t_r t_s}$$

式中　　A_s——小时提升矿石量，t/h；

　　　　A_n——矿井年产量，t/a；

　　　　C——提升工作不均匀系数，箕斗提升取 1.15，罐笼取 1.2；

　　　　a_f——提升设备富裕系数；

　　　　t_r——年工作日数，d/a；

　　　　t_s——日提升小时数，h/d。

t_s 的选取遵循以下原则：

箕斗提升——提一种矿石时，取 19.5h；提两种矿石时，取 18h。

罐笼提升——作主提升时，取 18h；兼作主副提升时取 16.5h。

混合井提升——有保护隔离措施时，按上面数据选取；若无保护隔离措施，则箕斗或罐笼提升的时间均按单一竖井提升时减少 1.5h 考虑。

（2）一次提升量。

$$m = \frac{C a_f A_n T}{3600 t_r t_s}$$

式中　　m——一次提升矿石量，t；

　　　　T——提升一次循环时间，s。

（3）一次提升矿车数 n_1。

$$n_1 = \frac{m}{m_1} \qquad m_1 = \varphi \rho' V$$

式中　　m_1——矿车载重量；

　　　　φ——装载系数，当倾角为 20°以下时，$\varphi = 1$；当倾角为 21°～25°时，$\varphi = 0.95 \sim$
　　　　　　0.9；当倾角为 25°～30°时，$\varphi = 0.85 \sim 0.8$；

　　　　ρ'——提升矿石堆密度，t/m³；

　　　　V——矿车的有效容积，m³。

（4）一次提升循环时间 T_n

1）斜井箕斗提升。

$$T_x = \frac{L}{v_p} + \theta$$

式中　　L——提升斜长，m；

　　　　v_p——平均提升速度，m/s；

　　　　θ——装卸矿时间，s。

2）采用甩车场的串车提升。

单钩　　　　　$$T_x = \frac{2(L - 2L_{sc})}{v_p} + \frac{4L_{sc}}{v_{sc}} + 2\theta_{sc} + 2\theta_H$$

双钩　　　　　$$T_x = \frac{L - 2L_{sc}}{v_p} + \frac{4L_{sc}}{v_{sc}} + 2\theta_{sc} + 2\theta_H$$

式中　　L——提升斜长，m，由井筒长度 L_{sh}、甩车场长度 L_{sc}（25～45m）、井口到栈桥长
　　　　　　度 L_k（10～20m）组成；

　　　　v_{sc}——甩车场运行速度，m/s。

3）采用平车场的串车提升。

$$T_x = \frac{L - 2L_{pc}}{v_p} + \frac{2L_{pc}}{v_{pc}} + \theta_p$$

式中 L——提升斜长，m，由井筒长度 L_{sh} 和井口车场长度 L_{pc}（25～35m）组成。

B 根据矿车连接器强度计算矿车数

为了保证矿车连接器安全，牵引矿车数有所限制，一般矿车连接器的强度为 60000N。因此，连接器强度容许的矿车数为：

$$n_2 \leqslant \frac{60 \times 10^3}{g(m_1 + m_{z1})(\sin\beta + f_1\cos\beta)}$$

式中 n_2——串车组矿车数，应取整数；

m_{z1}——矿车自身质量，kg；

β——轨道倾角；

f_1——矿车沿轨道运行时的阻力系数。

计算时，若 $n_1 < n_2$，可按 n_1 确定串车数；若 $n_1 > n_2$，即车钩强度不满足要求，则应按 n_2 确定矿车数。

若满足要求，说明以上所选矿车数合适；若不满足要求，应提高提升速度，重新选择；若速度无法提高，则说明这种提升已无法满足矿井生产的要求，应改变提升方式。

9.2.5.2 斜井提升钢丝绳的选择计算

图 9-15 所示为斜井钢丝绳计算图。作用于 A 点沿井筒方向的分力包括重串车的重力分力 $n(m_1 + m_{z1})g\sin\beta$、重串车的摩擦阻力 $n(m_1 + m_{z1})gf_1\cos\beta$、钢丝绳的重力分力 $m_p g L_0 \sin\beta$、钢丝绳的摩擦阻力 $f_2 m_p g L_0 \cos\beta$。

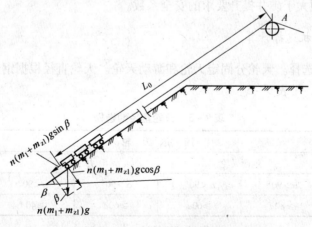

图 9-15 斜井钢丝绳计算图

与竖井钢丝绳计算一样，按钢丝绳承受的最大静负荷并考虑一定的安全系数，可得每米钢丝绳的质量 m_p 为：

$$m_p = \frac{n(m_1 + m_{z1})(\sin\beta + f_1\cos\beta)}{11 \times 10^{-6}\dfrac{\delta_B}{m_a} - L_0(\sin\beta + f_2\cos\beta)}$$

式中　L_0——钢丝绳由天轮架到串车尾车在井下停车点之间的斜长，m；

　　　f_2——矿车运行摩擦阻力系数，此数值与矿井中托辊支承情况有关，钢丝绳局部支承在托辊上取$f_2 = 0.25 \sim 0.4$；

　　　f_1——矿车运行摩擦阻力系数，矿车为滚动轴承取$f_1 = 0.015$，滑动轴承取$f_1 = 0.02$；

　　　δ_B——钢丝绳公称抗拉强度；

　　　m_a——安全系数，与竖井要求相同。

根据每米钢丝绳质量和提升矿井要求选择钢丝绳，并查得每100m钢丝绳的公称抗拉强度、钢丝绳破断拉力总和Q_p。

L_0的计算方法如下：

当用甩车场时　　　　　　　　$L_0 = L_D + L_T + L_K + L_G + D_T$

式中　L_D——井底到井底停车点的运行距离，m；

　　　L_T——井筒斜长，m；

　　　L_K——井口到栈桥停车点的距离，m；

　　　L_G——过卷距离，一般取$2 \sim 10$m。

当用平车场时　　　　　　　　$L_0 = L_T + \dfrac{l}{\cos\beta'}$

式中　l——井口到井架中心水平距离，一般取50m；

　　　β'——栈桥倾角，$8° \sim 12°$。

验算钢丝绳安全系数m_a：

$$m_a = \frac{Q_p}{n(m_1 + m_{z1})g(\sin\beta + f_1\cos\beta) + m_p g L_0(\sin\beta + f_2\cos\beta)}$$

计算的m_a必须大于矿井提升要求的安全系数。

9.2.5.3　提升机选择计算

（1）天轮直径选择。天轮分固定天轮和游动天轮。天轮直径根据钢丝绳在天轮上围包角α的大小来确定，见表9-3。

表9-3　天轮直径的选择

天轮形式	固定天轮				游动天轮
	地面天轮		井下天轮		
	$\alpha > 90°$	$\alpha < 90°$	$\alpha > 90°$	$\alpha < 90°$	
天轮直径 D_T	$\geqslant 80d$	$\geqslant 60d$	$\geqslant 60d$	$\geqslant 40d$	$\geqslant 40d$

注：d为钢丝绳直径。

根据计算结果，查天轮规格表选择标准天轮。

（2）提升机最大静张力和最大静张力差计算。

最大静张力：

$$F_{jmax} = n(m_1 + m_{z1})g(\sin\beta + f_1\cos\beta) + m_p g L(\sin\beta + f_2\cos\beta)$$

双钩提升时最大静张力差：

$$F_{cmax} = n(m_1 + m_{z1})g(\sin\beta + f_1\cos\beta) + m_p gL(\sin\beta + f_2\cos\beta) - ngm_{z1}(\sin\beta - f_1\cos\beta)$$

式中　L——钢丝绳长度，m。

选择的提升机，应使实际负荷所造成的最大静张力和最大静张力差不大于 $[F_{jmax}]$ 和 $[F_{cmax}]$，以保证提升机能正常工作。

（3）卷筒宽度验算。

单层缠绕　　　　　　　$B \geqslant \left[\dfrac{10^3(L_T + L_B)}{\pi D} + 3\right](d_s + \varepsilon)$

多层缠绕　　　　　　　$B \geqslant \dfrac{10^3(L_T + L_S) + (3 + 4)\pi D}{n_c \pi D_p}(d_s + \varepsilon)$

式中　d_s——钢丝绳直径，mm；

　　　L_T——提升长度，m；

　　　L_S——试验长度，m，一般取30m；

　　　ε——钢丝绳间隙，2~3mm；

　　　n_c——钢丝绳缠绕层数；

　　　D——提升机直径，mm；

　　　D_p——钢丝绳平均缠绕直径，mm，$D_p = D + (n_c - 1)d_s$。

9.2.5.4　预选提升电动机

（1）估算电动机功率。

单钩提升　　　　　　　$N_s = \dfrac{F_{jmax}v_m}{1000\eta_j}\varphi$

双钩提升　　　　　　　$N_s = \dfrac{F_{cmax}v_m}{1000\eta_j}\varphi$

式中　N_s——所需电动机功率，kW；

　　　v_m——提升机的提升速度，m/s；

　　　η_j——减速器的传动效率，单级传动时取0.92，二级传动取0.85；

　　　φ——动力备用系数，主要提升设备取1.1~1.2。

（2）估算电动机转数。

$$n = \dfrac{60v_m i}{\pi D}$$

式中　n——电动机的估算转数，r/min；

　　　i——减速器的传动比，可查提升机技术参数表；

　　　D——提升机滚筒直径，m。

根据以上指标及矿井提升安全规程要求预选合适的电动机，确定提升机的实际最大提升速度：

$$v_{max} = \dfrac{\pi D n_e}{60i}$$

9.2.5.5　提升机与井口相对位置的计算

（1）井架高度。

1）斜井单钩甩车场（见图9-16）。在提升机侧与平车场相同，在井口侧串车出井筒后运行在栈桥上，井架和天轮在栈桥顶端，井口至天轮处的斜长 L_{xc} 为：

$$L_{xc} = L_k + L_2 + L_g + 0.75R_t$$

式中　L_k——井口到道岔 A 的距离，一般为 $10 \sim 15m$；

L_2——道岔 A 到串车停止时钩头位置的距离，一般为 $1.5nL_c$，其中 L_c 为一辆矿车的长度；

L_g——过卷距离；

R_t——天轮半径，m。

因此井架高度 H_j 为：

$$H_j = L_{xc}\sin\beta_q$$

式中　β_q——栈桥倾角，一般取 $9° \sim 12°$。

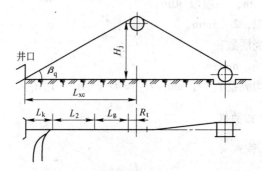

图9-16　斜井单钩甩车场井口相对位置图

2）斜井双钩平车场（见图9-17）。

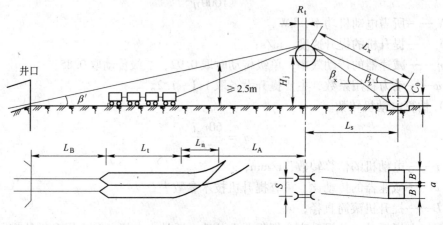

图9-17　斜井双钩平车场

$$H_j + R_t = \frac{2.5(L_B + L_T + L_A)}{L_B + L_T + L_n}$$

式中　L_B——井口至阻车器的距离，取 $7 \sim 9m$；

L_T——阻车器至摘挂钩点距离，为 $1.5nL_c$，L_c 为一辆矿车的长度；

L_A——摘挂钩点到井架中心的水平距离，一般取 $40m$；

L_n——摘钩后的矿车通过下放串车的钢丝绳的底部时，绳距地面的高度不得小于 2.5m，这点距摘挂钩点的距离为 L_n，一般取 4m。

为防止矿车在井口出轨掉道，井口处的钢丝绳的牵引角要小于 9°，即

$$\beta' = \arctan \frac{H_j + R_t}{L_B + L_t + L_A} \leqslant 9°$$

（2）钢丝绳弦长。

1）双钩平车场固定天轮。

按外偏角：　$L_{xmin} \geqslant \dfrac{2B + a - s}{2\tan\alpha_1} = \dfrac{2B + a - s}{2\tan1°30'} = 19.1(2B + a - s)$

按内偏角：　$L'_{xmin} \geqslant \dfrac{s - a}{2\tan\alpha_1} = \dfrac{s - a}{2\tan1°30'} = 19.1(s - a)$

式中　s——两天轮之间的距离，即井筒中轨道中心距，$s \geqslant b_c + 0.2$（m），其中 b_c 为矿车最突出部分宽度，m；

　　　a——两卷筒内侧间隙，m；

　　　B——卷筒宽度，m。

2）双钩平车场游动天轮。

按外偏角小于 1°30′ 计算最小弦长 L_x：

$$L_x = 19(2B - s + a - y)$$

按内偏角小于 1°30′ 计算最小弦长 L_x：

$$L_x = 19(s - a - y)$$

式中　y——游动天轮的游动距离，m。

（3）计算钢丝绳实际的外偏角、内偏角。

1）固定天轮。

单钩提升　　　　　　　　　$\alpha_1 = \arctan \dfrac{B}{2L_x}$

双钩提升　　　$\alpha_1 = \arctan \dfrac{2B + a - s}{2L_x}$，$\alpha_2 = \arctan \dfrac{s - a}{2L_x}$

2）游动天轮。

单钩提升　　　　　　　　　$\alpha_1 = \arctan \dfrac{B - y}{2L_x}$

双钩提升　　　$\alpha_1 = \arctan \dfrac{2B + a - s}{2L_x}$，$\alpha_2 = \arctan \dfrac{s - a}{2L_x}$

（4）求钢丝绳的下出绳角。

当滚筒直径与天轮直径不相同时　　$\beta_x = \arctan \dfrac{H_j - C_0}{L_s} + \arcsin \dfrac{D + D_t}{2L_x}$

当滚筒直径与天轮直径相同时　　　$\beta_x = \arctan \dfrac{H_j - C_0}{L_s} + \arcsin \dfrac{D}{L_x}$

式中　D——卷筒直径，m；

　　　D_t——天轮直径，m；

　　　C_0——提升机卷筒中心至井口水平高度差，可以根据实际情况选定，一般取 1～2m；

L_s——提升机滚筒中心至天轮中心水平距离，$L_s = \sqrt{L_{xmin}^2 - (H_j - C_0)^2}$。

为使提升机主轴的受力状态满足设计要求和防止钢丝绳与提升机基础相碰，要求钢丝绳的下出绳角不小于15°。

9.2.6　斜井提升设备的运动学与动力学

9.2.6.1　斜井提升运动学

（1）斜井提升速度加速度。《金属非金属矿山安全规程》（GB 16423—2006）规定斜井运输的最高速度，不应超过下列规定：运输人员或用矿车运输物料，斜井长度不大于300m时，3.5m/s；斜井长度大于300m时，5m/s；用箕斗运输物料，斜井长度不大于300m时，5m/s；斜井长度大于300m时，7m/s；斜井运输人员的加速度或减速度，应不超过0.5m/s²。

（2）斜井提升速度图。斜井提升分单钩和双钩，从车场又分甩车场和平车场（吊桥），各种情况的提升速度图见图9-12~图9-14。各时段的速度、提升距离、提升循环时间的计算与竖井提升基本相同。

9.2.6.2　斜井提升动力学

A　双钩串车提升

当重车上提运行时，上提重车组钢丝绳的静张力为：

$$F_{sj} = ng(m_1 + m_{zl})(\sin\beta_i + f_1\cos\beta_i) + m_p g(L - x)(\sin\beta_i + f_2\cos\beta_i)$$

下放侧空车组钢丝绳的静张力为：

$$F_{xj} = ngm_{zl}(\sin\beta_i - f_1\cos\beta_i) + m_p gx(\sin\beta_i - f_2\cos\beta_i)$$

双钩提升时两根钢丝绳作用有滚筒上的静拉力差即静阻力为：

$$F_j = F_{sj} - F_{xj}$$

考虑到提升设备的运行阻力，并计入惯性力，则斜井提升基本动力方程式为：

$$F_j = F_{sj} - F_{xj} + ma$$

式中　L——斜井提升斜长；

　　　x——由提升开始，提升容器所走过的斜距；

　　　β_i——相应阶段的提升角度；

　　　m——提升系统总变位质量；

　　　a——卷筒圆周上的线加速度。

B　单钩串车提升

上提重车组前半循环的基本动力方程式：

$$F = Kng(m_1 + m_{zl})(\sin\beta' + f_1\cos\beta') + m_p g(L - x)(\sin\beta_i - f_2\cos\beta_i) + \sum m_s a$$

下放空车组后半循环的基本动力方程式：

$$F = -ngm_{sl}(\sin\beta_i - f_1\cos\beta_i) - m_p gx(\sin\beta_i - f_2\cos\beta_i) + \sum m_x a$$

式中　K——斜井提升阻力系数，$K = 1.2$；

　　　m_s——提升系统提升时总变位质量；

m_x——提升系统下放时总变位质量。

9.3 知识扩展

9.3.1 斜井提升的安全要求

(1) 提升人员上、下的斜井，垂直深度超过50m的，应设专用人车运送人员。斜井用矿车组提升时，不应人货混合串车提升。专用人车应有顶棚，并装有可靠的断绳保险器。列车每节车厢的断绳保险器应相互连接，并能在断绳时起作用。断绳保险器应既能自动，也能手动。

(2) 运送人员的列车，应有随车安全员。随车安全员应坐在装有断绳保险器操纵杆的第一节车厢内。运送人员的专用列车的各节车厢之间，除连接装置外，还应附挂保险链。连接装置和保险链，应经常检查，定期更换。

(3) 采用专用人车运送人员的斜井，应装设符合规定的声、光信号装置，每节车厢均能在行车途中向提升司机发出紧急停车信号；多水平运送时，各水平发出的信号应有区别，以便提升司机辨认；所有收发信号的地点，均应悬挂明显的信号牌。

(4) 斜井提升，应有专人负责管理。乘车人员应听从随车安全员指挥，按指定地点上下车，上车后应关好车门，挂好车链。斜井运输时，不应蹬钩，人员不应在运输道上行走。

(5) 倾角大于10°的斜井，应设置轨道防滑装置，轨枕下面的道碴厚度应不小于50mm。

(6) 提升矿车的斜井，应设常闭式防跑车装置，并经常保持完好。井内应设两道挡车器，即在井筒中上部设置一道固定式挡车器，在工作面上方20~40m处设置一道可移动式挡车器。井内挡车器常用钢丝绳挡车器、型钢挡车器和钢丝绳挡车帘等。

(7) 斜井上部和中间车场，应设阻车器或挡车栏。阻车器或挡车栏在车辆通过时打开，车辆通过后关闭。斜井下部车场应设躲避硐室。

(8) 斜井运输的最高速度，运输人员或用矿车运输物料、斜井长度不大于300m时，3.5m/s；斜井长度大于300m时，5m/s；用箕斗运输物料，斜井长度不大于300m时，5m/s；斜井长度大于300m时，7m/s。斜井运输人员的加速度或减速度，应不超过0.5m/s^2。

(9) 斜井提升安全系数的规定：

专为升降人员或升降人员和物料的提升装置的连接装置和其他有关部分，以及运送人员车辆的每一个连接器、钩环和保险链的安全系数，均不得小于13。

专为升降物料的提升装置的连接装置和其他有关部分的安全系数，不得小于10。

矿车与矿车的连接钩环、插销的安全系数，均不得小于6。

在倾斜巷道的上端必须有可靠的过卷装置，过卷距离应根据巷道的倾角、设计载荷、最大提升速度或实际制动力计算确定，并应有1.5倍的备用系数。

(10) 斜井、斜坡道使用无轨运输设备斜坡道长度每隔300~400m应设坡度不大于3%的缓坡段。严禁在斜坡道下滑；在斜坡道上停车时，应用三角木块挡车。

9.3.2 斜井提升安全机械保障

斜井运输必须设置常闭式阻车器和挡车栏（见图9-18），防止矿车意外进入斜井；

竖井设置防坠器（安全卡）和防止过卷扬装置；钢丝绳要定期涂油保养。

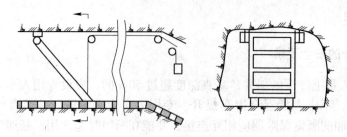

图 9 - 18　斜井上部挡车栏

斜井主要不安全因素是跑车，产生跑车的原因有：设备不良、制动不灵；插销弯曲、矿井的连接器断裂；没有可靠的阻车器。斜井串车提升可以拴上保险绳（见图 9 - 19），在矿车下端挂上阻车叉（见图 9 - 20），在矿车上端挂上抓车钩（见图 9 - 21）。行车道和人行道设有防护栏杆。

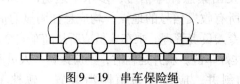

图 9 - 19　串车保险绳

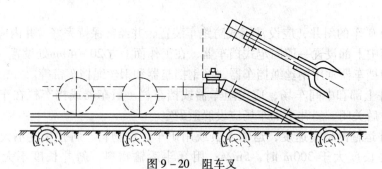

图 9 - 20　阻车叉

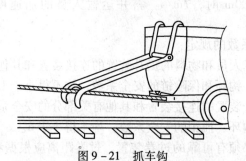

图 9 - 21　抓车钩

运送人员使用的斜井人车应有顶棚，并有可靠的断绳保险器。断绳保险器既可以自动也可以手动，断绳或脱钩时执行机构插入枕木下或钩住枕木，或夹住钢轨阻止人车下滑。各辆人车的断绳保险器要互相连接，并能在断绳瞬间同时起作用。

斜井内应设置捞车器（见图 9 - 22），一旦发生跑车时捞车器挡住失控车辆，阻止矿车继续下滑。斜井提升应该有良好的声、光信号装置。

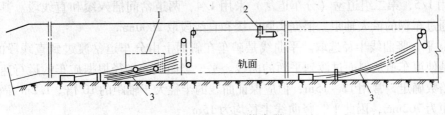

图 9 - 22　双网捞车器

1—矿车；2—绳网提升系统；3—绳网

9.4　实例

9.4.1　斜井甩车道设计实例 1

斜井甩车道将斜井与车场连接起来，并使矿车由斜变平。一般变平处进行摘空车挂重车。

根据斜井井底车场的形式，结合设计矿山的生产实际，车场选用尽头式，如图 9 - 23 所示。

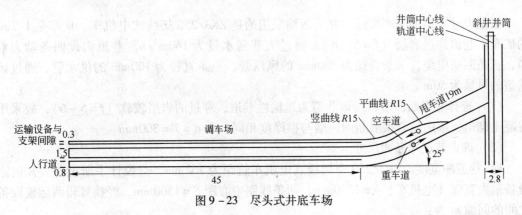

图 9 - 23　尽头式井底车场

钢轨类型选为 15kg/m，单侧道岔选用 618 - 1/4 - 11、渡线道岔选用 618 - 1/4 - 11.5。

斜井串车提升时储车线长度为 2 ~ 3 钩串车长度。一钩串车长度由井下运输电机车的长度加上 3 个 $1.2m^3$ 固定式矿车的长度组成，即 $2700 + 1900 \times 3 = 8400mm$。根据设计矿山的生产实际，储车线的长度由 12 个 $1.2m^3$ 固定式矿车的长度组成，再加上 ZK31250 电机车的长度。即储车线长度 $L' = 2700 + 1900 \times 12 = 25500mm$，考虑到材料、设备等临时占用的路线，其长度为 15 ~ 30m。取 20.5m，得井底储车线长度 $L = 25500 + 20500 = 46000mm$。井底车场空车线长度采用与储车线长度相同的长度，即 46000mm。根据实际情况空车坡度取 $i = 12‰$、重车坡度 $i = 10‰$，坡度相反以保证空重车的摘挂。

9.4.1.1　甩车道主要参数的选择

（1）提升牵引角。提升牵引角 θ 是影响矿车在甩车道上运行是否顺畅的主要参数。根据相关的资料及设计矿山的生产实际，提升牵引角取 10°。

（2）道岔型号的选择。根据斜井提升的大小及矿山生产实际，第一组道岔（甩车道岔）采用1/5，第二组道岔（分车道岔）采用1/4，两道岔间插入缓和直线段。其长度不小于所通过车辆的最大轴距。根据实际，缓和直线段取2000mm。

（3）平、竖曲线半径选取。平曲线是矿车在斜面上由分车道岔渡过到直线段的曲线，竖曲线是使甩车道从斜面过渡到平面的曲线。平、竖曲线的半径根据矿车的运行速度和其轴距的倍数确定，常用12~15m，但应保证曲线的半径大于轴距的10倍。1.2m³固定式矿车的轴距为762mm，因此平、竖曲线半径均为15m。

（4）甩车道底部空、重车线的高低差。甩车道的空重车线由于相反的坡度之故，形成了高低差，高低道的标高差在起坡点处为最大值 ΔH，考虑到摘挂钩时安全和管理与操作的方便，ΔH 不超过0.5m。本设计高低差取418mm。

（5）空、重车线起坡点间的水平距离 ΔL（两个竖曲线终点间距）。为了操作的方便与安全，空车线（高道）的起坡点最好超前重车线（低道）的起坡点，超前距 ΔL 一般以0.8~1.5m为宜，本次水平距经计算取879mm。

（6）空、重车线中心线间距。空、重车线中心线间距随着车场人行道位置和矿车宽度的不同而异，本中心线间距取1600mm（不设中间人行道）。

9.4.1.2　调车场断面设计

根据设计矿山的生产实际，井下运输采用的是 ZK3/250 架线式电机车，矿车是 1.2m³ 的矿车。巷道穿过岩层（$f = 5 \sim 6$），通过大巷涌水量为140m³/h。巷道内设两条动力电缆，三条照明电缆，一条直径为200mm的风压管，一条直径为100mm的供水管，通过该巷道的风量为50m³/s。

（1）选择巷道断面形状。该巷道为运输性巷道，穿过的岩层较软（$f = 5 \sim 6$），故采用混凝土砌碹，选用三心拱形断面，墙与拱厚度相同，取 $d = T = 300mm$。

（2）确定巷道净断面尺寸。

1）巷道净宽度。ZK3/250 型架线式电机车轨距为762mm，查设计手册设备表知运输设备最大宽度（电机车）$b = 1250mm$，两条线路中心距 $S = 1500mm$，经换算得两运输设备之间的间隙 m 为：

$$m = 1500 - (1250/2 + 1250/2) = 250mm$$

取运输设备到支架间隙 $b_1 = 300mm$，人行道宽度 $b_2 = 800mm$，巷道净宽度 B_0 为：

$$B_0 = 2b + m + b_1 + b_2 = 2 \times 1250 + 250 + 300 + 800 = 3850mm$$

2）确定三心拱参数。取拱高为巷道净宽1/3的三心拱，参数如下：拱高 $f_0 = B_0/3 = 3850/3 = 1283mm$，取 $f_0 = 1290mm$；大半径 $R = 0.692B_0 = 0.692 \times 3850 = 2664mm$，取 $R = 2670mm$；小半径 $r = 0.262B_0 = 0.262 \times 3850 = 1009mm$，取 $r = 1010mm$。

3）轨道参数选择。根据采用的运输设备，查设计手册运输设备电机车、矿车、轨道匹配表得，选用15kg/m的钢轨，木轨枕，其规格为长1350mm、顶面宽100mm、底面宽188mm、厚120mm。道碴层用粒径20~40mm碎石筑成。查三心拱巷道断面及工程量计算表知，道床总厚度 $h_6 = 350mm$，道碴面至轨面高度 $h_4 = 160mm$，道碴厚度 $h_5 = 190mm$。

4）确定墙高（h_2）。

①按行人要求确定墙高。

$$h_2 = 1800 - 14.1\sqrt{r - 50} = 1800 - 14.1 \times \sqrt{1010 - 50} = 1363mm$$

取 $h_2 = 1370$。

②按架线要求确定墙高。已知 $r = 1010\text{mm}$，$a = b/2 + b_1 = 1250/2 + 300 = 925\text{mm}$，设架线弓为旧型，取 $k = 400\text{mm}$。

$$\frac{r - a + k}{r - 300} = \frac{1010 - 925 + 400}{1010 - 300} = 0.683 > 0.554$$

表明导电弓子已进入小拱范围内，根据《安全规程》取电机车距轨面架线高度 $H_1 = 2000\text{mm}$，由计算公式得：

$$h_2 = H_1 + h_4 - \sqrt{(r - 250)^2 - (r - a + k)^2} = 1575\text{mm}$$

取 $h_2 = 1600\text{mm}$。

③按装设管道确定墙高。已知 $D_1 = 200\text{mm}$，$D_2 = 100\text{mm}$，$n = D_1 + 100 + D_2 = 200 + 100 + 100 = 400\text{mm}$，$Z_2 = B_0/2 - b/2 - b_2 = 3850/2 - 1250/2 - 800 = 500\text{mm}$，由计算公式得：

$$h_2 = 1800 + h_5 + n - \sqrt{r^2 - \left[r - \left(\frac{B_0}{2} - Z_2 - k - 300 - D_1\right)\right]^2} = 1207\text{mm}$$

根据上述计算，从道碴面算起墙高取 $h_2 = 1600\text{mm}$，巷道净断面积 $S_{ji} = B_0 (h_2 + 0.262 \times B_0) = 3850 \times (1600 + 0.262 \times 3850) = 10\text{m}^2$。

（3）水沟与管线。水沟坡度与巷道坡度相同，为 3‰。根据涌水量 $140\text{m}^3/\text{h}$，设计水沟上宽为 300mm、下宽为 250mm、深度为 300mm，水沟净断面积为 0.083m^2。

动力电缆布置在非人行道侧。通讯、照明电缆布置于人行一侧，距供水管 300mm。电缆用电缆架悬挂。供水管布置在人行道侧，距道碴面 1800mm 用锚杆悬挂。压风管与供水管平行布置，且位于供水管之上。

（4）工程量计算。

1）巷道掘进宽度：
$$B = B_0 + 2T = 3850 + 2 \times 300 = 4450\text{mm}$$

2）巷道掘进深度：
$$H = h_3 + f_0 + d_0 = h_2 + h_5 + f_0 + d_0 = 1600 + 190 + 1290 + 300 = 3380\text{mm}$$

3）巷道拱面积：
$$S_{go} = 1.33(B_0 + T)d_0 = 1.33 \times (3.85 + 0.3) \times 0.3 = 1.66\text{m}^2$$

4）巷道墙面积：
$$S_g = 2h_3T = 2 \times 1.79 \times 0.3 = 1.07\text{m}^2$$

5）巷道基础面积：
$$S_{gi} = (0.5 + 0.25)T = 0.75 \times 0.30 = 0.225\text{m}^2$$

6）道碴面积：
$$S_z = h_5 B_0 = 0.19 \times 3.85 = 0.73\text{m}^2$$

7）巷道掘进断面积：
$$S_{gu} = S_{ji} + S_{go} + S_g + S_{gi} + S_z = 10 + 1.66 + 1.07 + 0.225 + 0.37 = 13.685\text{m}^2$$

8）每米巷道砌碴所需材料：
$$V = V_{go} + V_g + V_{gi} = 1.66 + 1.07 + 0.225 = 2.955\text{m}^3$$

9.4.1.3 绘制断面图

采用 1：20 的比例绘制断面图，如图 9－24 所示。

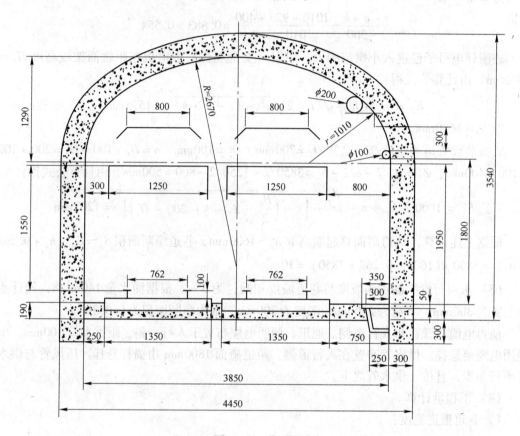

图 9－24　断面图

9.4.2 斜井甩车场设计实例 2

已知斜井倾角 $\beta = 15°$，一、二号道岔尺寸：$\alpha_1 = 9°31'38''$、$a_1 = 4287$、$b_1 = 4713$，$\alpha_2 = 14°15'$、$a_2 = 3472$、$b_2 = 3328$；空、重车竖曲线半径：$R_1 = 15000$，$R_2 = 9000$；空、重车储车线坡度：$i_1 = 14‰ = \tan\gamma_1 = \tan48'08''$，$i_2 = 8‰ = \tan\gamma_2 = \tan27'30''$；空、重车线最大高差 $H = H_1 + H_2 = 450 + 350 = 800$；空、重车线轨道中心间距 $S_{gzh} = 2000$，如图 9－25 所示。求算甩车场线路的平面尺寸和纵剖面尺寸（本例数据，未注明单位的，均为毫米）。

（1）有关甩车道角度计算。

$$\beta_1 = \arcsin(\sin\beta\cos\alpha_1)$$
$$= \arcsin(\sin15°\cos9°31'38'')$$
$$= 14°47'18''$$
$$\beta_2 = \arcsin[\sin\beta\cos(\alpha_1 + \alpha_2)]$$
$$= \arcsin[\sin15°\cos(9°31'38'' + 14°15')]$$
$$= 13°42'03''$$

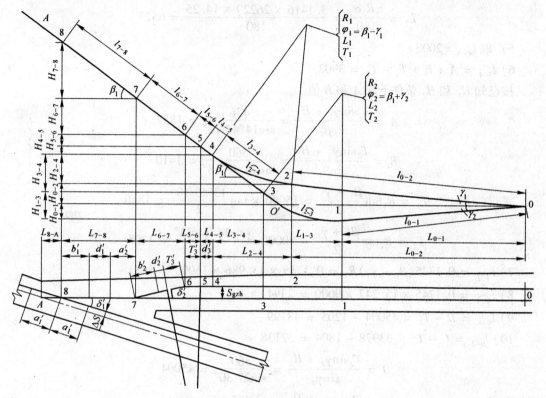

图 9 – 25　甩车场线路尺寸

$$\delta_1 = \text{arccot}(\cos\beta\cot\alpha_1)$$
$$= \text{arccot}(\cos 15°\cot 9°31'38'')$$
$$= 9°51'24''$$

$$\delta_2 = \text{arccot}[\cot(\alpha_1 + \alpha_2)\cot\beta] - \delta_1$$
$$= \text{arccot}[\cot(9°31'38'' + 14°15')\cos 15°] - 9°51'24''$$
$$= 14°39'44''$$

（2）各段线路长度计算。

1）$l_{8-A} = \dfrac{\Delta S}{\sin\alpha_1} = \dfrac{210}{\sin 9°31'38''} = 1268$

2）$l_{7-8} = b_1 + a_2 + d_1 = 4713 + 3472 + 0 = 8185$

由于斜井倾角较小，故取 $d_1 = 0$。

3）$l_{6-7} = \dfrac{S_{gzh}}{\tan\alpha_2} = \dfrac{2000}{\tan 14°15'} = 7875$

4）$l_{5-6} = T_3$

$$T_3 = \dfrac{S_{gzh}}{\sin\alpha_2} - b_2 - d_2 = \dfrac{2000}{\sin 14°15'} - 3328 - 1500 = 3297$$

$$R_3 = \dfrac{T_3}{\tan\dfrac{\alpha_2}{2}} = \dfrac{3297}{\tan 7°7'30''} = 26229$$

$$L_3 = \frac{\pi R_3 \alpha_2}{180} = \frac{3.1416 \times 26229 \times 14.25}{180} = 6523$$

5）取 $l_{4-5} = 2000$。

6）$l_{3-4} = A + B + T_1 - T_2 = 3902$

按已知 H_1 和 H_2 条件下求 A 和 B 值。

$$A = \frac{T_1 \sin\gamma_1 + H_1}{\sin\beta_1} = \frac{476}{\sin 14°47'18''} = 1857$$

$$B = \frac{T_2 \sin\gamma_2 + H_2}{\sin\beta_1} = \frac{360}{\sin 14°47'18''} = 1410$$

$$T_1 = R_1 \tan\frac{\beta_1 - \gamma_1}{2} = 15000 \times \tan\frac{13°59'10''}{2} = 1840$$

$$T_2 = R_2 \tan\frac{\beta_1 + \gamma_2}{2} = 9000 \times \tan\frac{14°14'48''}{2} = 1205$$

7）$l_{\overset{\frown}{2-4}} = 0.1745(\beta_1 - \gamma_1)R_1 = 0.1745 \times 13.986 \times 15000 = 3661$

8）$l_{\overset{\frown}{1-3}} = 0.1745 \times 15.247 \times 9000 = 2394$

9）$l_{0-1} = D - T_2 = 45004 - 1205 = 43799$

10）$l_{0-2} = C - T_1 = 33978 - 1804 = 32138$

$$D = \frac{T_2 \sin\gamma_2 + H_2}{\sin\gamma_2} = \frac{360}{\sin 27'30''} = 45004$$

$$C = \frac{T_1 \sin\gamma_1 + H_1}{\sin\gamma_1} = \frac{476}{\sin 48'08''} = 33998$$

11）起坡点间距，即 1 点和 2 点的水平距离：

$$L_{2-1} = l_{3-4}\cos\beta_1 + T_2(\cos\beta_1 + \cos\gamma_2) - T_1(\cos\beta_1 + \cos\gamma_1)$$
$$= 3092\cos 14°47'18'' + 1205(\cos 14°47'18'' + \cos 27'30'') - 1840(\cos 14°47'18'' + \cos 48'08'')$$
$$= 2524$$

由于斜井倾角较小，采用一次变坡使 L_{2-1} 大了一些。所以也可改用空车线上抬、重车线下扎，高、低道均经两次变坡的线路，使起坡点间距减小。

12）垂直投影长度与水平投影长度计算。

垂直投影长度	水平投影长度
$H_{8-A} = 324$	$L_{8-A} = 1264$
$H_{7-8} = 2089$	$L_{7-8} = 8159$
$H_{7-8} = 2101$	$L_{6-7} = 7850$
$H_{6-7} = 841$	$L_{5-6} = 3188$
$H_{4-5} = 510$	$L_{4-5} = 1934$
$H_{3-4} = 996$	$L_{3-4} = 3773$
$H_{\overset{\frown}{2-4}} = 495$	$L_{\overset{\frown}{2-4}} = 3618$
$H_{\overset{\frown}{1-3}} = 317$	$L_{\overset{\frown}{1-3}} = 2310$
$H_{0-1} = 350$	$L_{0-1} = 43795$
$H_{0-2} = 450$	$L_{0-2} = 32137$

图 9 - 26 是按上述计算结果绘制的甩车场线路图。

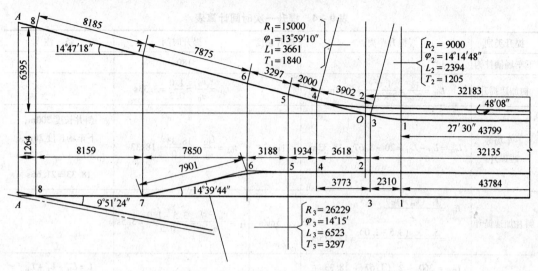

图 9 - 26 甩车场线路设计图

9.4.3 斜井提升实例

斜井提升设备选型计算的原始条件为：主斜井垂高 $H = 150\text{m}$，倾角 $\alpha = 30°$，斜长 $L_T = 300\text{m}$；矿井设计年生产能力 $A_n = 10$ 万吨/a；矿石堆密度按 3.1t/m^3 计算；年工作日 $A = 300\text{d}$，每天 3 班，每班 8h；提升方式为平车场单钩串车提升；矿车型号 YGC1.2 (6)，容积 1.2m^3，最大载重量 3t，轨距 600mm，外形尺寸（长×宽×高）1900mm×1050mm×1200mm；轴距 600mm，车厢长 1500mm，自重 0.72t。

（1）小时提升量。

$$A_s = \frac{CA}{t_r t_s} = \frac{1.25 \times 100000}{300 \times 18} = 23.15\text{t/h}$$

（2）提升速度。根据《金属非金属矿山安全规程》（GB 16423—2006）规定，选取初加速度 $a_0 = 0.3\text{m/s}^2$，主加速度 $a_1 = 0.5\text{m/s}^2$ 和主减速度 $a_3 = 0.5\text{m/s}^2$，车场内速度 $v_0 = 1.0\text{m/s}$，最大提升速度 $v_m = 3.5\text{m/s}$。提升速度图如图 9 - 27 所示。

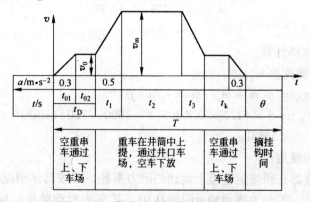

图 9 - 27 斜井平车场单钩提升速度图

（3）提升一次时间，见表 9 - 4。

表 9 - 4　提升一次时间计算表

提升类别	提升距离	提升速度	提升时间	备　注
下车场摘挂钩			180s	
初加速提升	$L_{01} = \dfrac{v_0^2}{2a_0} = \dfrac{1.0^2}{2 \times 0.3} = 1.67\text{m}$		$t_{01} = \dfrac{v_0}{a_0} = \dfrac{1.0}{0.3} = 3.33\text{s}$	
下车场等速提升	$L_{02} = L_D - L_{01} = 20 - 1.67 = 18.33\text{m}$	1m/s	$t_{02} = \dfrac{L_{02}}{v_0} = \dfrac{18.33}{1.0} = 18.33\text{s}$	斜井长度300m，下车场长度20m，$t_D = t_{01} + t_{02} = 3.33 + 18.33 = 21.66\text{s}$
斜井加速提升	$L_1 = \dfrac{t_1(v_m + v_0)}{2}$ $= \dfrac{5.5 \times (3.5 + 1.0)}{2} = 12.375\text{m}$	3.5m/s	$t_1 = \dfrac{v_m - v_0}{a_1} = \dfrac{3.5 - 1.0}{0.5} = 5.5\text{s}$	
斜井等速提升	$L_2 = 360 - 2(1.67 + 18.33 + 12.375)$ $= 295.25\text{m}$		$t_2 = \dfrac{L_2}{v_m} = \dfrac{295.25}{3.5} = 84.36\text{s}$	$L = L_D + L_T + L_K$ $= 20 + 300 + 40 = 360\text{m}$ 上车场长度40m
斜井减速提升	12.375m		5.5s	计算公式同斜井加速提升
上车场等速提升	18.33m		18.33s	计算公式同下车场等速提升
末减速提升	1.67m		3.33s	
上车场摘挂钩时间			180s	
合　计			498.68s	提升一次循环时间 138.68 × 2 + 360 = 637.36s

（4）一次提升矿车数。矿车有效载重量为 $1.2 \times 3.1 \times 0.8 = 2.976\text{t}$；小时提升次数为 $3600 \div 637.36 = 5.65$ 次，取 5 次；每次提升量为 $23.15 \div 5 = 4.63\text{t}$，因此每次提升矿车数为：

$$4.63 \div 2.976 = 1.56 \text{ 辆}$$

取 3 辆。

（5）钢丝绳的选择计算。

1）钢丝绳的端部荷重 m_{dn}。

$$m_{dn} = n(m + m_z)(\sin\beta + f_1\cos\beta)$$
$$= 3 \times (1.2 \times 0.8 \times 3.1 \times 1000 + 720)(\sin30° + 0.015\cos30°)$$
$$= 5688\text{kg}$$

式中　β——井筒的倾角；

　　　f_1——提升容器在斜坡运输道上运动的阻力系数，可按具体情况选取，对于矿车串车提升，矿车为滚动轴承时取 0.01，矿车为滑动轴承时取 0.015 ~ 0.02，对于箕斗提升通常取 0.01；

m——单个矿车载货量，kg；

m_z——矿车重量，kg；

n——串车个数。

2）钢丝绳的单位质量。斜井提升钢丝绳的选择计算与竖井基本相同，不同之处只是因斜井井筒倾角小于 90°，作用于钢丝绳 A 点的（见图 9 – 15）分力由串车及货车的重力分力 $n(m_1 + m_z)g\sin\beta$、串车及货车的摩擦力 $f_1 n(m_1 + m_z)g\cos\beta$、钢丝绳的重力分力 $m_p g L_0 \sin\beta$ 和钢丝绳的摩擦力 $f_2 m_p g L_0 \cos\alpha\beta$ 组成。

每米钢丝绳的质量：

$$
m_p = \frac{n(m_1 + m_{z1})(\sin\beta + f_1\cos\beta)}{11 \times 10^{-6}\dfrac{\delta_B}{m_a} - L_0(\sin\beta + f_2\cos\beta)}
$$

$$
= \frac{3 \times (2976 + 720)(\sin 30° + 0.015\cos 30°)}{11 \times 10^{-6} \times \dfrac{1550 \times 10^6}{7.5} - 380 \times (\sin 30° + 0.4 \times \cos 30°)}
$$

$$
= 2.66\,\text{kg/m}
$$

式中　L_0——钢丝绳由天轮架到串车尾车在井下停车点之间的斜长，m，$L_0 = 20 + 300 + 60 = 380$m，其中 20 为井底平车场长度，60 为井口车场钢丝绳斜长；

f_2——矿车运行摩擦阻力系数，此数值与矿井中托辊支承情况有关，钢丝绳局部支承在托辊上取 $f_2 = 0.25 \sim 0.4$；

f_1——矿车运行摩擦阻力系数，矿车为滚动轴承取 $f_1 = 0.015$，滑动轴承取 $f_1 = 0.02$；

m_a——安全系数，取 7.5。

3）选择钢丝绳。选择交互捻 6×7 绳纤维芯，钢丝绳直径 30.0mm、钢丝绳总断面积 337.61mm、重量 3.224kg/m、钢丝绳破断拉力总和不小于 512.89kN。

4）验算钢丝绳安全系数。

$$
m_a = \frac{Q_p}{n(m_1 + m_z)g(\sin\beta + f_1\cos\beta) + m_p g L_0(\sin\beta + f_2\cos\beta)}
$$

$$
= \frac{52300 \times 9.8}{3 \times (2976 + 720) \times 9.8 \times (\sin 30° + 0.015\cos 30°) + 3.224 \times 9.8 \times 380 \times (\sin 30° + 0.4\cos 30°)}
$$

$$
= 7.8
$$

上式计算的数值 7.8 大于 7.5，以上所选钢丝绳可以使用。

最大静张力为：

$$
\begin{aligned}
F_{jmax} &= n(m_1 + m_z)g(\sin\beta + f_1\cos\beta) + m_p g L(\sin\beta + f_2\cos\beta) \\
&= 3 \times (2976 + 720) \times 9.8 \times (\sin 30° + 0.015\cos 30°) + 3.224 \times 9.8 \times 380 \times \\
&\quad (\sin 30° + 0.4\cos 30°) = 65825\text{N}
\end{aligned}
$$

（6）选择提升机。根据 GB/T 20961—2007 选择提升机，参数如下：提升机型号 JK – 2.5/30A，卷筒个数 1 个，卷筒直径 2500mm，卷筒宽度 2000mm，钢丝绳最大静张力 90kN，钢丝绳直径 30.0mm，钢丝绳破断拉力总和 512540N，最大提升长度（一层）403m，减速比 $i = 20$，斜井最大提升速度 $v_{max} = 4.9$m/s、电动机转速 750r/min、功率 332kW，电压 380V，外形尺寸（长×宽×高）10.3m×9.08m×2.83m，主机重 30118kg。

（7）地面设施设计。

1）β_1 与 L'' 的确定。

井架高度 H_j 与天轮半径 R_t 之和为：

$$H_j + R_t = \frac{2.5 \times (L_B + L_T + L_A)}{L_B + L_T + L_n} = \frac{2.5 \times (8 + 1.5 \times 3 \times 1.9 + 40)}{8 + 1.5 \times 3 \times 1.9 + 4} = 6.88\mathrm{m}$$

式中　　L_B——井口至阻车器的距离，一般为 $7 \sim 9\mathrm{m}$；

　　　　L_T——阻车器到摘钩点距离，此值取 1.5 倍串车组长度；

　　　　L_A——摘钩点到井架中心的水平距离一般取 $40\mathrm{m}$。

钢丝绳在井口处的牵引角 β_1 为：

$$\beta_1 = \arctan \frac{H_j + R_t}{L_B + L_T + L_A} = \arctan \frac{6.88}{8 + 1.5 \times 3 \times 1.9 + 40} = 6.9°$$

为了防止矿车在井口出轨掉道，井口处的钢丝绳牵引角 β_1 要小于 $9°$。

井口到井架钢丝绳的弦长 L'' 为：

$$L'' = \sqrt{(L_B + L_T + L_A)^2 + (H_j + R_t)^2} = \sqrt{(8 + 1.5 \times 3 \times 1.9 + 40)^2 + (5.88 + 1)^2} = 57\mathrm{m}$$

2）斜坡游动轮。斜坡游动轮规格（见图 9-28）为：游动轮名义直径 1200mm、外径 1340mm，游动距离 1030mm，游动轮 $L = 1200\mathrm{mm}$、$A = 270\mathrm{mm}$、$B = 210\mathrm{mm}$、$H = 90\mathrm{mm}$、$h = 45\mathrm{mm}$，游动轮质量 320kg。

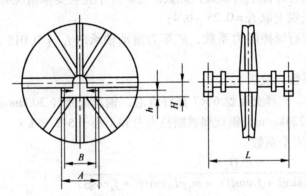

图 9-28　游动轮的结构

井口到井架导轮中心的水平距离 L_p：

$$
\begin{aligned}
L_p &= T + d + a + L_0 + L_{ZK} + L_g + L_w \\
&= 3.231 + 1.00 + 3.471 + 5.355 + 12.554 + 2.62 + 4.926 \\
&= 33.164\mathrm{m}
\end{aligned}
$$

游动轮井架高度 H_0：

$$H_0 = L_p \tan\beta - 1/2 D_1 \cos\beta = 800\mathrm{mm}$$

式中　　T——井口竖曲线切线长，$3.231\mathrm{m}$；

　　　　d——井口竖曲线切线点至道岔的插入段长度，$1.00\mathrm{m}$；

　　　　a——道岔端部至道岔岔心的长度，$3.471\mathrm{m}$；

　　　　L_0——轨道警示冲标至道岔岔心的距离，$5.355\mathrm{m}$；

　　　　L_{ZK}——矿车组摘挂钩的直线长度，$12.554\mathrm{m}$；

L_g——过卷距离，2.62m；

L_w——水平弯道占据的长度，4.926m；

β——钢丝绳牵引角，$\beta = 2°34'25''$。

3）钢丝绳托辊规格（见图9-29）。托辊间距10m，托辊直径130mm，长度200mm，$L = 418$mm，$D = 130$mm，$H = 140$mm，$h = 50$mm，$A = 310$mm，$B = 220$mm，质量14kg。

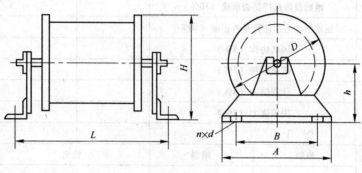

图9-29 托辊

9.5 斜井甩车场及斜井提升设计程序

斜井甩车场及斜井提升设计程序见表9-5。

表9-5 斜井甩车场及斜井提升设计程序

序号	项目内容	依据	参考文献	完成人	备注
1	选择甩车场参数				
2	计算甩车场线路参数				
3	计算选择提升设备规格数量				
4	计算选择提升钢丝绳				
5	选择提升机				
6	计算确定地面设施及位置				
7	提升运动学及动力学计算				
8	绘制提升三视图				

9.6 考核

考核内容及评分标准见表9-6。

表9-6 斜井甩车场及提升设计考核表

学习领域	地下采矿设计			
学习情境	斜井甩车场及提升设计		学时	12~18
评价类别	子评价项	自评	互评	师评
专业能力	资料查阅能力（10%）			
	图表绘制能力（10%）			

续表 9 - 6

专业能力	语言表达能力（10%）			
	提升方式选择是否合理（10%）			
	提升设备选择是否正确（10%）			
	提升机选择是否正确（10%）			
	地面设施选择是否准确（10%）			
	运动学动力学计算是否正确（10%）			
社会能力	团结协作（5%）			
	敬业精神（5%）			
方法能力	计划能力（5%）			
	决策能力（5%）			
合　计				

	班级	组别	姓名	学号

评价信息栏	自我评价：
	教师评语： 　　　　　　　　　　教师签字：　　　　日期：

项目 10　矿井通风设计

10.1　任务书

本项目的任务信息见表 10-1。

表 10-1　矿井通风设计任务书

学习领域	地下采矿设计							
项目 10	矿井通风设计	学时	6~12	完成时间		月　　日至　　月　　日		
布　置　任　务								
学习目标	(1) 能根据开拓系统选择全矿通风方式; (2) 根据中段开拓运输方式、采矿方法选择中段通风网络; (3) 能够计算全矿总风量; (4) 能够计算全矿总压力; (5) 能够选择主扇							
任务条件	授课教师根据教学要求给出矿山开采的基本条件:开拓方式、采矿方法、井下某个中段水平平面图、巷道开挖的基本参数、全矿通风立体图							
任务描述	(1) 根据开拓选择通风系统的通风方式; (2) 根据采矿方法选择中段通风网络; (3) 计算全矿总风量; (4) 计算全矿总风压; (5) 计算自然压差; (6) 选择主扇及反风方式; (7) 选择局扇; (8) 选择通风设施; (9) 进行风流分配与控制							
参考资料	(1)《金属矿地下开采》(第 2 版),陈国山主编,冶金工业出版社; (2)《采矿设计手册》(地下开采卷、井巷工程卷、矿山机械卷),建筑工业出版社; (3)《采矿设计手册》(五、六册),冶金工业出版社; (4)《采矿学》(第 2 版),王青主编,冶金工业出版社; (5)《采矿技术》,陈国山主编,冶金工业出版社							
任务要求	(1) 发挥团队协作精神,以小组形式完成任务; (2) 以对成果的贡献程度核定个人成绩; (3) 展示成果要做成电子版; (4) 按时按要求完成设计任务书; (5) 学生应该遵守课堂纪律不迟到、不早退							

10.2　支撑知识

10.2.1　全矿总风量的计算

金属矿井矿体情况复杂，采矿方法类型多，采场内工作作业点多，保证各工作面不产生废风串联、无烟尘停滞，是采场通风的主要任务。采场应有贯通风流。利用矿井总压差通风是最有效的采场通风方式。故各采场的进风应与矿井通风系统的新鲜风流连通；采场出风直接连通矿井通风系统的废风流；采场尽量形成上行风流以有利于炮烟排出。电耙道风流方向应与耙矿方向相反，以保证电耙司机在新鲜风流中操作。在采场设计时应充分考虑以上因素，使采场通风得到有效的解决。在没有条件利用矿井总压差通风形成贯通风流的采场，必须进行有效的局部通风。

10.2.1.1　采矿工作面

（1）按爆破后排烟计算风量。一般井巷及风筒内的风流称为有固定边界的风流或非自由风流，如图 10 - 1 所示。进入硐室的风流，风流的边界是与风流性质相同的介质，这种风流称为无固定边界的风流或自由风流，如图 10 - 2 所示。

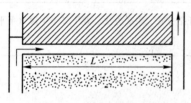

图 10 - 1　非自由风流采场

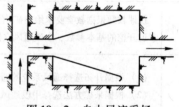

图 10 - 2　自由风流采场

工作面废风的排出，既不像活塞排气那样单纯地将废风顶走，也不像密闭空间那样单纯地进行稀释，而是两种作用都有。自由风流对废风的排出以稀释为主；非自由风流则以排出为主。作用过程不同，排出炮烟所需风量的计算也不同。

1）非自由风流采场需风量计算（巷道型采场）。

$$Q_c = \frac{NV}{t}$$

式中　Q_c——采场需风量，m^3/s；

　　　　N——风流交换倍数，$N = 11.13$；

　　　　V——通风空间，m^3；

　　　　t——通风时间，s，一般取 900 ~ 2400s。

2）自由风流采场需风量计算（硐室型采场）。

$$Q_c = 2.3 \frac{V}{kt} \log \frac{500A}{V}$$

式中　Q_c——采场需风量，m^3/min；

　　　　t——通风时间，min；

　　　　A——炸药消耗量，kg；

　　　　V——采场的空间体积，m^3；

　　　　k——紊流扩散系数，按下式求出 ψ 后，在参考资料中查取 k 值。

$$\psi = \frac{al_k}{\sqrt{S}}$$

式中　a——系数，取 0.06 ~ 0.01（巷道壁非常粗糙者取大值）；

　　　　l_k——硐室长度，m；

　　　　S——进风巷道断面，m^2。

　　3）大爆破采场出矿时期所需风量。

$$Q_c = \frac{40.3}{t} n \sqrt{A_J V_F}$$

式中　Q_c——采场需风量，m^3/s；

　　　　t——二次破碎时，把炮烟稀释到容许浓度所规定的通风时间，一般为 300s；

　　　　n——矿块中放矿水平的工作巷道数目；

　　　　V_F——从放矿巷道到与其他风流汇合处的空间体积，m^3；

　　　　A_J——假定装药量，kg。

$$A_J = A_1 + A_2$$

式中　A_1——在通风时间内由矿石堆涌出炮烟的炸药当量，kg；

　　　　A_2——每次矿石的二次破碎炸药量，1 ~ 3kg。

$$A_1 = \varepsilon \frac{p_k V_s t}{\gamma_s t_F b_a}$$

式中　ε——放矿初期炮烟放出系数，取 2.7；

　　　　p_k——每昼夜由每条放矿巷道放出矿石量，t/d；

　　　　V_s——采下矿石的空隙率，一般取 0.3；

　　　　γ_s——松散状态的矿石堆密度，t/m^3；

　　　　t_F——每昼夜放矿时间，一般取 72000 ~ 75600s（即 20 ~ 21h）；

　　　　b_a——每千克炸药产生的炮烟总量，m^3/kg，取 $0.9m^3/kg$。

　　大爆破作业一般安排在周末或节假日进行。通常采用适当延长通风时间和临时调节风流，加大爆破区通风量的方法。为了加速大爆破后的通风过程，在爆破前对爆破区的通风路线要做适当调整，尽量缩小炮烟污染范围。

　　（2）按排尘风量计算需风量，见表 10 - 2。

表 10 - 2　冶金矿井排尘风量计算定额（建议值）

工作面形式或作业性质	使用设备台数	工作面的断面积/m^2	排尘风量/$m^3 \cdot s^{-1}$	备　注
巷道型采场浅孔凿岩机凿岩	1	2.2 ~ 4	1	
	2	5 ~ 8	2	
	3	9 ~ 12	3	
硐室型采场浅孔凿岩机凿岩	1	< 20	3	
	2	> 20	4	
	3	> 20	5	

工作面形式或作业性质	使用设备台数	工作面的断面积/m²	排尘风量/m³·s⁻¹	备 注
YG – 80 以上的中深孔凿岩机凿岩的巷道	1	10	2.5 ~ 3.5	贯通风流
	1	10	3 ~ 4	独头
	2	10	3 ~ 4	贯通风流
	2	10	4 ~ 5	独头
YG – 40 以下的中深孔凿岩机凿岩	1	6	1.5	贯通风流
	1	6	2	独头
ZYQ – 14 型风动装岩机出矿	1	10	3.5	贯通风流
	1	10	4	独头
ZYQ – 12 型风动装运机或装岩机出矿	1	—	2.5	贯通风流
	1	—	3.5	独头
电耙出矿 5.5kW、28kW 以上	1	5	2.5	
	1	4	2	
二次破碎巷道	—	5	1.2 ~ 2	
穿脉装矿	—	5	1.2	

10.2.1.2 掘进工作面

（1）按排出炮烟计算。

1）压入式。通风有效作用长度为：

$$L_x = (4 \sim 5)\sqrt{S}$$

式中　L_x——通风有效作用长度，m；

　　　S——通风巷道断面，m²。

当风筒末端到工作面距离 L_m 小于有效作用长度 L_x 时，所需风量为：

$$Q_{YG} = \frac{19}{t}\sqrt{ASL}$$

式中　Q_{YG}——压入式通风工作面所需风量，m³/min；

　　　L——巷道全长，m；

　　　S——巷道断面，m²；

　　　A——炸药量，kg；

　　　t——将整条巷道内有毒气体折合为一氧化碳而稀释到最大浓度不超过 0.02%（按体积）的时间，min；一般取 15 ~ 40min。

2）抽出式。通风有效作用长度为：

$$L_x = 1.5\sqrt{S}$$

当风筒末端到工作面距离 L_m 小于通风有效长度 L_x 时，所需风量为：

用电炮　　　　$$Q_{ZC} = \frac{18}{t}\sqrt{\left(15 + \frac{A}{5}\right)AS}$$

用火炮

$$Q_{ZG} = \frac{18}{t}\sqrt{(15 + A)AS}$$

式中　Q_{ZG}——抽出式通风工作面所需风量，m^3/min。

3）混合式。工作面所需风量为：

$$Q_{HG} = \frac{19}{t}\sqrt{ASL_{ZM}}$$

式中　Q_{HG}——混合式通风时工作面所需风量，m^3/min；

　　　L_{ZM}——抽出式吸风口距工作面的距离，m。

混合式通风时，抽出式吸风量比工作面所需正常风量应增加 20% ~25%，即

$$Q_{HZ} = (1.2 ~ 1.25)Q_{HG}$$

（2）按排出矿尘计算。在采用综合防尘措施时，为了使工作面空气含尘量降到 $2mg/m^3$ 以下，所需的巷道排尘风速称为最低排尘风速。我国规定最低排尘风速不小于 0.15m/s。也可按每台凿岩机所需排尘风量为 $1.0m^3/s$ 计算工作面排尘风量。

按排出炮烟及排尘要求分别计算风量后，选取大值作为工作面所需风量。

10.2.1.3　铀矿井排氡

铀矿井通风是降低空气中氡及其子体的主要措施。计算风量时，一般按矿井生产最大发展时期计算氡析出量，并按最大氡析出量计算排氡风量。我国《放射防护规定》："井下工作场所空气中氡的最大允许浓度为 $3.7kBq/m^3$，空气中氡子体浓度的限值已定为 $8.3\mu J/m^3$"。矿井供风量必须同时满足这两项的要求。

目前普遍认为防氡要求主要是控制井下的氡子体 α 潜能值，所以风量应按降低氡子体浓度的要求作如下计算。

首先根据地质报告或实测，计算出矿井的氡析出量及所需通风空间的体积，计算方法参阅有关铀矿通风设计文献。然后按下述方法分别计算风量，取其中大值作为矿井所需降低氡子体的风量。

（1）全矿井所需风量计算。

$$Q = 0.39\sqrt{DV}$$

式中　Q——按整个矿井计算所需风量，m^3/s；

　　　D——矿井氡析出量，kBq/s；

　　　V——矿井所需通风空间体积，km^3。

（2）各采场所需风量计算。

$$Q = 1.32\sqrt{DV/(8 - E_0)}$$

式中　Q——该采场所需风量，m^3/s；

　　　D——该采场氡析出量，kBq/s；

　　　V——该采场所需通风空间体积，km^3；

　　　E_0——该采场入风氡子体浓度，$\mu J/m^3$。

矿井各采场所需风量之和与全矿井所需风量比较，取大值作为全矿降氡子体的需风量，再与排烟、排尘等所需风量相比，取最大值作为矿井所需风量。

10.2.1.4 自燃及湿热矿井

有自燃倾向及湿热矿井，通风的目的是降低井下的温度。

$$Q = \frac{\sum N}{3600 C_{\mathrm{p}} r(t_2 - t_1)}$$

式中　　Q——整个矿井计算所需风量，$\mathrm{m^3/s}$；

　　$\sum N$——井下各热源放热之和，$\mathrm{kJ/h}$；

　　C_{p}——空气定压比热容，$1.005\mathrm{kJ/(kg \cdot h)}$；

　　r——井巷空气平均密度，$\mathrm{kg/m^3}$；

　　t_1，t_2——进风、回风空气温度，$\mathrm{℃}$。

10.2.1.5 使用柴油设备

按柴油设备排放的废气计算风量，使用柴油设备时的风量计算应满足将柴油设备所排出废气全部稀释至允许浓度以下的标准。新设计矿井，一般可按单位功率的需风量指标计算，其计算公式如下

$$Q = q_0 N$$

式中　　Q——坑内柴油设备的需风量，$\mathrm{m^3/min}$；

　　q_0——单位功率的风量指标，$q_0 = 2.8 \sim 3.0\mathrm{m^3/}$（马力·$\mathrm{min}$），1 马力 $= 735.499\mathrm{W}$；

　　N——各种柴油设备按使用时间的百分比的总马力数。

$$N = N_1 K_1 + N_2 K_2 + N_3 K_3 + \cdots + N_n K_n$$

式中　　N_1，N_2，$\cdots$，N_n——各柴油设备的额定功率，马力；

　　K_1，K_2，$\cdots$，K_n——时间系数，即各种柴油设备每小时在坑内作业的时间百分数，%。

10.2.1.6 各种硐室

新鲜风流通过硐室后，其废风不直接排入回风道者，则在计算总风量时，不考虑这类硐室所需风量。

井下各种硐室所需新鲜风流的风量，可分别按下列公式计算：

（1）压风机硐室所需风量。

$$Q = 2.3 \sum N$$

式中　　$\sum N$——硐室内所有电动机功率。

（2）水泵硐室、卷扬机硐室所需风量。

$$Q = 0.46 \sum N$$

（3）电机车库一般保持 $1 \sim 1.5\mathrm{m^3/s}$ 的通过风量。

（4）炸药库一般应有贯穿风流通过。储存量在 8t 以上时，供风量为 $100 \sim 150\mathrm{m^3/min}$；储存量在 8t 以下时，供风量为 $50 \sim 100\mathrm{m^3/min}$。

（5）变电硐室所需风量。

$$Q = 0.498 \sum N$$

10.2.2　矿井通风阻力计算

设计一般根据通风系统总阻力和自然风压（包括冬季和夏季的自然风压值及方向）来选择主扇。

计算所拟订的通风系统（包括分区通风和分期通风的总阻力），一般需计算通风最困难时期和通风最容易时期的通风总阻力。

如通风系统的风路长、生产年限久、风量大、中后期阻力相差很大，从始到终用同一主扇不一定经济合理，则应做方案比较，以确定是否需要分期选择主扇。

10.2.2.1　矿井通风摩擦阻力计算

巷道的通风摩擦阻力为：

$$h_i = R_i q_i^2 = \frac{\alpha P L}{S^3} q_i^2 \qquad (10-1)$$

式中　h_i——巷道通风摩擦阻力，Pa；

　　　R_i——巷道的摩擦风阻，Ns^2/m^8；

　　　S——巷道的通风断面，m^2，平巷、竖井均为净断面，但竖井净断面包括井筒结构件和梯子间断面在内；

　　　P——巷道通风断面的周边长度，m；

　　　L——巷道长度（指通过同一风量的相同断面和支护类型相同的巷道长度），m；

　　　q_i——巷道的通过风量，m^3/s；

　　　α——巷道的通风摩擦阻力系数，Ns^2/m^4，见表 10-3、表 10-4。

表面摩擦阻力系数值是以 $\alpha \times 10^3$ 示出来的，取用时应将其化为小数。

表 10-3　平巷天井采场通风井等摩擦阻力系数

序　号		巷　道　特　征	$\alpha(\times 10^3)/Ns^2 \cdot m^{-4}$
	1	在火成岩掘进的无支护巷道	15 ~ 18
	2	在沉积岩掘进的无支护巷道，沿走向开凿	8 ~ 10
	3	在沉积岩掘进的无支护巷道，垂直走向开凿	10 ~ 13
	4	混凝土砌碹的巷道，周壁用灰浆抹光	3 ~ 4
	5	混凝土砌碹的巷道，壁面粗糙	5 ~ 7
水平巷道	6	混凝土砌碹的巷道，壁面光滑	3 ~ 4.4
	7	料石砌碹的巷道不抹面	6 ~ 8
	8	锚杆喷射混凝土支护的巷道	12 ~ 14
	9	锚杆喷射混凝土支护的巷道，光面爆破	5 ~ 8
	10	喷射混凝土支护的巷道	8 ~ 12
	11	混凝土棚子支护的巷道	9 ~ 19

序　号		巷 道 特 征	$\alpha(\times10^3)/\text{Ns}^2 \cdot \text{m}^{-4}$
天井	1	两隔间，无梯子间	20 ~ 25
	2	两隔间，其中一格为有台板的梯子间	55 ~ 60
	3	三隔间，无梯子间	25 ~ 30
	4	三隔间，其中一格为有台板的梯子间	50 ~ 55
采场	1	无支护的巷道型采场	35 ~ 40
	2	木支架的巷道型采场	45
	3	薄矿脉壁式充填法采场	63 ~ 68
	4	电耙巷道	50 ~ 60
通风井	1	无装备无梯子间混凝土砌壁的圆形井筒	2 ~ 3
	2	无装备无梯子间料石砌壁的圆形井筒	4 ~ 5
	3	无装备无梯子间无支护的圆形井筒	13 ~ 16
	4	无装备无梯子间混凝土弧形预制件井壁圆形井筒	8 ~ 12
	5	无装备无梯子间木支护的矩形单格井筒	10 ~ 15
	6	有罐梁，无梯子间木支护的矩形井筒	20 ~ 25
	7	有罐梁，有人梯无梯子平台木支护的矩形井筒	30 ~ 35
风筒	1	圆形金属风筒直径为 300 ~ 400mm	4 ~ 4.5
	2	圆形金属风筒直径 500 ~ 600mm	3 ~ 3.5
	3	圆形金属风筒直径 1000mm	2.5
	4	柔性风筒长为 10m，直径为 400mm	4.8
	5	柔性风筒长为 10m，直径为 500mm	4.2
	6	柔性风筒长为 10m，直径为 600mm	3.6

注：1. 巷道断面大者，巷内无管线架设者取小值。
　　2. 无轨斜道可采用相应支护形式的平巷。
　　3. 装有胶带运输机的，α 附加值为 $(4~10) \times 10^{-3}\text{Ns}^2/\text{m}^4$；弯曲巷道 α 附加值为 $(2~5) \times 10^{-3}\text{Ns}^2/\text{m}^4$；巷道堵塞严重时 α 附加值为 $(3~10) \times 10^{-3}\text{Ns}^2/\text{m}^4$，巷道断面局部变化（单、双轨），$\alpha$ 附加值为 $3 \times 10^{-3}\text{Ns}^2/\text{m}^4$，铺轨无道碴填充的平巷 α 附加值为 $(1~3) \times 10^{-3}\text{Ns}^2/\text{m}^4$；工作面有设备运转的 α 附加值为 $(6~9) \times 10^{-3}\text{Ns}^2/\text{m}^4$。
　　4. 资料来源系煤炭部实测资料统计。

10.2.2.2　矿井通风总阻力计算

按照式（10 – 1）计算出各巷道的通风摩擦阻力，从需风网中选出摩擦阻力最大的分支风路，将其加上进风网和回风网的阻力即为矿井通风摩擦阻力，再加上通风局部阻力后即为矿井通风总阻力，局部总阻力一般为矿井通风摩擦总阻力的 10% ~ 20%。

当不解算矿井通风网时，可查有关技术手册所列公式计算矿井通风总阻力。

为计算方便，可查有关技术手册，先计算矿井进风网中参与计算的巷道百米风阻，然后查有关技术手册计算巷道的通风摩擦阻力。

此外，在选择多级机站风机时，应考虑各级机站装置的风压损失。

上述方法计算出矿井通风总阻力后，对于海拔高度超过 1000 ~ 1500m 的高海拔矿井，应以海拔高度系数修正所计算的矿井通风总阻力为准。

表10-4　提升竖井摩擦阻力系数

井筒装备图	直径/m	井筒特征	方案	梯子间规格	罐道梁形状规格	间距/mm	d_0/mm	L/d_0	$\alpha \times 10^3$
	6	罐笼井有两个能容2t矿车的罐笼，并设有梯子间和管道间	1	梯子平台间距4m，梯子间四面钉木板	240~270mm高的工字钢	2000	124	16	50
			2			3125	124	25	39
			3			4006	124	32	36
			4			6250	124	50	30
		罐笼井，有两个能容2t矿车的罐笼，无梯子间	5		240~270mm高的工字钢	2000	124	16	34
			6			4000	124	32	24
	8	箕斗井，有4个12t箕斗，有梯子间和管道间	1	梯子间四面钉木板，梯平台间距3.125m	270~300mm高的工字钢	3125	126	25	42
			2	梯子间四面钉木板，梯平台间距6.25m		6250	126	50	30
			3	梯子间四面钉木板，梯平台间距3.125m		3125	126	25	46
			4	提升方面四面钉木板，梯平台3.125m		3125	126	25	37
		箕斗井，有4个12t箕斗，无梯子间	5		270~300mm高的工字钢	3125	126	25	33
			6			6250	126	50	22
	6	罐笼井，有两个可容3t矿车的罐笼，有梯子间	基本典型	梯子间四面间隔地围钉木板，平台间距4m	200~300mm高的工字钢	3125	126	25	38
	6	罐笼井（两个容2t矿车设备，有两套提升的翻转式罐笼及的翻转罐笼和一个平衡锤）及管道间	1	无梯子间	240~270mm高的工字钢	3125	124	25	45
			2			6250	124	50	29
	4.5	箕斗井，有两个4t箕斗和梯子间	1	梯子平台间距3.125m	240~300mm高的工字钢	3125	116	27.5	33
			2	梯子间四面间距6.25m		6250	116	55	22
			3	梯子平台间距3.125m		3125	116	27.5	37
			4	无梯子间		3125	116	27.5	29
			5	无梯子间		6250	116	55	18
	5.5	箕斗井，具有两个2t箕斗和一个检查罐笼及平衡锤，并具有管道间	基本典型	无梯子间	200~260mm高的工字钢	3000	102	29.4	34

高海拔矿井的风阻按下式计算：

$$R_z = K_r R_0$$

式中　R_z——高海拔矿井通风风阻，Ns^2/m^8；

　　　　R_0——标准状况下通风风阻，Ns^2/m^8；

　　　　K_r——海拔高度系数。

$$K_r = \left(1 - \frac{Z_p}{44300}\right) \times 4.256$$

式中　Z_p——矿井平均海拔高度，m。

高海拔矿井总阻力按下列二式计算：

（1）当以排尘风量和排尘风速计算的需风量为工作面时：

$$q_h = q_0$$

高海拔矿井通风阻力为：

$$h_z = K_r h_0$$

（2）当以排烟风量为工作面所需风量时：

$$q_H = \sqrt{\frac{1}{K_r}} q_0$$

高海拔矿井通风阻力为：

$$h_z = h_0$$

式中　h_z——高海拔矿井通风阻力，Pa；

　　　　h_0——标准条件下通风阻力，Pa；

　　　　q_H——高海拔矿井风量，m^3/s；

　　　　q_0——标准条件下矿井风量，m^3/s。

10.2.2.3　矿井自然风压估算

矿井自然风压参考下式估算：

$$H_Z = KB\left(\frac{1000}{RT_1} - \frac{1000}{RT_2}\right)\frac{H}{1000}$$

或　　　　　　　　　　$H_Z = KB\ (a_1 - a_2)$　　　　　　　　　　（10 – 2）

式中　H_Z——矿井自然风压，Pa；

　　　　B——井口大气压力，Pa；

　　　　K——修正系数，当 $H < 100m$ 时，$K = 1$，当 $H > 100m$ 时，$K = 1 + \dfrac{H}{10000}$；

　　　　H——井筒深度，取进、出风井筒的最大者，且进、出风井底按同一标高计，m；

　　　　R——干空气的气体常数，$R = 29.27$；

　T_1，T_2——进风井及出风井的空气平均绝对温度，K，进、出风井底应按同一标高计，且进、出风井口标高不同时，应取标高较大者为基准面，井口标高较低的一侧将基准面以下地面空气与井筒空气的气温加权平均；

　a_1，a_2——进出风侧平均温度系数，见表10 – 5。

表 10 - 5　温度系数表

平均温度/K	温度系数 α	平均温度/K	温度系数 α	平均温度/K	温度系数 α	平均温度/K	温度系数 α
253	1.3604	273	1.2515	283	1.2072	293	1.1660
255	1.3393	274	1.2469	284	1.2030	294	1.1620
257	1.3294	275	1.2424	285	1.1988	295	1.1581
259	1.3194	276	1.2379	286	1.1946	296	1.1542
261	1.3090	277	1.2334	287	1.1904	297	1.1503
263	1.2990	278	1.2289	288	1.1863	298	1.1464
265	1.2892	279	1.2245	289	1.1822	299	1.1426
267	1.2796	280	1.2202	290	1.1781	300	1.1388
269	1.2701	281	1.2158	291	1.1740	301	1.1350
271	1.2607	282	1.2115	292	1.1700	302	1.1312

进风井口气温 t_1，采用矿区最冷、最热旬（月）的平均气温，有预热设备时应取预热后的空气温度。

进风井井底气温 t_2，它与进风口气温及与岩石的热交换有关，一般可参考所在地区的实际资料，也可按下列方法计算：

$$t_2 = t_c + \frac{H_j - H_c}{g} - 4H_j$$

式中　t_2——进风井底气温，℃；

　　　t_c——矿区常年大气平均气温，℃；

　　　H_j——进风井深度，m；

　　　H_c——矿区地层常温层的深度，m，一般 $H_c = 25 \sim 30$m；

　　　g——地温梯度，m/℃，一般 $g = 45 \sim 50$m/℃。

出风井井底气温 t_3，按下式估算：

$$t_3 = t_c + \frac{H_h - H_c}{g} - 1.5$$

出风井井口气温 t_4，按下式估算：

$$t_4 = t_3 - 0.005H_h$$

式（10 - 2）估算所得值，若为正数表示矿井自然风压与主扇风压作用方向一致；若为负数，则表示自然风压与主扇风压作用方向相反。

10.2.3　通风设备选择

10.2.3.1　主扇的选择

（1）主扇的风量 Q_S。

$$Q_S = \rho Q_K$$

式中　Q_K——矿井所需总风量，m³/s；

　　　ρ——扇风机装置漏风系数，一般取 $1.1 \sim 1.15$。

（2）主扇的压差。为了使所选择的主扇在通风容易时期的工作效率不致太低，有时需要考虑自然压差帮助主扇压差的作用，所以通风容易时期的压差 h_{SY} 应为：

$$h_{SY} = h_Y - h_Z + \Delta h$$

式中　h_Y——通风容易时期的矿井总压差，Pa；

　　　Δh——扇风机装置的阻力，一般取 150～200Pa；

　　　h_Z——通风容易时期与主扇风流方向相同的自然压差，Pa，也可取 150～200Pa。

为了使所选主扇在通风困难时期的压差够用，有时需要考虑矿井自然压差对主扇压差的反作用，故在通风困难时期的压差 h_{SL} 为：

$$h_{SL} = h_L + h_2 + \Delta h$$

式中　h_L——通风困难时期的矿井总压差，Pa。

按以上所得的 h_{SL}、Q_S 和 h_{SY}、Q_S 两组数据，在扇风机产品目录中的个体特性曲线上选择合适的主扇。判断所选主扇是否合适，要看上面两组数据所构成的两个时期的工作点，是否都在扇风机个体特性曲线上的合理工作范围内。

10.2.3.2　主扇电动机预选

通风容易时期和困难时期主扇的轴功率（输入功率），分别按下列公式计算。

（1）扇风机轴功率。

$$N = \frac{h_S Q_S}{1000 \eta_S}$$

式中　η_S——扇风机效率，根据扇风机工作点的压差 h 及风量 Q 值可在扇风机特性曲线上查出相应的效率 η_S。

（2）电动机轴功率。

$$N = \frac{K h_S Q_S}{1000 \eta_S \eta_D}$$

式中　η_D——电动机效率，考虑热损失和轴承摩擦损失，$\eta_D = 0.9 \sim 0.95$；

　　　K——电动机备用系数，轴流式取 $K = 1.1 \sim 1.29$，离心式取 $K = 1.2 \sim 1.3$。

如果电动机与扇风机不是刚性传动，而是皮带传动，则应考虑传动效率 η_C，$\eta_C = 0.95$，即

$$N = \frac{K h_S Q_S}{1000 \eta_S \eta_D \eta_C}$$

按计算出的电动机轴功率及主扇要求的转速，从产品目录中选取电动机类型及容量。若容易时期与困难时期相差较大，则通风容易时期选用较小的电动机，在适当时期再换用较大的电动机。

10.2.4　局扇通风设计

根据掘进巷道的最终长度，选择合理的通风方式；按排出炮烟及矿尘的要求决定工作面所需风量，选择风筒及其接头形式，最后选择局扇。这就是局扇通风设计的内容。

10.2.4.1　风筒风阻计算

铁风筒的风阻按下式计算：

$$R = 6.5 \frac{\alpha L}{d^5}$$

式中　R——风筒的风阻，Ns^2/m^8；

　　　α——风筒的摩擦阻力系数，Ns^2/m^4，见表 10 - 6 和表 10 - 7；

　　　L——按掘进最终长度所需风筒长度，m；

　　　d——风筒直径，m。

当风筒变形、生锈或悬挂不平，表 10 - 5 中的值需增大 25% ~ 30%。

表 10 - 6　铁风筒的摩擦阻力系数及风阻

风筒直径 d/mm	200	250	300	350	400	500	600	700	800	1000
风筒摩擦阻力系数 $\alpha/Ns^2 \cdot m^{-8}$	0.0049	0.0049	0.0044	0.0039	0.0039	0.0034	0.0029	0.0029	0.00245	0.00245
风筒每 100m 长风阻 $/Ns^2 \cdot m^{-8}$	9938	3483	1177	491	246	71.6	24.6	11.1	4.91	1.57

表 10 - 7　柔性风筒的摩擦阻力系数 α

风筒绷紧程度度　　雷诺数 Re 　　　　　$\alpha/Ns^2 \cdot m^{-4}$	10^5	2×10^5	3×10^5	4×10^5	5×10^5	6×10^5	7×10^5	8×10^5	9×10^5	10^6
优良	0.0035	0.0029	0.00265	0.00235	0.00196	0.00187	0.00167	0.00167	0.00167	0.00167
中等	0.0094	0.00618	0.005	0.0041	0.0037	0.00343	0.00314	0.00314	0.00284	0.00284
不良	0.004	0.0284	0.0205	0.01619	0.0134	0.01089	0.0093	0.00834	0.00706	0.00618

柔性风筒的风阻按下式计算：

$$R = 6.5 \frac{\alpha l}{d^5} + 0.6 n \xi \frac{1}{S_T^2}$$

式中　n——风筒接头数（以掘进最终长度计算）；

　　　S_T——风筒断面积，m^2；

　　　ξ——每节风筒接头的局部阻力系数，见表 10 - 8。

选取摩擦阻力系数及局部阻力系数时，先按风筒内风流速度求出雷诺数 Re 后，分别在表 10 - 7、表 10 - 8 中查取。

表 10 - 8　柔性风筒接头的局部阻力系数 ξ

雷诺数 Re	10^5	2×10^5	3×10^5	4×10^5	5×10^5	6×10^5	7×10^5	8×10^5	9×10^5	10^6
第一节头局部阻力系数 ξ	0.21	0.17	0.14	0.12	0.11	0.1	0.09	0.08	0.08	0.08

10.2.4.2　风筒漏风计算

不论是抽出式还是压入式通风，风筒漏风都使风筒末端的风量减少，只是漏风方向不同而已，因此工作面的实得风量小于扇风机工作风量。扇风机工作风量与工作面实得风量之比，称为风筒的漏风备用系数。

$$p_T = \frac{Q_S}{Q_G}$$

式中　p_T——风筒漏风备用系数；

　　　　Q_S——扇风机工作风量；

　　　　Q_G——工作面实得风量。

金属风筒的漏风备用系数按表 10 - 9 查取。

表 10 - 9　金属风筒漏风系数

风筒长度/m	风筒直径/mm				
	200	300	400	500	600
50	1.09	1.05	—	—	—
70	1.14	1.07	—	—	—
100	1.18	1.10	—	—	—
125	1.24	1.12	—	—	—
150	1.27	1.14	—	—	—
175	1.32	1.16	—	—	—
200	1.38	1.19	1.10	1.06	1.04
250	—	1.24	1.12	1.08	1.05
300	—	1.29	1.14	1.09	1.06
400	—	1.38	1.18	1.12	1.08
500	—	1.50	1.22	1.14	1.10
600	—	—	1.27	1.17	1.12
700	—	—	1.32	1.20	1.14
800	—	—	1.36	1.23	1.16
900	—	—	1.40	1.26	1.18
1000	—	—	1.45	1.29	1.20
1100	—	—	1.50	1.32	1.22
1200	—	—	1.55	1.36	1.24
1300	—	—	1.60	1.39	1.26
1400	—	—	1.65	1.42	1.29
1500	—	—	1.70	1.45	1.31

柔性风筒的漏风常常采用百米漏风率的概念，即每 100m 风筒漏风的百分比，以 p_{LB} 表示。当风筒全长为 L（m）时，存在如下关系：

$$p_{LB} = \frac{Q_S - Q_G}{Q_S} \times \frac{100}{L} \times 100\%$$

因为

$$\frac{p_{LB}L}{10000} = 1 - \frac{Q_G}{Q_S}$$

所以

$$p_T = \cfrac{1}{1 - \cfrac{p_{LB}L}{10000}}$$

或

$$p_T = \frac{10000}{10000 - p_{LB}L}$$

柔性风筒的百米漏风率可按表 10 – 10 查取。

表 10 – 10　柔性风筒百米漏风率

风筒接头类型	百米漏风率 p_{LB}/%	风筒接头类型	百米漏风率 p_{LB}/%
胶贴	0.1 ~ 0.4	插接	12.8
双反边	0.6 ~ 4.4	多层反边	3.05

10.2.4.3　局扇选择

扇风机工作风量为：

$$Q_S = p_T Q_G$$

扇风机工作压差为：

$$h_S = R Q_p^2$$

式中　R——按照掘进最终长度的风筒风阻，Ns^2/m^8；

　　　Q_p——通过风筒的平均风量，m^3/s。

$$Q_p = \sqrt{Q_S Q_G}$$

则

$$h_S = R Q_S Q_G$$

或

$$h_S = p_T R Q_G^2$$

　　金属矿山长期以来普遍使用 JF 系列局扇。JF 系列局扇效率较低，正逐渐被 JK 系列局扇代替。JK 系列局扇的效率较高，重量减小，噪声降低。必须注意，由于目前扇风机的特性曲线仍用工程单位制，选择扇风机时应注意单位换算。

10.3　知识扩展

10.3.1　自然压差的计算

10.3.1.1　浅矿井的自然压差

　　从图 10 – 3 可以直接看出，自然压差就是 AB、CD 两空气柱的压力之差。当矿井深度在 100m 以内，随深度增加空气密度变化不大，可以视为定值，故

$$h_z = (p_0 + H\rho_1 g) - (p_0 + H\rho_2 g) = H\rho_1 g - H\rho_2 g$$

式中　p_0——地表大气压，Pa；

　　　H——矿井深度，m；

　　　ρ_1——进风井空气平均密度，kg/m^3；

　　　ρ_2——出风井空气平均密度，kg/m^3。

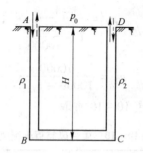

图 10 - 3　空气柱气压变化

10.3.1.2　深矿井的自然压差

当矿井深度大于 100m 以后，垂高为 H 空气柱的密度、温度、热量都在变化，属于多变过程。但用等温过程来计算的随深度压力变化值和多变过程计算的结果极为接近，故可按等温过程计算。当地表大气压为 p_0 时，随深度增加 H 后，该点的大气压力为：

$$p = Kp_0\left(1 + \frac{H}{RT}\right)$$

式中　K——随深度增加的校正系数，$K = 1 + \dfrac{H}{10000}$；

　　　R——气体常数，取 29.27；

　　　T——空气柱的平均绝对温度，K。

若矿井只有两个空气柱作用时，其自然压差为

$$h_z = p_1 - p_2 = Kp_0\left(1 + \frac{H}{RT_1}\right) - Kp_0\left(1 + \frac{H}{RT_2}\right) = Kp_0\left(\frac{H}{RT_1} - \frac{H}{RT_2}\right)$$

式中　p_0——地表大气压，Pa；

　　　H——矿井深度，m；

　T_1，T_2——进风井及出风井的空气平均绝对温度，K。

$$T_1 = 273 + t_1$$
$$T_2 = 273 + t_2$$

在生产矿井中，平均温度可通过实测获得，新设计的矿井按以下方法考虑：

$$t_1 = \frac{t_1' + t_1''}{2}$$

式中　t_1——进风井平均气温,℃；

　　　t_1'——进风井口气温,℃；

　　　t_1''——进风井底气温（可参考同一地区各矿的气温）,℃。

$$t_2 = \frac{t_2' + t_2''}{2}$$

式中　t_2——出风井平均气温,℃；

　　　t_2'——出风井底气温,℃，其值为该处岩石温度减去 1～2℃；

　　　t_2''——出风井口气温,℃，$t_2'' = t_2' - 0.005H$。

可以看出，影响自然压差大小的因素，除气温外，还有矿井深度及地表大气压等。矿井深度越大，自然压差越大。所以在一些深矿井里，自然风量还比较大。如果矿井深1000m，冬季最冷的时期，自然通风的风量可达 $3900m^3/min$。我国南方的金属矿井在高山地区多中段平硐开拓的情况下，自然通风的作用是不可忽视的。

10.3.2　主要设施的选择

建立矿井通风系统，除了开凿通风巷道构成通风网路、安装扇风机造成风流运动以外，还要在井上井下必要的地点安设阻断风流、引导风流和控制风流的设施，以保证风流按生产需要和设计的通风系统流动。用于引导风流、遮断风流和控制风量的装置，统称为通风构筑物。合理地安设通风构筑物，并使其经常处于完好状态，是矿井通风工作的一项重要任务。

通风构筑物可分为两大类：一类是通过风流的通风构筑物，包括主扇风硐、反风装置、风桥、导风板、调节风窗和风幛；另一类是遮断风流的通风构筑物，包括挡风墙和风门等。

10.3.2.1　主扇风硐

风硐是矿井主要扇风机与风井间的一段联络巷道。由于通过风硐的风量大，而且风硐内外压差也很大，因此应特别注意降低风硐阻力和减少风硐漏风。在风硐设计中应注意以下几个问题：

（1）风硐断面要适当大些，其风速以10m/s为宜，最大不应超过15m/s。

（2）风硐转弯部分要呈圆弧形，内壁光滑，无积物，其风压损失应不大于主扇工作风压的10%。

（3）风硐应用混凝土砌筑，闸板及反风门要严密，风硐的总漏风量应不超过主扇工作风量的5%。

（4）为清理和检查风硐、测定风速的需要，在风硐上应留有人员进出口，该口应用双层密闭门关闭，以防漏风。

（5）风硐内应安设测定风流压力的测压管。

图10-4是带有反风绕道的轴流式扇风机的风硐布置图。

主扇风硐包括风井到风硐的弯道、直风硐和扇风机入口弯道。各部分尺寸可参考下述原则确定：

（1）风井到风硐的弯道要呈圆弧形，井筒侧壁上开口的高度要大于风井直径（非圆形时，取当量直径 $d=4s/p$，式中 s 为断面面积，p 为周界长度）。

（2）直风硐是测定风速和风压的地方，为使风速分布均匀，其长度应不小于（10～12）D（D 是主扇动轮直径）；与水平线所成的倾斜角可取10°～15°，这样的角度既能减小由风井到风硐转弯部分的局部阻力，又便于流水；断面形状取圆形、拱形、方形均可；直风硐的直径可取（1.4～1.6）D。

（3）轴流式扇风机的入口弯道应做成 S 形，弯道断面可取圆形或正八角形，弯道直径（或宽度）可取 $1.2d$。

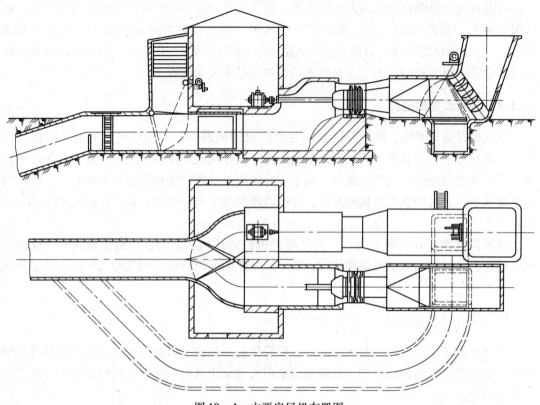

图 10 - 4　主要扇风机布置图

10.3.2.2　主扇扩散器与扩散塔

在扇风机出风口外连接一段断面逐渐扩大的风筒称为扩散器，在扩散器后边还有一段方形风硐和排风扩散塔。这些装置的作用，都是为了降低出风口的风速，从而减少扇风机排风口的动压损失，提高扇风机的有效静压。轴流式扇风机的扩散器是由圆锥形内筒和外筒构成的环状扩散器，外圆锥体的敞角可取 $7° \sim 12°$，内圆锥体的敞角可取 $3° \sim 4°$。离心式扇风机的扩散器是长方形的，扩散器的敞角取 $8° \sim 15°$。排风扩散塔是一段向上弯曲的风道，又称排风弯道。其高 $2D$，长 $2.8D$，与水平线所成的倾角可取 $60°$。弯道出风口为长方形断面，尺寸可取 $2.1\text{m} \times 1.4D$。

10.3.2.3　反风装置

反风装置是用来改变井下风流方向的一种装置，它包括反风道和反风闸门等设施。在正常情况下，扇风机没有必要反风，只有在进风井筒或井底车场附近发生火灾时，为防止火灾产生的有毒、有害气体带到作业地点及适应救护工作的需要才进行反风。图 10 - 5 是轴流式扇风机进行反风时的风流状况，新鲜风流由地表经反风门 7 进入风硐 2 和扇风机 3，然后由扩散器 4 经排风风硐下部的反风门 5 进入反风绕道 8，再返回到主风硐 1 送入井下。在正常通风时，反风门 7、5 均恢复到水平位置，此时，井下的污浊风流经主风硐直接进入扇风机，然后由排风扩散塔排到大气中。

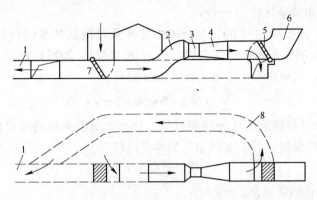

图 10-5 轴流式扇风机反风示意图

1—主风硐；2—入风风硐弯道；3—扇风机；4—扩散器；

5，7—反风门；6—排风弯道；8—反风绕道

轴流式扇风机还可利用扇风机动轮反转反风。反风时，调换电动机电源的两相接点，改变电动机和扇风机动轮的转动方向，使井下风流反向。但这种方法反风后的风量较小，如能保证反风后原入风井的风流方向改变，也可采用此种反风办法。

离心式扇风机利用反风道和反风门进行反风的情况，与轴流式扇风机基本相同。

反风装置应定期检修、试验，确保处于良好状态。反风装置要方便操作，简单可靠，保证在 10min 内达到反风要求。

10.4 通风设计实例

某金矿，采用平硐溜井开拓，主运平硐为 500m 中段，500m 以上采用平硐溜井开拓，设有矿石溜井、废石溜井，上面中段生产的矿石、废石由矿石、废石溜井下放至 500m 中段，矿石由电机车运至选厂，废石由电机车运往废石堆场。500m 水平下掘一条盲竖井，盲竖井直径 4.8m，掘进断面 22.89m²，净断面 18.10m²，主运平硐标高 500m，最低服务中段 180m，井底标高 155m（井底水窝 25m），井深 365m。盲竖井共服务 8 个中段，460 ~ 180m 中段产出的矿石、废石均由中段电机车运往竖井车场，由罐笼提升至 500m 主运平硐，然后由电机车分别运往选厂和废石堆场。

根据矿体的赋存条件，小于 30°的矿体设计推荐采用全面采矿法，对于倾角大于 30°小于 50°的矿体设计推荐采用留矿全面法。根据地质报告提供的资料，Ⅱ-1 号矿体位于 0 线以北的浅部矿体倾角稍陡，倾角一般为 50° ~ 60°，矿体厚度 0.8 ~ 21.60m。对于倾角大于 50°厚度小于 6m 的矿体采用浅孔留矿法开采，对于厚度大于 6m 的矿体采用分段空场法开采。

结合矿山开拓系统，井下采用连续通风工作制度，设计矿山采用单翼对角式通风。在矿体北侧布置回风井，采用机械通风。

新鲜风流由 500m 主运平硐、盲竖井进入坑内各中段，冲洗各工作面及采场后的污风返入上中段回风巷，经回风井排出地表。

采准切割、开拓、探矿等掘进工作面以及通风不畅的回采工作面分别采用局扇进行辅助通风。

（1）回采工作面风量计算。

1）按同时作业人数确定风量。本金矿正常开采时根据初步设计预计同时作业人数 60 人/班。根据《金属非金属矿山安全规程》（GB 16423—2006）规定：按井下同时作业的最多人数计算，供风量应不小于每人 $5\text{m}^3/\text{min}$ 则有：

$$\sum Q = 5 \times 60/60 = 5\text{m}^3/\text{s}$$

2）按排除炮烟计算回采工作面所需风量。根据本金矿采用的采矿方法，可以按非自由风流采场（巷道型采场）计算需风量，采场需风量为：

$$Q_{\text{hy}} = LSN/t$$

式中　Q_{hy}——采场排烟需风量，m^3/s；

　　　　L——采场长度，m，本次设计取 50m；

　　　　S——采场过风断面积，m^2，本次设计取 4m^2；

　　　　t——爆破后排烟通风时间，s，对采场一般取 1200 ~ 2400s，本次设计取 1200s；

　　　　N——采场炮烟达到允许浓度时，风流交换倍数，试验得 $N = 10 ~ 12$，本次设计取大值 12。

因此有：

$$Q_{\text{hy}} = LSN/t = \frac{50 \times 4 \times 12}{1200} = 2\text{m}^3/\text{s}$$

根据初步设计，同时生产工作面为 15 个，所需通风量为：$2 \times 15 = 30\text{m}^3/\text{s}$。

3）按排除粉尘计算风量。计算公式为：

$$Q = Sv$$

式中　v——回采工作面要求的排尘风速，m/s，本次设计采用 0.5m/s，满足《金属非金属矿山安全规程》（GB 16423—2006）规定的不小于 0.15m/s；

　　　　S——采场内作业地点的过风断面，m^2，按 4m^2 计算。

因此有：

$$Q = 4 \times 0.5 = 2\text{m}^3/\text{s}$$

根据初步设计，同时生产工作面为 15 个，所需通风量也为：$2 \times 15 = 30\text{m}^3/\text{s}$。

综合以上三种情况计算的回采工作面需风量取大值，因此回采工作面的需风量按 $30\text{m}^3/\text{s}$。

（2）掘进工作面风量计算。

1）压入式。通风有效作用长度为：

$$L_x = (4 ~ 5)\sqrt{S} = 5\sqrt{9} = 15\text{m}$$

式中，S 按 9m^2 计算。

当风筒末端到工作面距离小于有效作用长度时，所需风量为：

$$Q_{\text{YG}} = \frac{19}{t}\sqrt{ASL} = \frac{19}{20}\sqrt{30 \times 9 \times 50} = 110\text{m}^3/\text{min}$$

式中，L 按 50m 计算；S 按 9m^2 计算；A 取 30kg；t 取 20min。

2）抽出式。通风有效作用长度为：

$$L_x = 1.5\sqrt{S} = 1.5\sqrt{9} = 4.5\text{m}$$

当风筒入风口距工作面距离小于通风有效长度时，所需风量（用电炮）为：

$$Q_{ZG} = \frac{18}{t}\sqrt{\left(15 + \frac{A}{5}\right)AS} = \frac{18}{20}\sqrt{\left(15 + \frac{30}{5}\right)30 \times 9} = 68\text{m}^3/\text{min}$$

3）混合式。工作面所需风量为：

$$Q_{HG} = \frac{19}{t}\sqrt{ASL_{ZM}} = \frac{19}{20}\sqrt{30 \times 9 \times 10} = 49\text{m}^3/\text{min}$$

混合式通风时，抽出式吸风量比工作面所需正常风量应增加 20% ~ 25%，此处取增加 25%，即

$$Q_{HZ} = 1.25Q_{HG} = 1.25 \times 49 = 62\text{m}^3/\text{min}$$

4）按排出矿尘计算。

$$Q = 9 \times 0.15 = 1.35\text{m}^3/\text{s} = 81\text{m}^3/\text{min}$$

根据以上四种方式计算掘进工作面风量为 110m³/min，折合 1.8m³/s。根据初步设计同时掘进的工作面为 6 个，掘进总风量为 10.8m³/s。

（3）硐室需要风量计算。井下炸药库需风量一般为 2m³/s，井下排水硐室需风量一般为 1.5m³/s，其他硐室需风量一般为 1.5m³/s，合计硐室需风量可以以 5m³/s 计算。

全矿风量计算见表 10 – 11。

表 10 – 11 风量计算表

序号	工作面名称	工作面数/个	通风断面/m²	排尘风速/m·s⁻¹	风量/m³·s⁻¹	漏风系数	总风量/m³·s⁻¹
1	回采工作面	15	4	0.5	2		30
2	掘进工作面	6	4 ~ 9	0.15	1.8		10.8
3	硐室						5
	合 计					1.21	55.418

（4）通风摩擦阻力计算。通风摩擦阻力按式（10 – 1）计算，计算结果填入表 10 – 12。选择出通风最困难时期的摩擦阻力，并考虑局部阻力，计算矿山风井通风总阻力为：负压 h = 1824Pa。通风最短路线计算图如图 10 – 6 所示。

（5）通风设备（主扇）选择。通风系统从 500m 平硐进风，在 584m 平硐回风巷道安装主扇风机抽风。通过调整风机叶片角度，可以调节风机工矿点，以满足矿井通风所需风量。由前面的计算得：风量为 55.418m³/s，阻力为 1824Pa。考虑通风机装置阻力系数（取 1.2）及通风机阻力与消音器等阻力（取 250Pa），有 Q = 66.5m³/s，H = 2074Pa。

因此，风井选用通风系统主扇风机型号为 DK – 6 – No.17 型，风机 Q = 30.4 ~ 78.3m³/s、H = 1400 ~ 2759Pa；配套两台电动机，型号为 Y315L – 8，380V，110kW。为了保证通风安全，购置一台同规格型号的电动机作为主扇风机的备用电动机。

按 $H = R_jQ^2$ 绘制网路风阻曲线，与叶片角为 45°/35° 的风机特性曲线相交，交点工况参数为：风量 Q = 62m³/s，风压 H = 2100Pa，效率 η = 75%，叶片安装角度 θ = 45°/35°，轮毂比 0.45，叶片数 16。

（6）风量校核。

1）盲竖井风量校验。

表 10 – 12　通风阻力计算表

顺序	段号	巷道名称	支护形式	巷道阻力系数 A (×10³)	巷道周界长度 p (m)	巷道长度 L (m)	巷道通风断面 S (m²)	S³	巷道摩擦风阻 R (Ns²/m⁸)	风量 q (m³/s)	q²	巷道通风负压 h (Pa)	巷道风速 v (m/s)
1	1—2	500m 平硐	喷砼	15	10.13	90.00	7.08	355.64	0.04	42.50	1806.25	69.44	6.00
2	2—3	竖井车场	喷砼	15	11.54	50.00	9.19	777.09	0.01	42.50	1806.25	20.11	4.62
3	3—4	竖井	砼	35	15.08	160.00	18.10	5925.39	0.01	42.50	1806.25	25.74	2.35
4	4—5	竖井	砼	35	15.08	40.00	18.10	5925.39	0.00	31.88	1016.02	3.62	1.76
5	5—6	竖井	砼	35	15.08	120.00	18.10	5925.39	0.01	21.25	451.56	4.83	1.17
6	6—7	竖井车场	喷砼	15	11.98	50.00	9.92	976.35	0.01	21.25	451.56	4.16	2.14
7	7—8	运输巷道	喷砼	15	8.92	550.00	5.49	165.75	0.44	21.25	451.56	200.44	3.87
8	8—9	穿脉巷道	喷砼	15	8.92	20.00	5.49	165.75	0.02	2.00	4.00	0.06	0.36
9	9—10	人行通风井	不支	35	8.00	30.00	4.00	64.00	0.13	2.00	4.00	0.53	0.50
10	10—11	采场	不支	40	8.00	50.00	4.00	64.00	0.25	2.00	4.00	1.00	0.50
11	11—12	人行通风井	不支	35	8.00	30.00	4.00	64.00	0.13	2.00	4.00	0.53	0.50
12	12—13	穿脉巷道	喷砼	15	8.92	20.00	5.49	165.75	0.02	2.00	4.00	0.06	0.36
13	13—14	运输巷道	喷砼	15	8.92	560.00	5.49	165.75	0.45	21.25	451.56	204.09	3.87
14	14—15	回风井	不支	30	9.42	120.00	7.07	353.18	0.10	23.38	546.39	52.49	3.31
15	15—16	回风井	不支	30	9.42	40.00	7.07	353.18	0.03	35.06	1229.38	39.37	4.96
16	16—17	回风井	不支	30	9.42	120.00	7.07	353.18	0.10	51.40	2641.96	253.81	7.27
17	17—18	回风井联道	不支	15	8.92	147.00	5.49	165.75	0.12	51.40	2641.96	313.44	9.36
18	18—19	回风井	不支	30	9.42	40.00	7.07	353.18	0.03	51.40	2641.96	84.60	7.27
19	19—20	回风井联道	不支	15	8.92	45.00	5.49	165.75	0.04	51.40	2641.96	95.95	9.36
20	20—21	回风井	不支	30	9.42	40.00	7.07	353.18	0.03	51.40	2641.96	84.60	7.27
21	21—22	回风井联道	不支	15	8.92	50.00	5.49	165.75	0.04	51.40	2641.96	106.61	9.36
22	22—23	回风井	不支	30	9.42	44.00	7.07	353.18	0.04	51.40	2641.96	93.06	7.27
小计												1659	
局部阻力												166	
合计												1824	

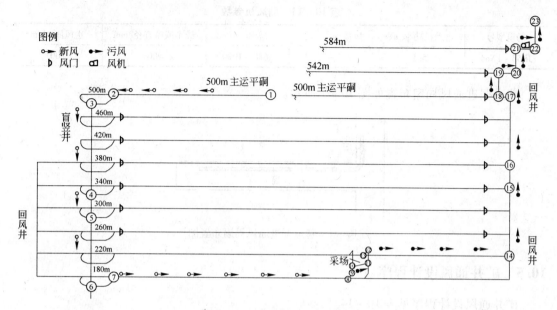

图 10 - 6　通风最短路线计算图

$$78.3 \div 19.63 = 4\text{m/s}$$

安全规程规定，盲竖井最高允许风速为 8m/s，符合规定。

2）风井风量校验。

$$78.3 \div 7.07 = 11\text{m/s}$$

安全规程规定，风井最高允许风速为 15m/s，符合规定。

（7）局部通风。

1）采场通风。采场一般利用矿井总负压进行通风，将回采工作面的污风引向回风巷排出地表，但有时因工作面小，通风阻力大，在主扇通风不良的情况下，为加速排除炮烟，缩短回采作业循环时间，配备 JK55 - 2No.4.5 型局扇辅助通风，以改善工作环境。

2）巷道掘进通风。以 50m 巷道压入式通风为例选择局部通风设备（局扇），前面已经计算，风量为 110m³/min，合 1.8m³/s。

压入局扇风筒的最长长度为 50m，采用防雨布柔性风筒，30m/节；压入局扇风筒距工作面距离为 10m；选择风筒采用双反边接头，风筒直径为 600mm，取风筒漏风率为 10%，风筒风量应该为 1.8 × 1.1 = 1.98m³/s。

压入局扇风筒风阻为：

$$R = \frac{6.5al}{d^5} + n\xi_2 \frac{\rho}{2S^2} + \xi_3 \frac{\rho}{2S^2} = \frac{6.5 \times 0.003 \times 50}{0.6^5} + 2 \times 0.1 \frac{1.29}{2 \times 36} + 1.2 \frac{1.29}{2 \times 36}$$

$$= 7.53$$

式中，风筒摩擦阻力系数 a 取 0.003Ns²/m⁴；ξ_2 取 0.1；ξ_3 取 1.2。

风压为：

$$H = 7.53 \times 1.98^2 = 29.52\text{Pa}$$

选择扇风机见表 10 - 13。

表 10 – 13　扇风机参数

局扇型号	电动机功率/kW	风量/m³·s⁻¹	全压/Pa	最小风筒直径/mm	送风距离/m
JK58 – 1No4	5.5	2.2 ~ 3.5	1648 ~ 1020	400	200

巷道掘进通风局扇布置如图 10 – 7 所示。

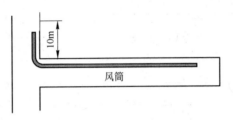

图 10 – 7　巷道掘进通风局扇布置图

10.5　矿井通风设计程序

矿井通风设计程序见表 10 – 14。

表 10 – 14　矿井通风设计程序

序号	项目内容	依据	参考文献	完成人	备注
1	通风方式主扇位置选择				
2	计算回采工作面需风量				
3	计算掘进工作面需风量				
4	计算各功能硐室需风量				
5	计算通风负压				
6	确定困难路线计算总负压				
7	选择主扇				
8	局部通风设计				
9	绘制全矿通风立体图				

10.6　考核

考核内容及评分标准见表 10 – 15。

表 10 – 15　矿井通风设计考核表

学习领域	地下采矿设计			
学习情境	矿井通风设计		学时	6 ~ 12
评价类别	子评价项	自评	互评	师评
专业能力	资料查阅能力（10%）			
	图表绘制能力（10%）			
	语言表达能力（10%）			

	风量计算是否合理（10%）			
专业能力	通风方式选择是否符合规程（10%）			
	负压计算是否准确（10%）			
	主扇选择合理程度（10%）			
	立体图绘制质量（10%）			
社会能力	团结协作（5%）			
	敬业精神（5%）			
方法能力	计划能力（5%）			
	决策能力（5%）			
合　计				
	班级	组别	姓名	学号
评价信息栏	自我评价：			
	教师评语： 教师签字：　　　　　　日期：			

附录　项目参考任务书

任务书第 1 号

设计矿山：胡家峪铜矿；

生产能力：40 万吨/年；

矿体倾角：35°～50°；

矿体倾向：北；

矿体走向：东西；

走向长度：500m；

矿体厚度：平均 9m；

埋藏深度：距地面 50m；

矿体延深：400m：

矿石：断层较多，节理发育，中等稳固，堆密度 2.8t/m³；

上下盘围岩：中等稳固，堆密度 2.7t/m³；

涌水量：正常时期 1100m³/d，最大 1900m³/d；

地表情况：只有西南角能布置工业场地。

任务书第 2 号

设计矿山：金岭铁矿；

生产能力：20 万吨/年；

矿体倾角：50°～60°；

矿体倾向：北；

矿体走向：北偏东 45°；

走向长度：2040m；

矿体厚度：平均 30m；

埋藏深度：距地面 70m；

矿体延深：700m；

矿石：$f=6～8$，节理不发育，堆密度 3.3t/m³；

上下盘围岩：稳固；

涌水量：正常时期 900m³/d，最大 1200m³/d；

地表情况：东西面为高山。

任务书第3号

设计矿山：符山铁矿；

生产能力：30万吨/年；

矿体倾角：45°~50°；

矿体倾向：南；

矿体走向：东西；

走向长度：1000m；

矿体厚度：30~40m，平均35m；

埋藏深度：距地面100m，延伸650m；

矿石：稳固性稍差，堆密度$3t/m^3$；

上盘围岩：稳固；

下盘围岩：不太稳固；

涌水量：正常时期$1200m^3/d$，最大$1700m^3/d$；

地表情况：矿体东西有高山，南部有河流。

任务书第4号

设计矿山：程潮铁矿；

生产能力：100万吨/年；

矿体倾角：平均46°；

矿体倾向：北；

矿体走向：东西；

走向长度：1200m；

矿体厚度：40m（平均）；

埋藏深度：距地面30m；

矿体延深：800m；

矿石：稳固性稍差，矿体有分支复合，堆密度$3.45t/m^3$；

上下盘围岩：$f=9~15$，围岩较稳固；

夹石情况：夹石较多，18%~22%；

涌水量：正常时期$1500m^3/d$，最大$2000m^3/d$；

地表情况：南北均为高山，东西狭长平坦。

任务书第5号

设计矿山：潼关金矿；

生产能力：4万吨/年；

矿体倾角：34°~45°；

矿体倾向：北；

矿体走向：东西；

走向长度：920m；

矿体厚度：1.7m；

埋藏深度：距地面20m；

矿体延深：545m；

上盘围岩：稳固；

下盘围岩：稳固；

涌水量：正常时期800m³/d，最大1000m³/d；

矿石质量：中等品位，堆密度3t/m³。

任务书第6号

设计矿山：湘潭锰矿；

生产能力：5万吨/年；

矿体倾角：大于60°；

矿体倾向：北；

矿体走向：东西；

走向长度：1100m；

矿体厚度：2~3m；

埋藏深度：距地面60m；

矿体延深：600m；

矿石：稳固，矿体内有断层，堆密度2.9t/m³；

上下盘围岩：不太稳固；

涌水量：正常时期700m³/d，最大900m³/d；

地表情况：平坦。

任务书第7号

设计矿山：川口钨矿；

生产能力：9万吨/年；

矿体倾角：65°~80°；

矿体倾向：南；

矿体走向：东西；

走向长度：600m；

矿体厚度：1~2m；

埋藏深度：距地面20m；

矿体延深：560m；

矿石：稳固，形态复杂，分支复合，尖灭再现，堆密度2.737t/m³；

上下盘围岩：稳固；

涌水量：正常时期 $900m^3/d$，最大 $1100m^3/d$；

地表情况：平坦。

任务书第 8 号

设计矿山：大庙铁矿；

生产能力：20 万吨/年；

矿体倾角：近 $90°$；

矿体倾向：北；

矿体走向：东西；

走向长度：600m；

矿体厚度：平均 40m，最厚 80m；

埋藏深度：距地面 80m；

矿体延深：700m；

矿石：稳固矿岩接触明显，堆密度 $3t/m^3$；

上下盘围岩：稳固；

涌水量：正常时期 $1100m^3/d$，最大 $1400m^3/d$；

地表情况：平坦。

任务书第 9 号

设计矿山：711 铀矿；

生产能力：9 万吨/年；

矿体倾角：$80°$；

矿体倾向：北；

矿体走向：北 $75°$ 东；

走向长度：700m；

矿体厚度：$5\sim20m$，平均 12m；

埋藏深度：距地面 90m，延深 620m；

矿石：中等稳固矿石，有尖灭再现、分支复合等现象，堆密度 $2.9t/m^3$；

上下盘围岩：中等稳固，围岩有断层破碎带弱面；

地表情况：东南方向地面平坦；

涌水量：正常时期 $1100m^3/d$，最大 $1300m^3/d$。

任务书第 10 号

设计矿山：利国铁矿；

生产能力：15 万吨/年；

矿体倾角：45°~70°；

矿体倾向：北；

矿体走向：东北；

走向长度：380m；

矿体厚度：平均8m；

埋藏深度：距地面120m；

矿体延深：740m；

矿石：稳固，堆密度3t/m³，中等品位；

上下盘围岩：稳固；

涌水量：正常时期1000m³/d，最大1200m³/d；

地表情况：平坦。

任务书第 11 号

设计矿山：凡口铝锌矿；

生产能力：15万吨/年；

矿体倾角：70°~80°；

矿体倾向：北；

矿体走向：东西；

走向长度：1500m；

矿体厚度：20~30m，平均25m；

埋藏深度：距地面45m；

矿体延深：680m；

矿石：中等稳固，矿体有断层，产状复杂，品位高，堆密度3.1t/m³；

上下盘围岩：中等稳固；

涌水量：正常时期1100m³/d，最大1300m³/d；

地表情况：西南面有一高山。

任务书第 12 号

设计矿山：良山铁矿；

生产能力：30万吨/年；

矿体倾角：10°~30°；

矿体倾向：北；

矿体走向：东西；

走向长度：1200m；

矿体厚度：10~12m，平均11m；

埋藏深度：距地面80m；

矿体延深：900m；

矿石：受裂隙影响稳定性稍差，处于中等稳固，堆密度 $3t/m^3$；

上下盘围岩：稳固；

涌水量：正常时期 $1200m^3/d$，最大 $1800m^3/d$；

地表情况：平坦。

任务书第 13 号

设计矿山：龙烟铁矿；

生产能力：5 万吨/年；

矿体倾角：25°～30°；

矿体倾向：北；

矿体走向：东西；

走向长度：800m；

矿体厚度：1～2m；

埋藏深度：距地面 50m；

矿体延深：500m；

矿石：中等稳固，堆密度 $3.0t/m^3$；

上下盘围岩：中等稳固；

涌水量：正常时期 $800m^3/d$，最大 $1100m^3/d$；

地表情况：平坦，允许崩落。

任务书第 14 号

设计矿山：凤凰山铜矿；

生产能力：20 万吨/年；

矿体倾角：75°～88°；

矿体倾向：北；

矿体走向：东西；

走向长度：850m；

矿体厚度：平均厚度 17.7m，最厚 51m，平均 40m；

埋藏深度：距地面 125m；

矿体延深：867m；

矿石：稳固，堆密度 $3.5t/m^3$；

上下盘围岩：稳固；

涌水量：正常时期 $1200m^3/d$，最大 $1600m^3/d$；

地表情况：西南面为一湖泊。

任务书第 15 号

设计矿山：大吉山钨矿；

生产能力：10 万吨/年；

矿体倾角：70°~85°；

矿体倾向：北；

矿体走向：东西；

走向长度：800m；

矿体厚度：20~30m，平均25m；

埋藏深度：距地面80m；

矿体延深：1000m；

矿石：稳固，中价矿石，堆密度 $3.2t/m^3$；

上下盘围岩：稳固；

涌水量：正常时期 $1100m^3/d$，最大 $1500m^3/d$；

地表情况：东西南三面环山。

任务书第 16 号

设计题目：汝城钨矿；

生产能力：5 万吨/年；

矿体倾角：75°~80°；

矿体倾向：北；

矿体走向：东南；

走向长度：900m；

矿体厚度：0.2~0.3m；

埋藏深度：距地面200m；

矿体延深：400m；

矿石：稳固，高品位，堆密度 $2.9t/m^3$；

上下盘围岩：稳固；

涌水量：正常时期 $700m^3/d$，最大 $1000m^3/d$；

地表情况：平坦。

任务书第 17 号

设计题目：巴厘锡矿；

生产能力：5 万吨/年；

矿体倾角：20°~30°；

矿体倾向：东；

矿体走向：南北；

走向长度：1.8~2m；

矿体厚度：1000m；

埋藏深度：距地面 70m；

矿体延深：500m；

矿石：稳固，多金属矿，堆密度 3.2t/m³；

上下盘围岩：稳固；

涌水量：正常时期 700m³/d，最大 1000m³/d；

地表情况：平坦。

任务书第 18 号

设计题目：板石铁矿；

生产能力：30 万吨/年；

矿体倾角：75°~85°；

矿体倾向：北；

矿体走向：东西；

走向长度：1300m；

矿体厚度：20~30m，平均 25m；

埋藏深度：距地面 10m；

矿体延深：900m；

矿石：稳固，矿石露地表的部分风化严重，堆密度 3.2t/m³；

上下盘围岩：稳固；

涌水量：正常时期 1500m³/d，最大 1900m³/d；

地表情况：平硐盲竖井开拓。

任务书第 19 号

设计矿山：红透山铜矿；

生产能力：15 万吨/年；

矿体倾角：50°~80°；

矿体倾向：北；

矿体走向：东西；

走向长度：500~650m；

矿体厚度：25~35m，平均 30m；

埋藏深度：距地面 100m；

矿体延深：1000m；

矿石：稳固，矿体形态复杂，有分支复合现象，堆密度 3.3t/m³；

上下盘围岩：稳固；

涌水量：正常时期 1200m³/d，最大 1800m³/d；

地表情况：东北两面有高山。

任务书第 20 号

设计矿山：龙首镍矿；

生产能力：9 万吨/年；

矿体倾角：60°~70°；

矿体倾向：北；

矿体走向：东西；

走向长度：1000m；

矿体厚度：20~30m，平均25m；

埋藏深度：距地面100m；

矿体延深：741m；

矿石：稳固，高品位，堆密度3.3t/m³；

上下盘围岩：不稳固；

涌水量：正常时期1200m³/d，最大1800m³/d；

地表情况：平坦。

任务书第 21 号

设计矿山：夹皮沟金矿；

生产能力：8 万吨/年；

矿体倾角：70°~80°；

矿体倾向：北；

矿体走向：东西；

走向长度：500m；

矿体厚度：3~6m，平均4m；

埋藏深度：距地面100m；

矿体延深：1500m；

矿石：$f=8~10$，稳固，堆密度2.8t/m³；

下盘围岩：$f=8~12$，由于变质作用不够稳固；

涌水量：正常时期1100m³/d，最大1400m³/d；

地表情况：采用平硐盲竖井开拓。

参 考 文 献

[1] 陈国山. 金属矿地下开采 [M]. 2版. 北京：冶金工业出版社, 2012.

[2] 陈国山. 采矿学 [M]. 北京：冶金工业出版社, 2013.

[3] 戚文革. 矿山爆破技术 [M]. 北京：冶金工业出版社, 2010.

[4] 《采矿设计手册》编委会. 采矿设计手册（矿床开采卷）[M]. 北京：中国建筑工业出版社, 1988.

[5] 《采矿设计手册》编委会. 采矿设计手册（井巷工程卷）[M]. 北京：中国建筑工业出版社, 1988.

[6] 《采矿设计手册》编委会. 采矿设计手册（矿山机械卷）[M]. 北京：中国建筑工业出版社, 1988.

[7] 《采矿手册》编委会. 采矿手册（1~7卷）[M]. 北京：冶金工业出版社, 1999.

[8] 陈国山. 矿山提升与运输 [M]. 北京：冶金工业出版社, 2009.

[9] 洪晓华. 矿井运输提升 [M]. 徐州：中国矿业大学出版社, 2005.

[10] 赵兴东. 井巷工程 [M]. 北京：冶金工业出版社, 2010.

[11] 钟春辉. 矿井运输与提升 [M]. 北京：化学工业出版社, 2013.

[12] 中国有色金属工业协会. GB/T 50564—2010 金属非金属矿山采矿制图标准 [S]. 北京：中国计划出版社, 2010.

[13] 陈中经. 矿床地下开采 [M]. 北京：冶金工业出版社, 1991.

[14] 解世俊. 金属矿床地下开采 [M]. 北京：冶金工业出版社, 1979.

冶金工业出版社部分图书推荐